Friederike Behringer, Heike Belitz, Kurt Hornschild, Hans Wessels

Demonstrationszentren für Faserverbundkunststoffe

DIW Deutsches Institut für Wirtschaftsforschung · Sonderhefte Nr. 156

Demonstrationszentren für Faserverbundkunststoffe

Ergebnisse der Begleitforschung

Von

Friederike Behringer, Heike Belitz
Kurt Hornschild, Hans Wessels

Duncker & Humblot · Berlin

Die Deutsche Bibliothek – CIP-Einheitsaufnahme

Demonstrationszentren für Faserverbundkunststoffe:
Ergebnisse der Begleitforschung / [Hrsg.: Deutsches Institut
für Wirtschaftsforschung]. Von Friederike Behringer . . . –
Berlin : Duncker und Humblot, 1995
(Sonderheft / Deutsches Institut für Wirtschaftsforschung ; 156)
ISBN 3-428-08577-9
NE: Behringer, Friederike; Deutsches Institut für Wirtschaftsforschung
⟨Berlin⟩: Sonderheft

Herausgeber: Deutsches Institut für Wirtschaftsforschung, Königin-Luise-Str. 5,
D-14195 Berlin, Telefon (0 30) 8 97 89-0 – Telefax (0 30) 8 97 89 200

Fotoprint: Berliner Buchdruckerei Union GmbH, Berlin
Printed in Germany

ISSN 0720-7026
ISBN 3-428-08577-9

Inhaltsverzeichnis

1. Einleitende Bemerkungen . . . 13

2. Begründung des Förderansatzes: Demonstrationszentren für Faserverbundkunststoffe . . 16
2.1. Potential der Hochleistungs-Faserverbundkunststoffe zur Steigerung der Wettbewerbsfähigkeit von kleinen und mittleren Unternehmen . . . 16
2.2. Technologietransfer in KMU . . . 20
2.3. Öffentliche Förderung der Materialforschung und -anwendung in der Bundesrepublik Deutschland . . . 25
2.4. Ziele und Aufgaben der Demonstrationszentren für FVK . . . 28

3. Ziel, Inhalt und Vorgehensweise der Begleitforschung . . . 32
3.1. Ziel, Inhalt und Probleme der Begleitforschung . . . 32
3.2. Vorgehensweise der Begleitforschung . . . 34

4. Fertigungsverfahren zur Herstellung von Bauteilen aus Faserverbundkunststoffen in mittelständischen Unternehmen . . . 38
4.1. Vorzüge und Einsatzbereiche von FVK . . . 38
4.1.1. Eigenschaften und Anwendungen von FVK . . . 38
4.1.2. Ein Beispiel - Antriebswelle . . . 40
4.2. Wichtige Fertigungsverfahren für die Herstellung von FVK-Bauteilen in KMU . . . 41
4.2.1. Voraussetzungen für die Anwendung von FVK . . . 41
4.2.2. Handlaminieren . . . 43
4.2.3. Faserspritzen . . . 44
4.2.4. Spritzgießen . . . 44
4.2.5. Wickeln . . . 45
4.2.6. Pultrusion . . . 47
4.2.7. Autoklavtechnik . . . 48
4.2.8. Pressen . . . 49
4.2.9. Resin Transfer Moulding (RTM) . . . 50
4.2.10. Schleuderverfahren . . . 51
4.2.11. Nachbearbeitungsverfahren . . . 52
4.3. Zusammenfassung: Stand und Probleme bei FVK-Fertigungstechnologien in KMU 53

5. Anwendung von FVK in kleinen und mittleren Unternehmen - Ergebnisse der schriftlichen Befragung . . . 57
5.1. Anlage der schriftlichen Befragung . . . 57
5.2. FVK-Anwendung und -planung in der mittelständischen Industrie . . . 60
5.3. Qualifikation der Mitarbeiter und Einsatz von FVK . . . 65

5.4. Gründe für den Einsatz von FVK und Einsatzbereiche 69
5.5. Entwicklung von FVK-Bauteilen 71
5.6. Werkstoffe und Verarbeitungsverfahren 74
5.7. Bezug von Bauteilen aus FVK 80
5.8. Schwierigkeiten beim Einsatz von FVK 83
5.9. Informations- und Beratungsbedarf bei der Anwendung von FVK 86
5.10. Erfolgte Beratung bei der Anwendung von FVK 91
5.11. Bekanntheit der Demonstrationszentren im Herbst 1990 93
5.12. Nutzung der Demonstrationszentren im Herbst 1990 96

6. Technologietransfer durch die Demonstrationszentren für FVK 101
6.1. Organisation, Finanzierung und Ausstattung der Demonstrationszentren 101
6.1.1. Demonstrationszentren im Überblick 101
6.1.2. Demonstrationszentren im einzelnen 105
6.1.2.1. Demonstrationszentrum Aachen 105
6.1.2.2. Demonstrationszentrum Berlin 106
6.1.2.3. Demonstrationszentrum Braunschweig 107
6.1.2.4. Demonstrationszentrum Bremen 108
6.1.2.5. Demonstrationszentrum Darmstadt 108
6.1.2.6. Demonstrationszentrum Stuttgart 109
6.1.2.7. Demonstrationszentrum Erlangen/Würzburg 110
6.2. Aktivitäten der Demonstrationszentren 110
6.2.1. Öffentlichkeitsarbeit 111
6.2.1.1. Maßnahmen zur Verbesserung ihre Bekanntheitsgrades 111
6.2.1.2. Messen und Ausstellungen 112
6.2.1.3. Fachvorträge 113
6.2.1.4. Veröffentlichungen 114
6.2.2. Seminare und Schulungen 115
6.2.3. Anfragen und Beratungen 121
6.2.3.1. Anfragen 121
6.2.3.2. Beratungen 122
6.2.4. Projekte 127
6.2.4.1. Projektarbeit 128
6.2.4.2. Projektkosten und -einnahmen 135
6.3. Beispiele des Technologietransfers - Auswertung von Fallstudien 139
6.3.1. Ziel, Untersuchungsmethode 139
6.3.2. FVK-Anwendung in den ausgewählten Unternehmen 141
6.3.3. Die Beratung der Nichtnutzer von Demonstrationszentren 144
6.3.4. Die Beratung der Unternehmen durch die Demonstrationszentren 148
6.3.5. Zusammenfassender Vergleich der Fallstudien von Nutzern und Nichtnutzern der Demonstrationszentren 151
6.4. Andere Einrichtungen für den FVK-Technologietransfer 153

7. Bewertung der Fördermaßnahme 155
7.1. Voraussetzungen für den Technologietransfer 155
7.2. Technologische Entwicklung und FVK-Diffusion in KMU 157

7.3. Wirkungen der Einrichtung von Demonstrationszentren auf den Technologietransfer ... 166
7.3.1. Nutzung der Demonstrationszentren ... 167
7.3.2. Einflußfaktoren bei den Technologienehmern ... 168
7.3.3. Einflußfaktoren bei den Technologiegebern ... 171
7.3.4. Nebenwirkungen der Förderung des Technologietransfers in KMU ... 173
7.3.5. Instrumentelle Gestaltung und Administration ... 173

8. Fazit ... 175

9. Anhang ... 180
9.1. Tabellen ... 180
9.2. Fragebogen ... 226
9.3. Literaturverzeichnis ... 245

Verzeichnis der Tabellen und Schaubilder

Tabellen:

2.1/1 Anteil von KMU in ausgewählten Branchen 1990 19
4.1/1 Einsatzmöglichkeiten und besondere Eigenschaften von FVK 39
6.2/1 Seminare und Schulungen der Demonstrationszentren für FVK für Mitarbeiter in Unternehmen 1991 und 1992 117
6.2/2 Angaben von Teilnehmern an Seminaren und Schulungen der Demonstrationszentren für FVK 1991 und 1992 120
6.2/3 Beratungen der Demonstrationszentren für FVK - jeweilige Merkmale in vH 123
6.2/4 Von Demonstrationszentren für FVK beratene Unternehmen - jeweilige Merkmale in vH 126
6.2/5 Projekte der Demonstrationszentren für FVK/I - jeweilige Merkmale in vH 130
6.2/6 Projekte der Demonstrationszentren für FVK/II - jeweilige Merkmale in vH 132
6.2/7 Geschätzte Projektkosten und -einnahmen der Demonstrationszentren für FVK . . 136
6.2/8 Zusammenhang zwischen Projektkosten der Demonstrationszentren für FVK und Unternehmensgröße 138
6.2/9 Struktur der Projektkosten und -erträge der Demonstrationszentren für FVK differenziert nach Projektkosten 140
6.2/10 Struktur der Projektkosten und -erträge der Demonstrationszentren für FVK differenziert nach Unternehmensgröße 140
6.3/1 Branchen und Beschäftigtengrößenklassen der Unternehmen in den Fallstudien . . 142
6.3/2 Verarbeitung und Bezug von FVK-Bauteilen bzw. deren Planung in den Unternehmen der Fallstudien 143
6.3/3 Art der FVK-Bauteile der Unternehmen in den Fallstudien 144
6.3/4 Projekte der Nutzer von Demonstrationszentren 149
7.2/1 Jährliche Wachstumsraten des Mengenverbrauchs von glasfaserverstärkten Kunststoffen in Deutschland (1984-1992) 158
7.2/2 Struktur des Mengenverbrauchs glasfaserverstärkter Kunststoffe in Deutschland nach Wirtschaftsbereichen (1983-1992) 159
7.2/3 In welchen Produkten setzen Sie FVK ein? 164
7.3/1 Beratung und FuE-Kooperation der FVK-Anwender mit Externen 170

Tabellen im Anhang:

A 5.2/1 Einsatz von FVK nach Branchen 180
A 5.2/2 Stabilität der FVK-Anwendung und Realisierung von FVK-Planungen nach Branchen 181
A 5.2/3 Anwendung von FVK nach Unternehmensgröße 182

A 5.2/4 FVK-Anwendung und Merkmale der Unternehmen 183
A 5.3/1 Personal für die Verarbeitung von FVK 184
A 5.3/2 Erwerb FVK-spezifischen Wissens nach Tätigkeitsbereichen 185
A 5.3/3 Erwerb FVK-spezifischen Wissens bei Verarbeitern und Beziehern von FVK . . . 185
A 5.3/4 Qualifikationsbedarf bei FVK-Vorhaben 186
A 5.4/1 Gründe für den Einsatz von FVK nach Branchen 187
A 5.4/2 Gründe für den Einsatz von FVK bei Verarbeitern und Beziehern 188
A 5.4/3 Einsatzbereiche von FVK nach Branchen 189
A 5.4/4 Einsatzbereiche von FVK bei Verarbeitern und Beziehern von FVK 189
A 5.4/5 Bedeutung von FVK für die Produkte bei Verarbeitern und Beziehern von FVK 190
A 5.4/6 Gründe für den Einsatz von FVK nach Einsatzbereichen 191
A 5.5/1 Entwicklung von FVK-Bauteilen nach Branchen 192
A 5.5/2 Entwicklung von FVK-Bauteilen nach Einsatzbereichen 193
A 5.5/3 Auslegung und Konstruktion von FVK-Produkten nach Branchen 194
A 5.5/4 Auslegung und Konstruktion von FVK-Produkten nach Einsatzbereichen 195
A 5.5/5 Auslegung und Konstruktion von FVK-Produkten nach Entwicklungsmethoden . . 196
A 5.5/6 FuE-Aufträge nach Entwicklungsmethoden 197
A 5.5/7 FuE-Aufträge nach Einsatzbereichen 198
A 5.6/1 Einsatz von Fasern und Matrixwerkstoffen nach Branchen 199
A 5.6/2 Einsatz von Fasern und Matrixwerkstoffen 200
A 5.6/3 Verarbeitungsverfahren 201
A 5.6/4 Verarbeitungsverfahren und Gründe für den Einsatz von FVK 202
A 5.6/5 Ausstattung mit Maschinen nach Branchen 203
A 5.6/6 Modernisierung der Maschinen 203
A 5.6/7 Auftragsfertigung von FVK-Bauteilen nach Branchen 204
A 5.7/1 Verarbeiter und Bezieher von FVK nach Branchen 204
A 5.7/2 Einsatzbereiche von FVK bei Verarbeitern und Beziehern 205
A 5.7/3 Zufriedenheit mit dem Angebot an FVK-Produkten nach Branchen 205
A 5.7/4 Zufriedenheit mit dem Angebot an FVK-Produkten nach Dauer der FVK-Anwendung 206
A 5.8/1 Schwierigkeiten in Zusammenhang mit dem Einsatz von FVK bei Verarbeitern und Beziehern 207
A 5.8/2 Schwierigkeiten in Zusammenhang mit dem Einsatz von FVK nach Branchen . . 208
A 5.8/3 Schwierigkeiten in Zusammenhang mit dem Einsatz von FVK nach Einsatzbereichen 209
A 5.8/4 Bedeutsame Schwierigkeiten bei Verarbeitern und Beziehern von FVK 210
A 5.8/5 Bedeutsame Schwierigkeiten nach Branchen 211
A 5.8/6 Bedeutsame Schwierigkeiten nach Einsatzbereichen 212
A 5.9/1 Einrichtungen, an die sich Unternehmen zur FVK-Beratung wenden würden, nach Anwendern, Planern und Abbrechern 213
A 5.9/2 Einrichtungen, an die sich Unternehmen zur FVK-Beratung wenden würden, nach Branchen 214
A 5.9/3 Einrichtungen, an die sich Unternehmen zur FVK-Beratung wenden würden, nach Faserarten 215
A 5.9/4 Beratungsbedarf nach Branchen 216
A 5.9/5 Beratungsbedarf nach Unternehmensgröße 217

A 5.9/6 Beratungsbedarf nach Bedeutsamkeit von FVK in Vorhaben der letzten Jahre . . 218
A 5.10/1 Wichtige FVK-Leistungen für Unternehmen nach Branchen 219
A 5.10/2 Erfolgte Beratung im Rahmen normaler Geschäftsbeziehungen 220
A 5.10/3 Erfolgte Beratung für ein konkretes Projekt 220
A 5.11/1 Bekanntheit der Demonstrationszentren für FVK im Herbst 1990 221
A 5.12/1 Mit einem FVK-Projekt befaßte Unternehmen im Herbst 1990 221
A 5.12/2 Voraussichtliche Aufnahme der Fertigung des FVK-Projekts der FVK-Anwender im Herbst 1990 222
A 5.12/3 Zeitspanne für die Entwicklung der im Herbst 1990 in Arbeit befindlichen FVK-Projekte 223
A 5.12/4 Künftige Nutzung von Demonstrationszentren durch Unternehmen, denen die Demonstrationszentren im Herbst 1990 bekannt waren 224
A 5.12/5 Zusammenarbeit mit Demonstrationszentren von Unternehmen mit einem FVK-Projekt im Herbst 1990 225

Schaubilder:

2.1/1 Relative technologische Position der Bundesrepublik Deutschland bei den Hochleistungswerkstoffen 17
4.2/1 Einfluß der Winkelabweichung auf die Festigkeit einer Schicht mit unidirektional ausgerichteten Fasern 42
4.3/1 Bewertungsmatrix von Verarbeitungsverfahren für FVK im indutriellen Einsatz 54
5.1/1 Anlage der Untersuchung 59
5.2/1 Stabilität der FVK-Anwendung und Realisierung von FVK-Planungen 61
5.2/2 FVK-Einsatz und Branchenzugehörigkeit 63
5.2/3 Bedeutung von FVK für das Unternehmen 64
5.2/4 Eigene Verarbeitung von FVK/Bezug von Bauteilen aus FVK 64
5.3/1 Erwerb FVK-spezifischen Wissens 66
5.3/2 Qualifikationsbedarf bei FVK-Vorhaben 66
5.4/1 Vorteile von FVK aus Sicht der Unternehmen 70
5.5/1 Entwicklung von FVK-Produkten 72
5.6/1 Eingesetzte Verarbeitungsverfahren 77
5.6/2 Wichtigstes Verarbeitungsverfahren 77
5.6/3 Härtung von Bauteilen mit duroplastischen Harzsystemen 79
5.7/1 Ausgaben 81
5.8/1 Schwierigkeiten beim Einsatz von FVK 84
5.9/1 Einrichtungen, an die sich Unternehmen zur FVK-Beratung wenden würden 87
5.9/2 Beratungsbedarf von FVK-Anwendern 89
5.9/3 Wichtige FVK-Leistungen für Unternehmen, denen die Demonstrationszentren bekannt waren 89
5.10/1 Beratende Institutionen der FVK-Anwender 92
5.11/1 Informationsgewinnung der FVK-Anwender über die Demonstrationszentren für FVK bei Bekanntsein der Zentren 95
5.11/2 Den FVK-Anwendern bekannte Demonstrationszentren im Herbst 1990 95
5.12/1 Veranschlagte Entwicklungskosten in Arbeit befindlicher FVK-Projekte 97

6.1/1 Arbeitsschwerpunkte der Basisinstitute der Demonstrationszentren im Bereich Faserverbundwerkstoffe 104
7.2/1 Produktionswert je Tonne von GFK-Teilen 161
7.2/2 Preisindizes für Glasfasern und Harze 162
7.2/3 Faktoren für den Einsatz von FVK 163

[illegible]

1. Einleitende Bemerkungen

Der Entwicklung und vor allem auch der Anwendung neuer Werkstoffe wird allgemein große Bedeutung für die Wettbewerbsfähigkeit von hochindustrialisierten Volkswirtschaften beigemessen. Faserverbundwerkstoffe mit Kunststoffmatrix (FVK) gehören zu den Werkstoffen, denen aufgrund ihrer spezifischen Eigenschaften wie Festigkeit, Steifigkeit, Leichtigkeit sowie der Möglichkeit, den Werkstoff anwendungsgerecht zu "konstruieren", in der Forschung und Entwicklung einiger Branchen besondere Aufmerksamkeit gewidmet wird. Sie werden bereits seit geraumer Zeit erfolgreich in den klassischen Leichtbaugebieten wie der Luft- und Raumfahrt, dem Automobilrennsport und dem Bau von Hochgeschwindigkeitsjachten eingesetzt. Darüber hinaus kommen sie auch zur Anwendung, wenn es um die Gestaltung komplexer Geometrien geht oder Werkstoffeigenschaften wie Korrosionsbeständigkeit, Isolation, Abriebfestigkeit verlangt werden. Trotz überzeugender technischer Eigenschaften haben sich von verschiedenen Experten aus Wissenschaft, Forschung und Verwaltung in den achtziger Jahren bislang gehegte Erwartungen nicht erfüllt, wonach der Werkstoff in naher Zukunft zu einer breiteren industriellen Anwendung gelangen sollte. Der raschen und möglichst breiten Diffusion von neuen Technologien kommt in der Bundesrepublik auch deshalb eine besondere Rolle zu, weil hier die Zusammenarbeit von Groß-, Mittel- und Kleinunternehmen besonders ausgeprägt ist. In Westdeutschland wird die Zahl von kleinen und mittleren Unternehmen (KMU) mit eigener Forschung und Entwicklung auf ca. 25 000 geschätzt. Die dadurch mögliche Arbeitsteilung auf hohem Niveau ist sicherlich ein wichtiger Wettbewerbsvorteil der deutschen Industrie, der nur aufrechterhalten werden kann, wenn neues technisches Wissen auch rasch und möglichst umfassend in die KMU transferiert wird.

Das DIW ist zusammen mit dem Institut für Kunststoffverarbeitung Aachen (IKV) bereits Ende der achtziger Jahre im Auftrag des Bundesministers für Forschung und Technologie (BMFT) der Frage des Anwendungspotentials von FVK in der mittelständischen Industrie nachgegangen. Dabei ging es nicht zuletzt um die Beurteilung der Angemessenheit einer indirekt-spezifischen Förderung, um die Einsatzbedingungen für diesen Werkstoffen in kleinen und mittleren Unternehmen (KMU) zu verbessern.[1] Ein Ergebnis der Untersuchung war, daß der damalige Zeitpunkt für ein solches Förderprogramm als zu früh angesehen wurde. Viele Unternehmen hatten Probleme mit dem Preis/Leistungsverhältnis sowie mit technischen Schwierigkeiten bei der Konstruktion/Bauteilauslegung,

---

[1] Vgl. Behringer, F.; Hornschild, K.; Meyer-Krahmer, F.; (DIW); Goedel, M.; Rosenbaum, U.; (IKV): Faserverbundwerkstoffe in der mittelständischen Industrie: Einsatzbereiche, Innovationshemmnisse und Schlußfolgerungen für die Technologiepolitik. Technological Economics, Bd. 39. E. Schmidt-Verlag Berlin-Bielefeld-München, 1990.

bei der Fertigung/Montage, bei der Qualitätssicherung, dem Recycling und der Entsorgung. Auch wurde auf Qualifikationsdefizite der Mitarbeiter und Risiken in der Produkthaftung sowie der Schadenserkennung hingewiesen. Angesichts eines sehr großen Spektrums vielfältiger Probleme und Schwierigkeiten und ihres zum Teil beträchtlichen Gewichts antworteten drei Viertel der damals Befragten FVK-Anwender, daß sie eine Verbesserung in den Einsatzbedingungen von FVK für notwendig hielten. Besonderer Stellenwert wurde dem Ausbau der Beratungs- und Informationsmöglichkeiten, der Intensivierung der Zusammenarbeit mit Forschungseinrichtungen und Rohstoffherstellern, der Schaffung einheitlicher Prüfstandards sowie der Ausweitung der werkstoffbezogenen Ausbildung an Universitäten und Fachhochschulen beigemessen. Bereits vor Abschluß der damaligen Untersuchungen des DIW und des IKV hatte der BMFT beschlossen, zur Unterstützung insbesondere von mittelständischen Unternehmen bei der Planung, Entwicklung, Fertigung und Qualitätssicherung von Faserverbundbauteilen Demonstrations- und Entwicklungszentren an Forschungsinstituten und Hochschulen einzurichten. Grundsätzlich entsprach diese Maßnahme auch den damaligen Forschungsergebnissen des DIW, wonach die geringe Diffusion von FVK in die kleinen und mittleren Unternehmen vorrangig auf fehlendes Wissen über diesen Werkstoff zurückgeführt wurde und finanzielle Anreize allein nicht ausgereicht hätten, die Probleme von KMU im Umgang mit FVK entscheidend zu verringern. Dabei blieb allerdings offen, ob die Probleme durch Transfer bereits vorhandenen Wissens gelöst werden können oder ob diese auf einen noch unzureichenden Reifegrad des Werkstoffs zurückzuführen sind.

Der BMFT hat das DIW 1990 mit der Begleitforschung zu den sieben von ihm in Westdeutschland geförderten Demonstrationszentren für Faserverbundkunststoffe beauftragt[2]. Um die Wirkung dieser Maßnahme evaluieren zu können, waren drei Problemkreise zu bearbeiten und die jeweiligen Ergebnisse zusammenzuführen. Erstens mußte die Zielgruppe der potentiellen FVK-Interessenten analysiert werden. Zweitens waren die Demonstrationszentren selbst und ihre Arbeitsweise zu bewerten. Drittens waren die Entwicklungen des Werkstoffs sowie der relevanten Herstellungsverfahren und ihre Eignung auf eine verbreitete Anwendung in KMU zu untersuchen. Eine solche Untersuchung erforderte einen interdisziplinären Untersuchungsansatz, in dem ökonomisches und technisches Wissen zusammengeführt werden. Als Partner wurden das Institut für Kunststoffverarbeitung (IKV) in Aachen und das Institut für Verbundwerkstoffe GmbH (IVW) in Kaiserslautern gewonnen. Das IKV war Gesprächspartner bei der Konzeption des Fragebogens, war beteiligt an Fallstudien, die bei Unternehmen durchgeführt wurden, die keine Beratungsleistungen von Demonstrationszentren in Anspruch genommen hatten. Das IVW wirkte bei Befragungen von Unternehmen mit, die mit Demonstrationszentren bereits in Kontakt standen.

---

[2] Das diesem Bericht zugrundeliegende Vorhaben wurde mit Mitteln des Bundesministers für Forschung und Technologie unter dem Förderkennzeichen NTSO235 gefördert. Die Verantwortung für den Inhalt dieser Veröffentlichung liegt bei den Autoren.

Beiden Kooperationspartnern, den Mitarbeitern in den Demonstrationszentren sowie den Experten in und außerhalb der Unternehmen, die das DIW mit ihrer Auskunftbereitschaft bei dieser Arbeit unterstützt haben, sei an dieser Stelle nochmals herzlich gedankt.

2. Begründung des Förderansatzes: Demonstrationszentren für Faserverbundkunststoffe

2.1. Potential der Hochleistungs-Faserverbundkunststoffe zur Steigerung der Wettbewerbsfähigkeit von kleinen und mittleren Unternehmen

Die staatliche Förderung der Anwendung von Faserverbundkunststoffe (FVK) in kleinen und mittleren Unternehmen (KMU) basiert auf der Annahme, daß die mit dieser Technologie in anspruchsvollen Anwendungsfeldern des Luft- und Raumfahrzeugbaus erreichte Steigerung der technologischen Wettbewerbsfähigkeit von dort tätigen Großunternehmen auch in anderen Anwendungsfeldern und bei kleinen und mittleren Unternehmen erreichbar ist.

Die technologische Wettbewerbsfähigkeit von Unternehmen ist ihre nachhaltige Fähigkeit, mit technisch leistungsstärkeren, erneuerten Produkten und Verfahren höhere Einkommen zu realisieren als Wettbewerber mit vergleichbaren, aber technisch leistungsschwächeren Produkten und Verfahren. Der Begriff der technologischen Wettbewerbsfähigkeit beschreibt also die Fähigkeit der Unternehmen, aus der Anwendung neuer Technologien wirtschaftliche Vorteile im Wettbewerb zu ziehen.

Die Hochleistungs-Faserverbundkunststoffe gehören seit den 60er Jahren zu den neuen Werkstoffen, denen insgesamt ein großes technisches Leistungspotential bescheinigt wird. Die Arthur D. Little Inc. setzt die Technologieattraktivität von Verbundwerkstoffen im Vergleich zu anderen Hochleistungswerkstoffen aber verhältnismäßig gering an. Die relative technologische Position der Bundesrepublik Deutschland wird als schwach bis durchschnittlich charakterisiert (Schaubild 2.1/1).[3] Hochleistungs-FVK verfügen über funktionelle und strukturelle Eigenschaften, die die Neugestaltung und Leistungssteigerung von Bauteilen und Baugruppen bis hin zu neuen Produkten in vielen Anwendungsbereichen traditioneller Werkstoffe wie Stahl, Aluminium, Holz, Kunststoff, aber auch von mit Kurzfasern verstärkten Kunststoffen und vielen anderen ermöglichen. Hochleistungs-FVK sind maßgeschneiderte Werkstoffe, deren Eigenschaften durch die Verbindung des polymeren Matrixwerkstoffs und der langen Fasern "konstruiert" werden. Zur Unterscheidung der Hochleistungs-FVK von "Low-tech"- oder Standard-FVK werden faserbezogene Kennwerte (die Faserlänge, das Fasermaterial, der Faservolumengehalt) und die Verarbeitungsver-

---

[3] Vgl. Braun, M.; Gerybadze, A.; Rätz, A.; Witzel, M.: Studie zur Evaluierung des Programms Materialforschung. Bericht an den Bundesminister für Forschung und Technologie. Arthur D. Little International Inc., Wiesbaden 1993.

Schaubild 2.1/1

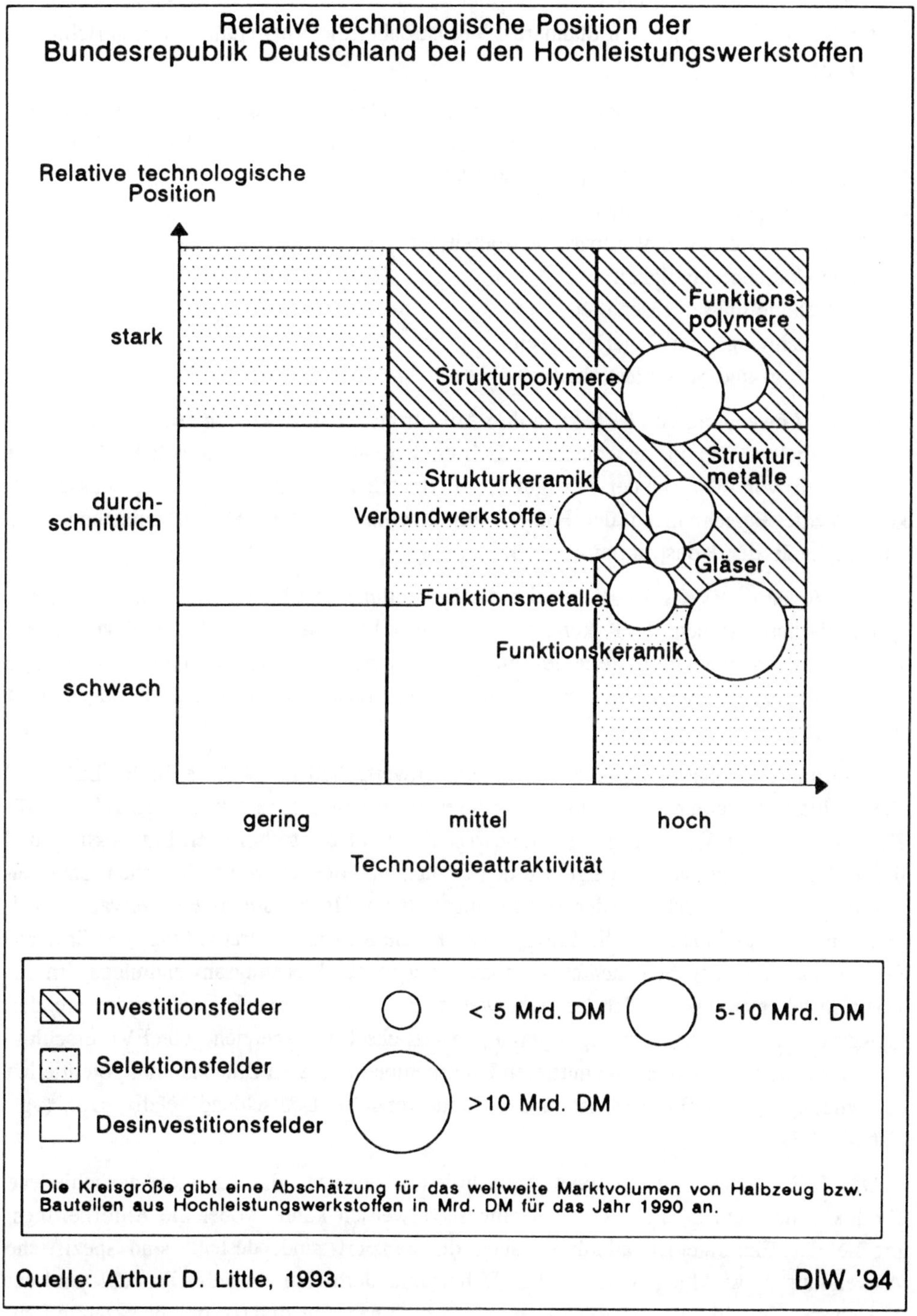

fahren herangezogen, da die Fasern und das Verfahren wesentlich die Leistungsparameter des speziellen FVK bestimmen (vgl. Kapitel 4). Das herausragende Merkmal von Hochleistungs-FVK gegenüber den Standard-FVK ist dabei die Verwendung von gerichteten, langen Fasern.

Die FVK verfügen über besondere funktionelle elektrische, optische und biologische Eigenschaften sowie über spezielle strukturelle mechanische, thermische und chemische Eigenschaften. Besondere Merkmale von FVK sind u.a.:

- geringes spezifisches Gewicht,
- in weiten Grenzen einstellbare Steifigkeit,
- Chemikalienbeständigkeit,
- gute Dämpfungseigenschaften,
- hohe Schwing- und Dauerfestigkeit,
- hohe Zug- und Schlagfestigkeit.

Bei der Anwendung von FVK kann ihre Anisotropie genutzt werden. Anisotrope Werkstoffe verhalten sich in verschiedenen Belastungsrichtungen unterschiedlich. Um diese Eigenschaft von FVK in der Fertigung von Bauteilen optimal zu nutzen, müssen oft komplizierte Berechnungen der Bauteile durchgeführt werden. Daraus entstehen hohe Ansprüche an den Konstruktionsprozeß.

Der Werkstoff FVK ermöglicht auch die Herstellung von Bauteilen mit komplizierten geometrischen Formen. FVK können schon mit einfachen Mitteln be- und verarbeitet werden. Jedoch sind bei der Serienfertigung noch Grenzen gesetzt, besonders, wenn lange Fasern mit gezielter Ausrichtung und mit hoher Reproduzierbarkeit im Bauteil eingearbeitet werden sollen.

Aufgrund ihrer hervorragenden Leichtbaukennwerte haben sich FVK in der Luft- und Raumfahrt fest etabliert. Doch auch in anderen Branchen gibt es bereits Einsatzfelder für FVK (vgl. Kapitel 4), deren Erweiterung wesentlich von der technischen Entwicklung und den Rahmenbedingungen abhängt. Zu den Branchen, in denen von technischen Experten eine erfolgreiche Ausdehnung der Anwendungsfälle von Hochleistungs-FVK erwartet wird, gehören der Maschinenbau, die Elektrotechnik, die Kunststoffverarbeitung, der Straßenfahrzeugbau und der Schienenfahrzeugbau. Neben Hochleistungsanwendungen im Investitionsgüter produzierenden Gewerbe werden auch im Verbrauchsgüter produzierenden Gewerbe, z.B. im Bereich der Sportgeräte, zusätzliche Einsatzbereiche von FVK erschlossen. Der Anteil der kleinen und mittleren Unternehmen in diesen Branchen mit potentiellen Anwendungsfeldern für FVK ist in der Bundesrepublik Deutschland relativ groß (vgl. Tabelle 2.1/1).

Die FVK-Technologie ist eine Querschnittstechnologie, die für viele verschiedene Produkte unterschiedlicher Branchen eingesetzt werden kann, wobei die Anforderungsprofile der Einsatzfelder allerdings auch differenziert sind; deshalb sind spezifische Anwendungsentwicklungen notwendig. Dabei verändern sich auch das Produkt- und das Verfahrens-Umfeld von FVK-Bauteilen in Unternehmen. Oft sind sowohl die gesamte Baugruppe, in der ein FVK-Teil verwendet wird, als auch der gesamte Fertigungsprozeß beim

Tabelle 2.1/1
Anteil von KMU in ausgewählten Branchen 1990

	Anteil der KMU [1] nach			nachrichtlich: FVK-Anwendung [2]	
	Zahl der Unternehmen	Umsatz	Beschäftigten	Anteil der Anwender der Branche an allen Anwendern	Anteil der Planer der Branche an allen Planern
	- in vH -				
Maschinenbau	96,7	56,2	59,3	31	54
Straßenfahrzeugbau	95,9	13,3	17,4	10	12
Elektrotechnik	94,9	29,3	32,9	22	10
Feinmechanik, Optik, H. v. Uhren	98,5	66,2	69,2	6	6
H. v. Kunststoffwaren	98,2	73,8	75,8	17	4
zusammen	-	-	-	86	86
Verarbeitendes Gewerbe	97,5	45,9	51,9	100	100

1) Unternehmen mit 20 bis 999 Beschäftigten.- 2) Umfrage zu faserverstärkten Kunststoffen in der mittelständischen Industrie, 1990. Befragt wurden Unternehmen mit 1 bis 1000 Beschäftigten.

Quellen: Statistisches Bundesamt; Umfrage zu faserverstärkten Kunststoffen in der mittelständischen Industrie, 1990; DIW.

Einsatz dieses Werkstoffs neu zu gestalten, wenn seine Eigenschaften optimal genutzt werden sollen. Der Einsatz von FVK ist somit in den Unternehmen mit relativ hohem Gesamtaufwand verbunden, dessen Umfang sich vor der Einführung nur schwer schätzen läßt. Dies bedingt - auch in den Fällen, in denen der Nutzen der Anwendung von FVK in einzelnen Bauteilen gut kalkulierbar ist - ein relativ hohes wirtschaftliches Risiko durch die Innovation. Die durch den Einsatz von Hochleistungs-FVK ausgelösten Innovationen sind Produktinnovationen, bei denen bekannte Produkte und Bauteile durch einen neuen Werkstoff verbesserte Leistungseigenschaften erhalten. Der zusätzliche Entwicklungsaufwand für diese Leistungssteigerung kann - wie die untersuchten Fallbeispiele vor allem von Zulieferern zeigen - oft nicht über höhere Preise auf den Kunden überwälzt werden, sondern muß durch Mengeneffekte und Kostensenkung über die Verfahrensautomatisierung ausgeglichen werden. In der automatisierten Serienfertigung von FVK-Bauteilen liegen aber noch erhebliche technische Probleme.

Die Möglichkeit zur Entwicklung maßgeschneiderter FVK-Werkstoffe für spezielle hochbeanspruchte Bauteile macht diese Werkstoffe vor allem für drei verschiedene Typen von mittelständischen Unternehmen attraktiv:

- KMU mit Technologieorientierung und kundenspezifischer Einzel- und Serienfertigung, die ihre Produkte gegenüber der Konkurrenz durch Bauteile aus FVK verbessern wollen,
- Zulieferer von FVK-Bauteilen in großen Serien, die auf die Beherrschung der FVK-Technologie spezialisiert sind und
- Hersteller von FVK-Produkten für Nischenmärkte (z. B. Sportartikel der gehobenen Leistungsklasse, Verkleidungen für Pkw).

Die Entwicklung neuer Werkstoffe zeigt, daß in diesem Technologiefeld mit relativ langen Diffusionszeiten gerechnet werden muß.[4] Auch die Ausbreitung von Anwendungen der Hochleistungs-FVK vollzog sich nicht mit der von technischen Experten ursprünglich erwarteten Geschwindigkeit. Dies deutet bereits auf Schwierigkeiten der Anwendung von FVK in kleinen und mittleren Unternehmen hin.

Das DIW ist im Auftrag des BMFT bereits Ende der achtziger Jahre der Frage nachgegangen, welches Anwendungspotential für Faserverbundkunststoffe bei kleinen und mittleren Unternehmen in der deutschen Industrie besteht.[5] Von den damals in der schriftlichen Befragung antwortenden 5400 FuE-treibenden kleinen und mittleren Unternehmen (mit weniger als 1000 Beschäftigten) in den potentiellen Anwenderbranchen setzten etwa 16 vH bereits FVK ein, weitere 5 vH dieser Unternehmen planten den Einsatz von FVK in den nächsten drei Jahren. Allerdings betrug der Anteil der Anwender von "High-Tech"-FVK - d.h. von Unternehmen, die die Anisotropie des Werkstoffs nutzten und hochwertige Einsatzgebiete hatten - an den antwortenden Unternehmen nur etwa 6 vH (etwa 300 Unternehmen). Bereits damals wurde nach der Auswertung der Befragung nur mit einem mäßigen Zuwachs der Zahl der Anwender unter den kleinen und mittleren Unternehmen gerechnet und nicht mit einem deutlichen Schub in der Verbreitung von FVK. Das Gesamtbild des Einsatzes von FVK in KMU kann für das Ende der achtziger Jahre wie folgt gekennzeichnet werden: vielfältige Anwendungen mit etwa einem Drittel technologisch anspruchsvoller Einsatzfälle, begrenzter Zuwachs und geringes wirtschaftliches Gewicht.

2.2. Technologietransfer in KMU

Die Erhöhung der Wettbewerbsfähigkeit von Unternehmen ist nur insoweit an eigene Forschung und Entwicklung im Unternehmen gebunden, wie sie Voraussetzung für die erste oder frühe Anwendung von Neuerungen gegenüber den Wettbewerbern ist. Die FuE-Ergebnisse können auch aus externen Quellen erworben werden. Zur Erhöhung der technologischen Wettbewerbsfähigkeit ist vor allem die Nutzung des innerhalb und außerhalb des Unternehmens vorhandenen technologischen Wissens entscheidend. Besonders die kleinen und mittleren Unternehmen verfügen oft nicht über ausreichende FuE-Kapazitäten,

---

[4] Die Diffusionszeiten für neue Werkstoffentwicklungen betragen bis zu 15 Jahre. Vgl. Braun, M. et al., a.a.O.

[5] Vgl. Behringer, F. et al., a.a.O.

um alle relevanten Entwicklungen selbst durchzuführen. In vielen Bereichen steigt der FuE-Aufwand für Innovationen, so daß auch große Unternehmen zur FuE-Kooperation gezwungen sind. Dem Transfer von technologischem Wissen zwischen Unternehmen und zwischen Forschungseinrichtungen und Unternehmen kommt somit große Bedeutung zu. Untersuchungen über die Bedeutung von unternehmensinternen und -externen Innovationsimpulsen belegen die Dominanz der internen Anstöße. Dennoch scheint der Trend zu einer stärkeren Relevanz externer Impulse zu gehen.[6]

Den Anstößen zu Innovationen stehen Hemmnisse gegenüber, die Innovationsprozesse verhindern oder bremsen. Solche Innovationswiderstände können

- technische,
- finanzielle,
- qualifikatorische,
- soziale,
- marktbedingte,
- regulierungsbedingte

Ursachen haben.[7]

Ein Hauptansatzpunkt zur Überwindung dieser Innovationshemmnisse für Unternehmen ist die Unterstützung des Technologietransfers, d.h. der planvollen, zeitlich befristeten Übertragung von Technologien von einem Partner auf einen anderen.[8] Ziel dieses Transfers ist die Erhöhung des Nutzungsgrades einer Technologie. Eine der volkswirtschaftlich bedeutendsten Formen des Technologietransfers besteht in der Übertragung von technologischem Know-how von wissenschaftlichen Einrichtungen (Technologiegeber) zu Unternehmen (Technologienehmer). Der Erfolg des Technologietransfers ist an bestimmte Voraussetzungen beim Technologiegeber und beim Technologienehmer geknüpft. Seitens des *Technologiegebers* sind dies u.a., daß er

- bereit ist, die Technologie zu transferieren,
- Vorteile zu konkurrierenden Technologien aufzeigt,
- überprüft, ob der Technologienehmer hinreichend qualifiziert ist, erworbenes Wissen zu verwerten,
- bereit ist, den Technologienehmer auch über den Zeitraum des Transfers hinaus zu unterstützen und eine dauerhafte Geschäftsbeziehung anstrebt.

Voraussetzungen des Erfolges sind beim *Technologienehmer* u.a., daß er

- finanziell in der Lage ist, die erworbene Technologie erfolgreich in Produkte und Verfahren umzusetzen,

---

[6] Vgl. Schroeder, K.; Fuhrmann, F.U.; Heering, W. (unter Mitarbeit von Kirstein, M.; Lüken-Klassen, H.; Pfirrmaner, O.): Wissens- und Technologietransfer: Bedeutung und Perspektiven einer regionalen technologiepolitischen Strategie am Beispiel Berlins. Verlag Duncker und Humblot Berlin, 1991, S. 32.

[7] Vgl. Schroeder, K. et al., a.a.O., S. 32 ff.

[8] Vgl. Kayser, P.: Technologietransfer. In: DABEI-Handbuch für Erfinder und Unternehmer. VDI-Verlag Düsseldorf, 1987, S. 530f.

- organisatorisch in der Lage ist, den Technologietransfer als Teil eines komplexen Innovationsprozesses zu managen,
- einen Führungsstil hat, der das "not-invented-here-Syndrom" nicht aufkommen läßt,
- bereit ist über den Transferzeitraum hinaus Rückinformationen an den Technologiegeber zu vermitteln und Geschäftsbeziehungen anstrebt.

Zu den wichtigsten Problemen des Technologietransfers zählen
- unzureichende und unsichere Informationen über den Technologietrend,
- unzureichende Informationen über die Marktentwicklung,
- Kommunikationsprobleme wegen der Einbindung in verschiedene Zielsysteme und dem Wissensgefälle zwischen Technologiegeber und Technologienehmer,
- fehlende qualifikatorische Voraussetzungen,
- Berührungsängste hinsichtlich der Wissenschaft und Kooperationsunerfahrenheit insbesondere bei kleinen und mittleren Unternehmen.[9]

Insbesondere KMU als Technologienehmer verfügen oft nicht über wichtige Voraussetzungen für die erfolgreiche Adaption von externem technologischen Wissen. Ausgehend von Untersuchungen von Pavitt[10] ist folgende Typologisierung von KMU hinsichtlich ihres Innovationsverhaltens vorgeschlagen worden[11]:
- *Traditionelle KMU* sind in angestammten Industriebranchen tätig (Bekleidung, Leder, Metallbearbeitung). Ihre eigene FuE-Tätigkeit ist gering; technische Neuerungen werden vorwiegend durch Zukauf von Materialien und Anlagen eingeführt.
- *Moderne KMU* betreiben eine "Nischenstrategie" in spezifischen Marktsegmenten. Ihr Angebot besteht überwiegend aus technologieintensiven, oft an Kundenwünschen orientierten Investitionsgütern.
- *Technologieorientierte KMU* dringen in neue, sich rasch entwickelnde Technologiebereiche ein (Elektronik, Laser-, Roboter-, Bio- und Gentechnologie, Energie- und Umwelttechnik). Sie weisen eine hohe Innovationsbereitschaft und -fähigkeit auf, die es ihnen ermöglicht, in ihren schnell sich ausdehnenden Märkten eine hohe Wachstumsdynamik zu entfalten.
- *Zulieferbetriebe* fertigen für andere Unternehmen unterschiedlicher Branchen und Größe Einzelteile und führen Teilmontagen aus. Ihre Produktspezifikationen sind weitgehend durch die jeweiligen Abnehmer vorgegeben; die eigene Innovationstätigkeit ist in der Regel noch gering, nimmt aber zu.

Nach bisher vorliegenden Untersuchungen werden auch von KMU-spezifischen Förderprogrammen kaum Initiierungseffekte für erstmalige FuE-Aktivitäten ausgelöst[12], und die positiven Effekte solcher Fördermaßnahmen werden bei schon "innovationsstarken" KMU

---

[9] Vgl. Kayser, P., a.a.O.

[10] Vgl. Pavitt, K.: Sectoral Patterns of Technical Change: Towards a Taxonomy and a Theory. In: Research Policy No. 6, Vol. 13, 1984, S. 343-373.

[11] Vgl. Schroeder, K. et al., a.a.O., S. 46f.

[12] Vgl. Schroeder, K. et al, a.a.O.

besonders häufig angetroffen.[13] Deshalb sind die Technologienehmer in einem erfolgreichen Technologietransfer vermutlich vorrangig unter den bereits innovationsaktiven Unternehmen zu suchen (moderne KMU mit einer Nischenstrategie, junge technologieorientierte KMU, zunehmend auch Zulieferbetriebe) und kaum bei den traditionellen KMU. Somit ist auch das Potential der kleinen und mittleren Unternehmen, die vom Technologietransfer zur Anwendung von Hochleistungs-FVK erreicht werden können, von ihren Kooperationsfähigkeiten her begrenzt.

Eine Untersuchung zur FuE-Kooperation von kleinen und mittleren Unternehmen durch das Fraunhofer-Institut für Systemtechnik und Innovationsforschung und die Prognos AG ergab, daß folgende Faktoren die Kooperationsneigung von FuE-treibenden Unternehmen wesentlich bestimmen:
- die Marktstrategie,
- die FuE-Intensität,
- die Größe,
- bereits bestehende Kooperationskontakte und
- die persönliche Aufgeschlossenheit der Unternehmensleiter.

Gleichzeitig wird festgestellt, daß einer großen Zahl von kleineren und mittleren Unternehmen noch die Erfahrungen mit externer FuE-Kooperation fehlen und sie noch vor den Risiken solcher Zusammenarbeit zurückschrecken.[14]

Auch seitens der Technologiegeber müssen Bedingungen geschaffen werden, die den Technologietransfer von Forschungseinrichtungen in KMU vebessern. Dazu wurden besonders in der zweiten Hälfte der achtziger Jahre mit staatlicher Hilfe Zentren für Information und Beratung in mehreren Technologiefeldern an Forschungseinrichtungen aufgebaut, deren Angebot vor allem sich an kleine und mittlere Unternehmen richtet. Diese Zentren sind für die Trägerinstitutionen die Schnittstelle zur Praxis, deren technische und personelle Ausstattung staatlich unterstützt wird und die den Trägern die Akquisition von Drittmittelaufträgen erleichtert. Das Leistungsangebot dieser Zentren reicht von allgemeinen Informationen und Beratung über zielgruppenorientierte Schulungen bis hin zu Auftragsentwicklungen. Als eine Hauptschwäche dieser Technologietransferzentren hat sich in der Untersuchung von ISI/Prognos deren Konzentration auf die Durchführung von FuE-Aufträgen und Schulungen statt auf die Information und Erstberatung erwiesen. Dies stehe einer breiten Diffusionswirkung eher entgegen und rufe den Eindruck hervor, daß die

---

[13] Vgl. Becher, G.; Gielow, G.; Hornschild, K.; Kuntze, U.; Meyer-Krahmer, F.: Wirkungsanalyse der Forschungspersonalzuwachsförderung. Gutachten des Deutschen Instituts für Wirtschaftsforschung (DIW) und das Fraunhofer-Instituts für Systemtechnik und Innovationsforschung (ISI) im Auftrage des Bundesministers für Forschung und Technologie. Berlin, Karlsruhe, Juli 1989.

[14] Vgl. Wolff, H.; Becher, G. Delpho, H.; Kuhlmann, S.; Kuntze, U.; Stock, J. (unter Mitarbeit von Brühl, K.; Weibert, W.): FuE-Kooperation von kleinen und mittleren Unternehmen. Evaluation der BMFT-Maßnahmen auf diesem Gebiet. Fraunhofer-Institut für Systemtechnik und Innovationaforschung (ISI) und Prognos AG, Basel, Karlsruhe, August 1991.

Förderung von den Trägerinstitutionen als eine gute Gelegenheit zur Erweiterung der (finanziellen) Gestaltungsspielräume mitgenommen werde.[15]

In der Untersuchung im Auftrag des BMFT Ende der achtziger Jahre wurden die kleinen und mittleren Unternehmen auch nach den Hauptschwierigkeiten bei der Anwendung von FVK befragt, um Ansatzpunkte für die staatliche Förderung der Umsetzung des technischen Leistungspotentials von Hochleistungs-FVK in KMU zu finden.[16] Die damaligen Anwender standen einem breiten Sprektrum von Problemen gegenüber. Diese reichten von ungünstigen Preis-/Leistungsverhältnis, technischen Schwierigkeiten bei der Konstruktion/-Bauteilauslegung, bei der Fertigung/Montage und der Qualitätssicherung bis hin zu Problemen des Recyclings, der Entsorgung und gesetzlichen Zulassungsvorschriften. Außerdem wurden u.a. Qualifikationsdefizite bei den Mitarbeitern sowie Probleme bei der Schadenserkennung und der Finanzierung der für die Einführung von FVK erforderlichen Investitionen angeführt. Nach den damaligen Einschätzungen des DIW hätten finanzielle Anreize allein kaum ausgereicht, um die Probleme der Unternehmen im Umgang mit FVK entscheidend zu verringern; angemessener schien es, die Einsatzbedingungen von FVK u.a. über den Ausbau der Beratungs- und Informationsmöglichkeiten, eine Förderung der Zusammenarbeit der Unternehmen mit Forschungseinrichtungen und nicht zuletzt auch über eine adäquate Werkstoffausbildung an Universitäten und Fachhochschulen zu fördern.[17]

Der BMFT hatte schon vor Abschluß der damaligen Untersuchung entschieden, den Einsatz von FVK über die Einrichtung von "Demonstrationszentren für Faserverbundkunststoffe" zu fördern. Dieser Ansatz ist vom DIW damals als "technologiepolitisch angemessen" eingestuft worden. Es wurde vermutet, daß insbesondere für Unternehmen des Maschinenbaus die Zentren von Interesse sein dürften, da diese Branche vornehmlich mittelständisch strukturiert ist und dort vielfältige Einsatzmöglichkeiten für langfaserverstärkte Kunststoffe vermutet wurden. Das DIW hatte in diesem Zusammenhang darauf hingewiesen, daß es für den Erfolg der Demonstrationszentren wichtig sein werde, praxisrelevante Anwendungen zu zeigen, die nicht nur nach technischen, sondern auch nach betriebswirtschaftlichen Kriterien attraktiv sind.

---

[15] Vgl. Wolff, H. et al., a.a.O.

[16] Nicht untersucht wurde das Potential von FVK zur Erhöhung der Wettbewerbsfähigkeit von kleinen und mittleren Unternehmen in Relation zu anderen Technologien. Die Untersuchung war auf die Frage gerichtet, ob und wie der Staat die Anwendung von FVK in KMU wirksam fördern kann.

[17] Vgl. Behringer, F. et al., a.a.O.

2.3. Öffentliche Förderung der Materialforschung und -anwendung in der Bundesrepublik Deutschland

Förderung auf Bundesebene

Die Forschung und Entwicklung auf dem Gebiet der neuen Materialien ist ein Schwerpunkt der Förderung des Bundesministeriums für Forschung und Technologie. Im Herbst 1985 wurde ein Materialforschungsprogramm aufgelegt, mit dem in diesem Forschungs- und Technologiefeld gezielt Forschungsaktivitäten ausgelöst oder verstärkt werden sollen, die langfristig zu einer stärkeren Koordinierung der Kräfte und zu einer neuen Orientierung auf gemeinsam als wichtig erkannte Forschungsschwerpunkte führen. Die untergeordneten Ziele sind dabei:

- Mobilisierung des wissenschaftlich-technischen Potentials im Verbund - das Konzept der Verbundforschung von Unternehmen, Hochschulen und Forschungseinrichtungen ist dabei bevorzugtes Fördermodell,
- Stärkung der Grundlagenforschung bei gleichzeitiger Förderung der Spitzenforschung,
- Verstärkung der Information und des Technologietransfers insbesondere zum Nutzen kleiner und mittlerer Unternehmen.[18]

Das Programm wird in Form der direkten Projektförderung verwirklicht, bei der gezielt Projektvorhaben der Grundlagenforschung akademischer Institute einerseits und der anwendungsorientierten Forschung und Enwicklung unter maßgeblicher Beteiligung der Industrie andererseits unterstützt werden. Für die Finanzierung der Fördermaßnahmen ist bis zum Programmende 1994 ein Finanzvolumen von 1,1 Mrd. DM vorgesehen. Die Kosten der Verbundforschungsprojekte tragen Industrie und BMFT in der Regel im Verhältnis von 50 zu 50 gemeinsam, so daß sich die Gesamtkosten der Projekte dieses Programms auf über zwei Mrd. DM belaufen.

Die fachlichen Schwerpunkte liegen in folgenden Materialbereichen:

- Keramik,
- Pulvermetallurgie,
- Metallische Hochtemperatur- und Sonderwerkstoffe,
- Neue Polymere sowie
- Verbundwerkstoffe, darunter die Verbundwerkstoffe mit polymerer Matrix (Faserverbundkunststoffe).

Die FuE-Anstrengungen im Bereich der Verbundwerkstoffe richteten sich vor allem auf folgende Gebiete:

- Auswahl und Herstellung kostengünstiger und leistungsfähiger Verstärkungsfasern,
- Entwicklung von kostengünstigen und reproduzierbaren Fertigungs- und Verarbeitungsverfahren für Matrixwerkstoffe, Bauteile und Halbzeuge,

---

[18] Vgl. Bundesminister für Forschung und Technologie: Faktenbericht 1990 zum Bundesbericht Forschung 1988, Bonn, April 1990, S. 137.

- Zuverlässige, möglichst zerstörungsfreie Fehlererkennung und Qualitätssicherung in Halbzeugen und Bauteilen.[19]

Bis Februar 1992 wurden 577 Projekte mit einem Gesamtbudget von 1 652 Mill. DM initiiert. Der Förderaufwand des BMFT von insgesamt 894 Mill. DM hat daran einen Anteil von gut 54 vH. Die Verbundwerkstoffe beanspruchten mit 170 Mill. DM einen Anteil von 19 vH an dem Förderbudget. Nach Schätzungen des Projekträgers für Material- und Rohstofforschung im Forschungszentrum Jülich GmbH entfallen etwa 50 vH davon auf Verbundwerkstoffe mit polymerer Matrix, d.h. also etwa 85 Mill. DM über den Förderzeitraum von fast sieben Jahren.

Vom gesamten Förderbudget des Materialforschungsprogramms kamen nur 57 Mill. DM (9 vH der gesamten Fördersumme von 640 Mill. DM für industrielle Zuwendungsempfänger) Projekten zugute, die kleine und mittlere Unternehmen beantragt hatten.[20] Mit weiteren 53 Mill. DM wurden Projekte von Tochterunternehmen von Großunternehmen gefördert, die zwar oft kleine und mittlere Unternehmen sind, aber auf Grund ihrer Konzernabhängigkeit nicht zum Mittelstand gehören. Die kleinen und mittleren Unternehmen waren also mit dem relativ geringen Anteil von 17 vH am Materialforschungsprogramm beteiligt. Im verarbeitenden Gewerbe hatten kleine und mittlere Unternehmen mit 20 bis 999 Beschäftigten im Jahr 1990 einen Anteil am Gesamtumsatz von 46 vH und an der Gesamtbeschäftigung von 52 vH (vgl. Tabelle 2.1/1). Die geringe Beteiligung von KMU steht auch in auffälligem Gegensatz zu Programmzielen, nach denen die KMU hinsichtlich eines verbesserten Technologietransfers eine Hauptzielgruppe sind. Das Investitionsgüter produzierende Gewerbe, darunter Maschinenbau und Straßenfahrzeugbau, wurde unterproportional gefördert. Über 50 vH der Industrieforschungsförderung kamen der chemischen und der metallerzeugenden Industrie, also dem Grundstoff- und Produktionsgütergewerbe zugute.[21]

Somit hat die wichtigste Fördermaßnahme auf dem Gebiet der Materialforschung und -entwicklung in der Bundesrepublik Deutschland die potentiellen Anwender von Hochleistungs-FVK unter den kleinen und mittleren Unternehmen nur in sehr geringem Maße erreicht.

In der Evaluierung des Programms Materialforschung vom März 1993 wird die wachsende Bedeutung der Materialforschung sowohl für KMU, die als Zulieferbetriebe, als auch für Unternehmen, die als Nischenanbieter tätig sind, betont. Dieses Potential werde bislang noch zu wenig ausgeschöpft und durch das laufende Materialforschungsprogramm zu wenig stimuliert. Um die Rolle der KMU als Zulieferer für die Großindustrie auch auf den High-Tech-Gebieten zu stärken und in den Diffusionsprozeß für Hochleistungswerk-

---

[19] Vgl. Bundesminister für Forschung und Technologie, a.a.O., S. 139.

[20] Unter kleinen und mittleren Unternehmen werden dabei alle Unternehmen verstanden, die weniger als 1000 Beschäftigte bzw. einen jährlichen Umsatz von weniger als 200 Mill. DM haben.

[21] Vgl. Braun, M. et al., a.a.O.

stoffe stärker einzubinden, sollten künftige Förderkonzeptionen auf Bundesebene ein entsprechendes Instrumentarium bereithalten.[22]

Förderung auf Länderebene

Einzelne Bundesländer realisieren oder planen ebenfalls die Förderung der Materialforschung. In Baden-Württemberg wurde bereits 1984 mit Unterstützung der Landesregierung eine Beratungsstelle für FVK eingerichtet, die der Vorläufer des dortigen Demonstrationszentrums war (vgl. Abschnitt 6.1.2.6). Das Land Bayern unterstützt seit August 1991 Forschungs- und Entwicklungsvorhaben im Bereich der neuen Werkstoffe und deren Umsetzung in neue Produkte. Vorrangig werden kleine und mittlere Unternehmen mit bis zu 1000 Beschäftigten und maximal 200 Mill. DM Umsatz gefördert. Der Zuschuß des Landes zu den Projektkosten beträgt 50 vH. Ein fachlicher Schwerpunktbereich sind Verbundsysteme. In Nordrhein-Westfalen und Baden-Württemberg werden Förderprogramme für neue Werkstoffe vorbereitet.[23]

Förderung auf EG-Ebene

Im Rahmen der Forschungs- und Technologieförderung der EG ist das BRITE/EURAM-Programm die wichtigste Maßnahme zur Förderung der Fertigungstechnologien und neuer Materialien, die sich insbesondere auch an kleine und mittlere Unternehmen wendet. Einen fachlichen Schwerpunkt bilden dabei die Polymermatrix-Verbundwerkstoffe. Am Programm BRITE/EURAM, das von 1989 bis 1992 lief und ein Budget von 1 Mrd. DM hatte, waren KMU in 55 vH der Vorhaben beteiligt, wobei aber nur 21 vH des finanziellen Aufwandes auf diese Unternehmen entfielen.[24] Am Programm BRITE/EURAM II von 1991 bis 1994 beteiligen sich 1 281 Industriebetriebe aus der Bundesrepublik Deutschland, davon 587 KMU. Die Fördersumme für deutsche Partner in Höhe von 167,4 Mill. ECU entfällt zu 45,7 vH auf Unternehmen mit mehr als 500 Beschäftigten, zu 17,6 vH auf Unternehmen mit weniger als 500 Beschäftigten, zu 13,3 vH auf Forschungszentren und zu über 23 vH auf Universitäten. 31 Teilnehmer an Verbundprojekten kommen aus den neuen Bundesländern und erhalten etwa 4 vH der für Deutschland erwarteten Fördersumme.[25]

In einer Untersuchung zur Beteiligung kleiner und mittlerer Unternehmen an den FuE-Programmen der EG kommt das Institut für Mittelstandsforschung zu dem Schluß, daß die

---

[22] Vgl. Braun, M. et al., a.a.O.

[23] Vgl. Braun, M. et al., a.a.O.

[24] Vgl. Reichardt, K.; Wimmers, S. (unter Mitarbeit von Kayser, G.): Beteiligung an Forschungs- und Technologieprogrammen der EG. Chancen und Hemmnisse für kleine und mittlere Unternehmen. Schriften zur Mittelstandsforschung, Nr. 51 NF, Verlag Schäffer-Poeschel Stuttgart, 1992, S. 49.

[25] Vgl. Bundesministerium für Forschung und Technologie: Starkes Interesse für europäische Kooperation im Bereich "Industrielle und Werkstofftechnologien" hält an. Forschungsergebnisse Nr. 64/93, Bonn, 20.8.1993.

finanziellen Beteiligungsquoten der KMU von maximal einem Drittel selbst bei mittelstandsfreundlichen Programmen zu gering sind. Nutzen aus der Förderung könnten vor allem diejenigen KMU ziehen, die ohnehin auf dem geförderten Gebiet forschen, strategische Allianzen gebildet haben, ihr Image verbessern wollen oder europäisches Know-how benötigen.[26]

Zusammenfassung

Insgesamt wird deutlich, daß die Forschungs- und Technologieprogramme des Bundes und der Europäischen Gemeinschaft mit spezifischer Ausrichtung u.a. auf die Faserverbundkunststoffe kleine und mittlere Unternehmen nur in relativ geringem Maße erreichen. Diese Fördermaßnahmen sind vorrangig auf die Forschung im Bereich der Spitzentechnologien gerichtet und nicht direkt auf die Anwendung und Diffusion neuer Werkstoffe in mittelständischen Industrieunternehmen. Insofern schließt die Einrichtung von Demonstrationszentren für Faserverbundkunststoffe eine Lücke in der Förderung der Verbreitung von Forschungs- und Entwicklungsergebnissen zu neuen Werkstoffen.

2.4. Ziele und Aufgaben der Demonstrationszentren für FVK

In vielen Branchen - wie etwa im Maschinenbau - wurden Ende der achtziger Jahre Hochleistungs-FVK nur in wenigen Fällen eingesetzt; neue Einsatzgebiete entstanden kaum. Dies dürfte einerseits an den unzureichenden Kenntnissen über die spezifischen Werkstoffeigenschaften und über die konstruktive Auslegung und die fertigungstechnischen Möglichkeiten für Bauteile aus faserverstärkten Verbundteilen sowie der daraus resultierenden Zurückhaltung der potentiellen Anwender gelegen haben. Andererseits läßt der Werkstoff selbst nur in bestimmten Fällen einen auch ökonomisch rentablen Einsatz zu.

Mit zunehmender internationaler Arbeitsteilung und durch verstärkten Konkurrenzdruck nehmen die Anforderungen an die Innovationsbereitschaft der kleinen und mittleren Unternehmen zu. KMU müssen sich dem verstärkten Wettbewerb stellen, haben aber bei der Anwendung von Werkstoffen - insbesondere bei FVK - Schwierigkeiten. Um den KMU beratende und praktische Hilfestellung beim Einsatz von FVK zu geben, hat das BMFT die Errichtung von sieben Demonstrationszentren für Faserverbundkunststoffe finanziell gefördert. Die Demonstrationszentren wurden 1989/1990 gegründet; ihre Unterstützung durch das BMFT läuft in den meisten Fällen Ende 1993 aus.

Grundgedanke der Errichtung von Demonstrationszentren ist es, die bestehende FuE-Infrastruktur zu ergänzen, um insbesondere im Vorfeld des Einstiegs in neue Technologiefelder Orientierungswissen und Beratung für interessierte kleine und mittlere Unternehmen verfügbar zu machen sowie mit ihnen gemeinsame Forschungsprojekte durchzuführen.[27] Sie dienen damit dem Transfer und der Diffusion neuer Techniken. Dies soll vor allem

---

[26] Vgl. Reichardt, K. et al, a.a.O., S. 105.

[27] Vgl. Wolff, H. et al., a.a.O., S. 307ff.

KMU in die Lage versetzen, Hemmschwellen abzubauen, kompetente Gesprächspartner zu finden sowie Machbarkeit und Erfolgsaussichten neuer Techniken einzuschätzen. Die Demonstrationszentren sollen dazu beitragen, Wissens- und Anwendungsdefizite der Unternehmen bezüglich neuer Technologien zu verringern.

Demonstrationszentren sind im allgemeinen folgendermaßen gekennzeichnet:

- Demonstrationszentren konzentrieren sich bislang exemplarisch auf neue Technologiefelder, nämlich auf die Schlüsseltechnologien wie Energietechnik, Informationstechnik/Mikroelektronik, Fertigungstechnik, Bauforschung und Materialforschung/Tribologie, zu denen auch die Faserverbundwerkstoffe zählen.
- Die Förderung der Demonstrationszentren bildet meist kein eigenständiges Programm des BMFT, sondern erfolgt im Rahmen der einzelnen Fachprogramme des Ministeriums.
- Gefördert werden vom BMFT im allgemeinen Investitionen zum Aufbau des Demonstrationszentrums (vorwiegend Maschinen- und Geräteausstattung) sowie zeitlich befristet Personal- und Sachkosten.
- Die Förderung der Demonstrationszentren durch das BMFT ist angebotsorientiert ausgerichtet, d.h. sie unterstützt nicht die nachfragenden Unternehmen mit Geld, sondern zielt auf die Vergrößerung des Angebots an Information und Beratung für Unternehmen sowie gemeinsame Projektarbeiten.
- Die Demonstrationszentren werden nicht als neue Institutionen errichtet. Sie sind als Teileinrichtungen an bestehende Forschungsinstitutionen angegliedert und haben keine eigenständige Organisationsform. Damit kann direkt das Sach- und Erfahrungswissen der Basisinstitutionen genutzt werden.

Das BMFT verfolgt mit der Einrichtung der Demonstrationszentren im allgemeinen folgende Ziele:

- Angebot eines breiten Spektrums an Leistungen im Vorfeld von Forschung und Entwicklung wie Information, Beratungen, Demonstration von Anwendungen, Schulungsangebote.
- Erstellung konkreter Problemlösungen in Form gemeinsamer Projekte mit Unternehmen.
- Abbau von Hemmschwellen gegenüber neuen Technologien und gegenüber Kooperationsmöglichkeiten.
- Beseitigung von Informationsdefiziten hinsichtlich neuer Technologien.
- Erleichterung des Technologietransfers von der Grundlagenforschung zur wirtschaftlichen Anwendung.
- Förderung der Eigeninitiative der Unternehmen beim Technologietransfer.
- Unterstützung bei der Anbahnung von FuE-Kooperationen.

Die Demonstrationszentren bieten einen institutionellen Rahmen, der eigens für Information, Beratung und Projektzusammenarbeit zuständig ist und für den ein entsprechendes Marketing möglich ist; sie gehen damit über die üblichen Technologietransfer-Angebote hinaus.

Die vom BMFT eingerichteten Demonstrationszentren für Faserverbundkunststoffe sind von Unternehmen unabhängige und überregionale Einrichtungen zur Förderung der Anwendung von FVK in KMU. Die Errichtung von sieben Zentren mit einem Gesamtvolumen von etwa 50 Mill. DM ab 1989 sollte die räumliche Nähe zu den Unternehmen gewährleisten. Die Demonstrationszentren, die daneben zum Teil noch Landesmittel - insbesondere für Investitionen - erhalten haben, sollten sowohl ein breites Spektrum der Hilfestellung für Unternehmen ermöglichen, als auch über Spezialisierungen verfügen. Bei Nachfrage von Unternehmen auf diesen speziellen Feldern sollte gegebenenfalls eine Vermittlung zu den auf dem Gebiet spezialisierten Demonstrationszentren erfolgen. Die Zentren wurden an Großforschungseinrichtungen (Fraunhofergesellschaft, Deutsche Forschungsanstalt für Luft- und Raumfahrt) und Hochschulen eingerichtet.

Das BMFT verfolgt mit der Förderung von Demonstrationszentren für Faserverbundkunststoffe im einzelnen vor allem die folgenden technologie-, zielgruppen- und förderungsbezogenen Ziele:

- Verbreitung von Wissen über Faserverbundkunststoffe in den KMU und Beschleunigung der Diffusion dieser Werkstoffe;
- Förderung von Innovationen in kleinen und mittleren Unternehmen und somit Verbesserung ihrer Wettbewerbsfähigkeit;
- Verbesserung der Fähigkeit der Forschungseinrichtungen, auf Anforderungen der Wirtschaft zu reagieren;
- Anschubfinanzierung der Demonstrationszentren als sich - nach Auslaufen der Förderung - selbsttragende Transfereinrichtungen für FVK (Nachhaltigkeit der Förderung) und Unterstützung der Entwicklung des Marktes für Forschungs- und Beratungsleistungen.

Zur verbreiteten und vertieften Anwendung von FVK in KMU ergeben sich für die Demonstrationszentren folgende Arbeitsschwerpunkte:

- kostenlose, telefonische, schriftliche oder persönliche Beratung;
- Schulung und Seminare in Form von Grundlagenkursen bis zu vertiefenden Schwerpunktseminaren für Mitarbeiter bzw. Mitarbeiterinnen in Unternehmen,
- Information über zusätzliche Fördermaßnahmen sowie
- Zusammenarbeit bei der Realisierung der Produkt- oder Verfahrensideen in Unternehmen von der Konstruktion bis zu Serienreife.

Wichtig für die Zentren ist darüber hinaus, sich und den Werkstoff durch Öffentlichkeitsarbeit insbesondere in Form von Veröffentlichungen und Vorträgen sowie auf Messen bekannt zu machen.

Um den Technologietransfer erfolgreich durchführen zu können, müssen die theoretischen und praktischen Grundlagen der Anwendung von FVK in den Demonstrationszentren verfügbar sein. Das erfordert u.a.

- Erarbeitung von Informationssystemen über den Werkstoff, die Berechnungsmethoden, Ver- und Bearbeitungsverfahren, Prüfmethoden und Wirtschaftlichkeitsanalysen enthalten; weitere Systeme sollen die Konstruktion, Fertigungssimulation und Steuerdatengenerierung unterstützen,

- Ausarbeitung von Seminaren,
- Installation von Maschinen und Geräten in den Demonstrationszentren zur Herstellung und Prüfung von FVK-Bauteilen.

3. Ziel, Inhalt und Vorgehensweise der Begleitforschung

3.1. Ziel, Inhalt und Probleme der Begleitforschung

Die mittelfristig angelegte Begleitforschung zu den Demonstrationszentren verfolgt vor allem drei Ziele:

- Sie soll zum einen schon während der Programmlaufzeit Erkenntnisse und Anregungen für eventuell erforderliche Anpassungsmaßnahmen geben und damit die Effizienz der Maßnahme erhöhen;
- zum anderen besteht ihre Aufgabe in einer Bewertung des Förderansatzes und seiner instrumentellen Ausgestaltung, insbesondere vor dem Hintergrund der kurzfristig feststellbaren Auswirkungen;
- darüber hinaus dienen die Untersuchungsergebnisse als Basis von Überlegungen für künftige staatliche Fördermaßnahmen.

Die begleitende Evaluation der Fördermaßnahme zum Technologietransfer umfaßt folgende Aufgaben:

- Prüfung der Gültigkeit der dem Programm zugrunde liegenden Annahmen und der Adäquatheit der Ziele und Instrumente im Programmverlauf;
- Ermittlung des Grades der Erreichung der Förderziele;
- Untersuchung der mit dem Programm verbundenen Nebenwirkungen;
- Untersuchung der Programmabwicklung.

Als Bestandteil der Forschungs- und Entwicklungsförderung des BMFT einerseits für die Zielgruppe der kleinen und mittleren Unternehmen, andererseits im Technologiefeld der neuen Werkstoff, soll die Fördermaßnahme dazu dienen, die Technikentwicklung und -anwendung im Bereich der Faserverbundkunststoffe zu erleichtern, den Technologietransfer zu beschleunigen sowie die Zusammenarbeit mit der Wissenschaft zu verbessern.

Der Grad der Erreichung der technologie-, zielgruppen- und förderungspolitischen Ziele des BMFT bei der Errichtung der Demonstrationszentren für FVK ist das wesentliche Kriterium für die Bewertung des Förderansatzes in der Begleitforschung durch das DIW.

Dem Förderansatz lagen vor allem folgende Annahmen über die Werkstoffentwicklung und das Diffusionspotential sowie über die Schwierigkeiten der Zielgruppe bei der Adaption von Forschungs- und Entwicklungsergebnissen zugrunde, deren Richtigkeit in der Begleitforschung zu prüfen ist:

- FVK haben einen Reifegrad erreicht, bei dem die Förderung des breiteren Einsatzes in kleinen und mittleren Unternehmen sinnvoll erscheint, um die Diffusion zu beschleunigen.

- Wie in der vom DIW im Jahr 1990 vorgelegten Studie "Faserverbundkunststoffe in der mittelständischen Industrie"[28] festgestellt wurde, bestehen in den Unternehmen bei der Einführung von FVK vielfältige Schwierigkeiten, und die Unternehmen verfügen häufig nicht über die zur Problemlösung notwendigen Erfahrungen und das betriebsinterne Know-how. Deshalb muß das Schwergewicht der Förderung auf Information und Beratung liegen, also Schaffung der Infrastruktur für den Technologietransfer.

Bekannt war auch, daß in den Forschungs- und Hochschuleinrichtungen, die sich mit FVK befassen, also bei den "Technologiegebern", generelle und FVK-spezifische Probleme beim Technologietransfer besonders in kleinere Unternehmen bestehen. Dazu gehört, daß

- die Lösung der Anwendungsschwierigkeiten der KMU oft für die Forschung wenig attraktiv ist,
- die Probleme der KMU so produktionsnah sind, daß die geringen Fertigungserfahrungen der Forschungseinrichtungen nicht ausreichen, um eine problemadäquate Hilfe zu geben,
- die geringere Finanzkraft kleiner Unternehmen den Umfang und die Dauer von Forschungsprojekten begrenzt und somit eine stabile Zusammenarbeit mit der Forschungseinrichtung oft nicht zustande kommt,
- anwendungsnahe Forschungsprojekte zu FVK die Nutzung aufwendiger technischer Anlagen erfordern, die oft weder in den Forschungseinrichtungen noch bei den KMU, aber zum Teil bei Großunternehmen vorhanden sind.

Angenommen wurde, daß diese Schwierigkeiten der Technologiegeber im Umgang mit kleinen und mittleren Unternehmen durch die Einrichtung von angegliederten Demonstrationszentren behoben oder gemindert werden könnten. In der Begleitforschung soll also möglichst auch festgestellt werden, ob und wie die Fördermaßnahme zum Abbau der Probleme der "Technologiegeber" in der FuE-Kooperation mit KMU beigetragen hat.

Darüber hinaus ist auch zu prüfen, ob und inwieweit nicht intendierte Wirkungen und Nebenwirkungen durch die Maßnahme ausgelöst werden. So können beispielsweise auch Großunternehmen, die nicht zur Zielgruppe gehören, die Angebote der Demonstrationszentren nutzen. Die Subventionierung von Beratungsanbietern kann Einfluß auf den Markt für FuE-Dienstleistungen haben und zu Wettbewerbsverzerrungen führen. Außerdem können die Basisinstitute über die Erfahrungen der Demonstrationszentren bei der Beratung von KMU Anregungen für die Forschungsarbeit erhalten.

Der Erfolg der Maßnahme wird auch durch ihre inhaltliche Steuerung und die verwaltungstechnische Abwicklung mitbestimmt. Deshalb sind in der Evaluation die Feinsteuerung und die Korrekturmöglichkeiten im Programmablauf sowie die Einbindung und Wechselwirkung mit anderen Förderprogrammen auf Bundes-, EG- und Landesebene zu untersuchen.

---

[28] Vgl. Behringer, F. et al., a.a.O.

Die Begleituntersuchung des DIW diente auch der Information des BMFT über den Programmverlauf. Deshalb wurden zwei Zwischenberichte für den Auftraggeber erarbeitet. Die Evaluation liefert technologiespezifische Analyseergebnisse zum Diffusionsverlauf bei Hochleistungs-FVK, Erkenntnisse zum Technologietransfer von Forschungseinrichtungen in kleine und mittlere Unternehmen, vermittelt über die Demonstrationszentren, sowie zur Gestaltung von staatlichen Fördermaßnahmen in diesem Bereich. Dabei wurden nicht die einzelnen Demonstrationszentren bewertet, sondern die Wirkungen der Einrichtung aller Demonstrationszentren insgesamt untersucht. Dazu gehört auch, daß positive und negative Einflüsse auf die Effizienz der einzelnen Demonstrationszentren in verallgemeinerter Form dargestellt werden. Einerseits erlauben die unterschiedlichen Voraussetzungen hinsichtlich der Mittelausstattung, der Erfahrung in der Zusammenarbeit mit KMU, der Spezialisierung des Forschungsfeldes der Trägereinrichtungen, des regionalen industriellen Umfeldes, des Zeitpunktes, an dem die volle Arbeitsfähigkeit erreicht wurde, usw. eine objektive Einzelbewertung nicht. Andererseits wären die notwendige enge Zusammenarbeit des DIW mit den Demonstrationszentren und ihre realistische Berichterstattung im Rahmen der Begleitforschung erheblich beeinträchtigt worden, wenn eine differenzierte Einzelbewertung der Demonstrationszentren intendiert gewesen wäre.

Die Begleitforschung zu den Demonstrationszentren für FVK war insbesondere mit zwei Problemen konfrontiert. Zum einen ist die Begleitforschung zu technologiefördernden Maßnahmen dadurch eingeschränkt, daß spürbare Wirkungen oft erst nach längerer Zeit oder sogar nach deren Ablauf eintreten. Dies trifft insbesondere auf Diffusionswirkungen zu, die während der Laufzeit nur teilweise erfaßt werden können. Zum anderen entsteht auf Grund der über die Laufzeit anhaltenden engen Verbindung zwischen Träger und Demonstrationszentrum für die Evaluation das Problem, daß die Ergebnisse des Technologietransfers nicht immer eindeutig den Demonstrationszentren zuzuordnen sind.

3.2. Vorgehensweise der Begleitforschung

Im Mittelpunkt der Untersuchungen des DIW zur Beurteilung der Förderung stehen zum einen die Verbreitung der Anwendung von FVK in der mittelständischen Industrie und zum anderen die Tätigkeiten der Zentren und ihre Wirkungen auf die Anwendung von FVK in kleinen und mittleren Unternehmen. Insbesondere werden die inneren und äußeren Schwierigkeiten der KMU bei der Anwendung von FVK und der Beitrag der Demonstrationszentren zu deren Überwindung analysiert. Dazu war die Gewinnung von Informationen aus sehr unterschiedlichen Quellen zu verschiedenen Zeitpunkten und mit unterschiedlichen Methoden erforderlich.

Das DIW hat die Begleitforschung in thematische Arbeitspakete gegliedert, die im wesentlichen zeitlich parallel bearbeitet wurden:

1. *Arbeitspaket:* **Demonstrationszentren**

Ziel dieses Arbeitspaketes war es, die Anfangssituation der Zentren und spätere Veränderungen des Angebotsprofils zu beschreiben, Aufschlüsse über die Klientel der Zentren aus deren Sicht und über die tatsächlich erreichte Klientel sowie deren typische Problemkonstellationen und Unternehmenscharakteristika zu erhalten und Probleme der Zentren bei der Durchführung ihrer Dienstleistungen zu ermitteln. Eine wichtige Voraussetzung für die Durchführung der Untersuchung war die Bereitschaft der Demonstrationszentren zur Zusammenarbeit. So konnten

- wichtige Aufschlüsse aus einer laufenden Statistik über Art der Firmenanfragen, zugrundeliegende Probleme der Unternehmen sowie die Tätigkeit der Zentren gewonnen werden, und
- waren weitergehende Befragungen der Klientel der Zentren nur möglich, weil der Zugang zu dieser Gruppe von ihnen unterstützt wurde.

Zu Beginn der Projektarbeiten wurden Gespräche mit den Mitarbeitern aller Zentren geführt, um einerseits die Anfangssituation und Pläne der Zentren zu erkunden, Eigenaktivitäten der Zentren zur Dokumentation ihrer Arbeit anzuregen, und andererseits dem DIW die Gelegenheit zu geben, das Forschungsprojekt und seine Ziele vorzustellen. Während der gesamten Laufzeit des Projekts wurden die Zentren begleitet. Dazu gehörten die Auswertung der dort erstellten Statistiken und sonstigen Unterlagen sowie weitere Gespräche.

2. *Arbeitspaket:* **Unternehmensbefragung**

Ziel dieses Arbeitspaketes war es zum einen, die Veränderung des Anwendungsstandes von FVK in kleinen und mittleren Unternehmen zu erfassen, und zum anderen, die Zielgruppe der Zentren genauer abzugrenzen und quantitativ zu bestimmen. Dies war erforderlich, um Aussagen über die Reichweite der Zentren, d.h. über den von ihnen erreichten Teil der Zielgruppe zu ermöglichen. Darüber hinaus sollten Aufschlüsse über Beratungsbedarf, Informationsstand und -verhalten der FVK-anwendenden Unternehmen und die Rolle der Zentren aus deren Sicht gewonnen werden. Hierbei war den Veränderungen in der Zielgruppe nachzugehen, und zwar hinsichtlich Größe, Art und Umfang des FVK-Einsatzes, Informationsbedarf, Problemstruktur, Rolle der Zentren, Gründe für und gegen die Nutzung der Demonstrationszentren und alternativer Einrichtungen. Dazu wurden im Jahr 1988 und Ende des Jahres 1990 schriftliche Befragungen bei Unternehmen ausgewählter Branchen durchgeführt, die für 411 Unternehmen, die sich an beiden Befragungen beteiligt hatten, zum Längsschnitt verbunden wurden. So können Aussagen über die zeitliche Entwicklung der Problemlage bei der Anwendung von FVK in KMU getroffen werden.

Auf Grund des nach wie vor relativ geringen Diffusionsgrades von Hochleistungs-FVK in kleinen und mittleren Unternehmen war eine ursprünglich vorgesehene weitere schriftliche Befragung aller FVK-Anwender zur Bewertung der Fördermaßnahme wenig erfolgversprechend. Die Untersuchungen konzentrierten sich in der Folge auf die Teilnehmer am Technologietransfer (kleine und mittlere Unternehmen, Forschungseinrichtungen) und die Gestaltung der Transfereinrichtung Demonstrationszentrum. Dadurch erhielten die anderen Arbeitspakete und hier insbesondere die stärker qualitativ beschreibenden Evaluationsmethoden ein höheres Gewicht.

3. *Arbeitspaket:* **Fallstudien**

Ziel dieses Arbeitspaketes war es vor allem, bei den Nutzern der Zentren innerbetriebliche Wirkungen der Inanspruchnahme der dort angebotenen Dienstleistungen, Vor- und Nachteile der Zentren aus Sicht der Unternehmen und - erwartete oder realisierte - Markterfolge der FVK-Anwendungen zu erheben. Besonderes Interesse galt auch den typischen Problemlagen der Nichtnutzer (potentiellen Nutzer) und den Gründen gegen die Inanspruchnahme der Zentren. Bei Nichtnutzern und Nutzern von Demonstrationszentren wurden jeweils zehn Fallstudien durchgeführt und verglichen. Damit konnten Voraussetzungen und Wirkungen der Inanspruchnahme von Beratungsleistungen der Demonstrationszentren in den Unternehmen exemplarisch erfaßt werden. Obwohl diese Fallstudien nicht repräsentativ sind, geben sie unter Berücksichtigung der Auswahlkriterien aus der Gesamtheit der Anwender (Nichtnutzer-Fallstudien) und der Gesamtheit der Nutzer der Demonstrationszentren (Nutzer-Fallstudien) die Möglichkeit zur Verallgemeinerung. Die Fallstudien wurden von Mitarbeitern des DIW gemeinsam mit technischen Experten des Institut für Kunststoffverarbeitung (IKV) in Aachen (Nichtnutzer-Fallstudien) und des Instituts für Verbundwerkstoffe GmbH (IVW) in Kaiserslautern (Nutzer-Fallstudien) durchgeführt.

4. *Arbeitspaket:* **Umfeld**

Auf der Grundlage der Ergebnisse dieses Arbeitspaketes wurden Aussagen über die Auswirkungen der Förderung der Demonstrationszentren im weiteren Umfeld ermöglicht. Dabei war Fragen nach den Möglichkeiten der Unterstützung und Beratung durch vergleichbare andere Institutionen, die während der Förderdauer der Zentren entstanden sind oder ausgebaut wurden, nach den Veränderungen der Akzeptanz von FVK in der mittelständischen Industrie während des Beobachtungszeitraumes und nach gesamtwirtschaftlichen Effekten der Förderung der Zentren nachzugehen. Darüber hinaus wurden Stand und Entwicklung der FVK-Anwendung aus technischer Sicht einbezogen.

5. *Arbeitspaket:* **Zusammenführung der Ergebnisse**

Die Bewertung der Demonstrationszentren ergibt sich aus der integrativen Auswertung der hier vorgestellten Arbeitspakete einschließlich des technischen Teils über Werkstoffeigenschaften und Verarbeitungsverfahren, der vom IKV-Aachen erarbeitet wurde. Hierfür waren Gespräche mit Experten erforderlich, darunter Mitarbeiter der Rohstoffhersteller, anderer Forschungs- und Beratungseinrichtungen und aus Großunternehmen, die FVK anwenden. Dabei wurde auch das Verhältnis zu anderen technologiepolitischen Förderungen diskutiert. Für Aussagen über die Entwicklung der FVK-Technik während der Laufzeit der Demonstrationszentren ist ein Unterauftrag an das IKV-Aachen vergeben worden.

In der Begleitforschung zu den Demonstrationszentren für FVK wurden hauptsächlich folgende primären Informationsquellen verwendet:

- Schriftliche Befragungen des DIW bei KMU, die FVK anwenden bzw. 1988 planten, FVK anzuwenden. Dabei wurde besonderes Augenmerk auf die Schwierigkeiten bei der Anwendung und ihre Bewältigung durch Beratung gelegt.

- Halbjährliche schriftliche Berichte der Demonstrationszentren für FVK über ihre Aktivitäten (Öffentlichkeitsarbeit, Seminare, Beratungen, Projekte) und über ihre Nutzer.
- Auswertung der Anträge zur Errichtung der Demonstrationszentren an das BMFT und der halbjährlichen Zwischenberichte der Demonstrationszentren an das BMFT
- Informationen von den halbjährlichen Treffen der Leiter der Demonstrationszentren und die Protokolle dieser Tagungen.
- Interviews mit leitenden Mitarbeitern aller Zentren zu Beginn der Förderung und 1993 am Ende der Förderung.
- Jeweils zehn Interviews mit Fallstudiencharakter bei KMU, die FVK anwenden und Demonstrationszentren entweder (noch) nicht genutzt oder bereits genutzt hatten (Nichtnutzer/Nutzer der Demonstrationszentren).
- Befragung von Experten des weiteren Umfeldes (alternative Forschungs- und Beratungseinrichtungen; Großunternehmen, die FVK anwenden; Rohstoffhersteller; Unternehmensverbände; Projektträger Materialforschung des BMFT).

Darüber hinaus wurden auch Sekundärquellen über Untersuchungen zu tangierenden Fragestellungen berücksichtigt, insbesondere die Evaluation der BMFT-Förderung der FuE-Kooperation von kleinen und mittleren Unternehmen aus dem Jahr 1991 sowie des BMFT-Programms zur Materialforschung von 1993.

4. Fertigungsverfahren zur Herstellung von Bauteilen aus Faserverbundkunststoffen in mittelständischen Unternehmen

4.1. Vorzüge und Einsatzbereiche von FVK

4.1.1. Eigenschaften und Anwendungen von FVK

Faserverbundkunststoffe (FVK) haben sich aufgrund ihrer hervorragenden Leichtbaukennwerte in der Luft- und Raumfahrt fest etabliert. Auch in anderen Industriebereichen werden immer leistungsfähigere Maschinen, Fahrzeuge und Geräte gefordert. Entscheidende Entwicklungsziele sind dabei u.a. höhere Arbeitsgeschwindigkeiten, hohe Fertigungsgenauigkeiten oder höhere Leistung bei geringerem Energieeinsatz. Diese Anforderungen können nur mit einem Werkstoff realisiert werden, der sich in besonderem Maße auf das spezielle Anforderungsprofil zuschneiden läßt. Dies ist durch den Einsatz von Faserverbundkunststoffen besonders gut zu realisieren, da diese viele Variationsmöglichkeiten besitzen, die eine optimale Anpassung erlauben.

Die Faserverbundkunststoffe entstehen aus den Einzelkomponenten Fasern und Harzsystem erst beim Formgebungsprozeß, also bei der Herstellung des Bauteils. Die Auswahl dieser Komponenten ist entscheidend für das Gesamtverhalten des FVK-Produktes. Je nach Anwendungsfall wird zwischen Glas-, Kohlenstoff- oder Aramidfasern gewählt. Bei den Harzsystemen stehen z.B. Epoxidharze, Polyesterharze, Vinylesterharze und Phenolharze zur Verfügung. Die Eigenschaften der Verstärkungsfasern übertreffen in vielerlei Hinsicht diejenigen herkömmlicher Werkstoffe; dabei gilt es das Potential der Fasern weitestgehend zu nutzen. Dies geschieht bei Hochleistungs-Faserverbundbauteilen durch Realisierung eines möglichst hohen Faservolumenanteils (verglichen mit dem bindenden Harzsystem) und mit einer gezielten Ausrichtung möglichst langer Fasern.

Besondere Eigenschaften von Faserverbundkunststoffen sind geringes spezifisches Gewicht und eine in weiten Grenzen einstellbare Steifigkeit, die von sehr hoher Steifigkeit bis zu hervorragender Dehnbarkeit reicht. Hinzu kommen Chemikalienbeständigkeit, gute Dämpfungseigenschaften und hohe Schwing- und Dauerfestigkeit, außerdem bei den meisten Materialien gute Verarbeitbarkeit sowohl in der Herstellung als auch in der Nachbearbeitung.

Die folgende Tabelle 4.1/1 gibt einen Überblick über das breite Spektrum der Einsatzmöglichkeiten von Faserverbundkunststoffen, die anhand von Beispielen in Verbindung mit den besonderen Eigenschaften belegt werden.[29]

---

[29] Vgl. Michaeli, W.; Wegener, M.: Einführung in die Technologie der Faserverbundkunststoffe. Carl Hanser Verlag, München, Wien, 1990.

Tabelle 4.1/1

Einsatzmöglichkeiten und besondere Eigenschaften von FVK

Einsatzbereich	*Anwendungsbeispiele*	*Besondere Eigenschaften*
Maschinenbau	Schnell bewegte Teile in Verpackungs-, Druck-, Strick- und Webmaschinen. Lauf- und Druckwerke an Computer-Peripheriemaschinen. Zahnräder, Pumpenelemente und Gehäuse. Getriebeteile als Kraft- und Drehmoment-Übertragungselemente	Geringe Masseträgheit, hohe Schwingfestigkeit, Wartungsarmut
Anlagenbau	Behälter, Rohrleitungssysteme, Rührwerke, Pumpenelemente, Gehäuse	Chemische Beständigkeit, einfache, anforderungsgerechte Gestaltung
Fahrzeugbau	Großflächige Karosserieteile, Kardanwelle, Blatt- oder Spiralfedern, Drehstäbe, Stoßfänger, Chassisrahmen, Versteifungsteile	Kraftstoffeinsparung durch besonders niedriges Gewicht, gute Dämpfungseigenschaften
Flugzeugbau	Inneneinrichtung, Leitwerksteile, Tragwerkkonstruktionen für Rumpf und Flügel, Bremsscheiben, Verkleidungsteile, Bremsklappen, Rotorblätter, Tanks	Korrosionsbeständigkeit, Einsparungen bei Montage aufgrund weniger Bauteile, integrierte Bauweise
Energietechnik	Flügel von Windenergieanlagen, Windkanalgebläse, Gasleitsystem	Dynamisch hoch belastbar, lange Lebensdauer, korrosionsbeständig
Raumfahrt	Antennenkomponenten, Satellitenstrukturen, Druckbehälter, Parabolspiegel, Hohlleiter, Gestelle für optische Geräte und Meßapparaturen	Geringes Gewicht, Wärmedehnung durch ausgewählte Verstärkung zu "Null" einstellbar
Medizinbereich	Arm- und Beinprothesen, Implantatwerkstoff, medizinische Geräte	Geringes Gewicht, Körperverträglichkeit
Sport und Freizeit	Angelruten, Schläger aller Art, Skier, Boots- und Surfbrettbau, Segel- und Leicht-Flugzeugbau	Geringes Gewicht, kostengünstige Fertigung, gute Anpassungsmöglichkeit an schnelllebige Produkte

4.1.2. Ein Beispiel - Antriebswelle

Durch bestimmte Bauteilgeometrien und definierte einfache Lastfälle läßt sich das Potential der Hochleistungsfasern im Verbundkunststoff besonders gut nutzen. Dies wird durch eine Faserorientierung erzielt, die mit der Verlaufsrichtung der im Bauteil vorliegenden Hauptspannungen übereinstimmt. Somit können die besonderen mechanischen Eigenschaften von Faserverbundkunststoffen, wie z.B. hohe Steifigkeit und Festigkeit, bei geringem Gewicht hervorgerufen werden. Weiterhin führt die konsequente Anwendung multifunktionaler Bauweise zur Reduzierung des Montageaufwandes. Dies soll im folgenden am Beispiel einer Antriebswelle erläutert werden.

Der Einsatz von Antriebswellen aus Faserverbundkunststoffen - z.B. die Kardanwelle im PKW - ist bekannt.[30] Zunächst wird hierbei eine Gewichtsreduzierung aufgrund des geringeren spezifischen Gewichtes von Kohlenstoffaserkunststoff (CFK) oder Glasfaserkunststoff (GFK) im Vergleich zu Stahl oder Aluminium erreicht.

Ein zusätzlicher Effekt wird jedoch durch die hohe Steifigkeit einer Welle aus Faserverbundkunststoff bewirkt: Die Antriebswelle aus FVK kann länger sein als Wellen aus herkömmlichen Werkstoffen und hat damit auch eine größere freie Momenten-Übertragungslänge bei gegebener Wellen-Drehzahl. Durch die vergleichsweise hohe Steifigkeit einer CFK-Welle liegen die Eigenfrequenzen wesentlich höher als z.B. die Eigenfrequenzen einer Stahlwelle.

So besteht bei der Verwendung einer Welle aus FVK für wesentlich größere Drehzahlbereiche oder Übertragungslängen nicht die Gefahr, daß der biegekritische Drehzahlbereich bei erforderlicher Übertragungslänge erreicht wird, wie es bei einer vergleichbaren Welle aus herkömmlichen Werkstoffen der Fall wäre.

Dies zeigt, daß durch den Einsatz von Faserverbundkunststoffen nicht nur Gewichtseinsparungen durch das Material selbst erreicht werden können, sondern in der Betrachtung des Gesamtsystems ganze Baugruppen - wie z.B. bei der Kardanwelle aus Stahl ein stützendes Zwischenlager - eingespart werden können. Diese Einsparungen wirken sich nicht nur auf das Gesamtgewicht, sondern auch auf den Montageaufwand und somit auf die Fertigungskosten vorteilhaft aus.

Bezugnehmend auf die Tabelle 4.1/1 und auf das vorgenannte Beispiel wird deutlich, daß FVK für spezielle Anwendungen Vorteile gegenüber herkömmlichen Werkstoffen besitzt. Spezielle Lösungen finden jedoch auch oft bei kleinen und mittleren Stückzahlen Einsatz. Dies ist ein Gebiet, welches vornehmlich durch die KMU abgedeckt wird. Diese können mit dem Anwender von FVK-Strukturen eng zusammenarbeiten und flexibel auf Änderungswünsche reagieren, die durch schnellebige Produkte oder durch Konstruktionsanpassungen im Sinne einer Systemoptimierung begründet sind.

---

[30] Vgl. Haldenwanger, H.G.: Hochleistungsfaserverbundkunststoffe im Automobilbau: Entwicklung, Berechnung, Prüfung, Einsatz von Bauteilen. VDI-Verlag, Düsseldorf, 1993.

4.2. Wichtige Fertigungsverfahren für die Herstellung von FVK-Bauteilen in KMU

4.2.1. Voraussetzungen für die Anwendung von FVK

Anwendungsbeispiele wie die im vorigen Abschnitt beschriebene Kardanwelle zeigen, daß es spezifische Anwendungsbereiche für Faserverbundkunststoffe gibt, für die keine Alternative mit anderen Werkstoffen existiert, die das geforderte Anforderungsprofil bestimmter Bauteile realisieren könnte. Dem Konstrukteur stehen durch die Faserverbundkunststoffe wesentlich mehr Möglichkeiten zur Verfügung, für jede Aufgabenstellung eine spezielle und optimierte Lösung zu finden, als dies bei herkömmlichen Werkstoffen der Fall ist. Eine Betrachtung des Gesamtsystems und die Berücksichtigung der Fertigungstechnologie sind dabei jedoch für eine optimale Ausnutzung der Werkstoffeigenschaften von eminenter Bedeutung.[31]

Der Werkstoff wird immer dann vorteilhaft eingesetzt, wenn die vorhandene Anisotropie in positivem Sinne genutzt werden kann. Dies wird anhand des Zusammenhangs von relativer Festigkeit und dem Abweichungswinkel α deutlich (vgl. Schaubild 4.2/1). Der Abweichungswinkel ist ein Maß für "Fehlorientierung" des verwendeten Fasermaterials in einem Verbundkunststoff, also Abweichungen von der optimalen Faserorientierung. Es ist deutlich zu erkennen, daß schon bei geringen Differenzen zwischen der Faserorientierung und der Kraftverlaufsrichtung sowohl die Festigkeit, als auch die Steifigkeit des Werkstoffes stark nachlassen. So ist schon bei der Gestaltung und Konstruktion von Bauteilen aus FVK ein Herstellungsverfahren auszuwählen, das nach Möglichkeit eine optimale Faserorientierung erlaubt. Darüber hinaus ist aber auch die geplante Losgröße der Bauteile zu beachten, die die Wirtschaftlichkeit eines Verfahrens beeinflußt. Da das jeweilige Fertigungsverfahren sehr große Auswirkungen auf das Leistungsvermögen des Bauteils hat, muß bereits bei der Erstellung eines Prototyps zu Testzwecken ein Herstellungsverfahren gewählt werden, welches dem endgültigen Verfahren sehr nahe kommt.

Im folgenden werden Herstellungsverfahren für Bauteile aus FVK beschrieben, die bei kleinen und mittleren Unternehmen häufig genutzt werden und bei der schriftlichen Befragung der Unternehmen genannt wurden. Zu diesen Verfahren gehören: Handlaminieren, Faserspritzen, Spritzgießen, Wickeln, Pultrusion, Autoklavtechnik, Pressen, RTM, Schleuderverfahren, schneidende und spanende Bearbeitung.

Die Erläuterung der Verfahren erfolgt nach einer kurzen Vorgangsbeschreibung unter den Gesichtspunkten der notwendigen Investitionen, der Möglichkeiten der Automatisierung und der oft daraus folgenden Reproduzierbarkeit. Weiterhin werden mögliche Gefahren am

---

[31] Vgl. Michaeli, W.; Wegener, M.: Denken in Anisotropen. Faserverbundwerkstoffe, eine Herausforderung für den Konstrukteur. VDI-Bericht 852, Übertragbarkeit von Werkstoffkennwerten auf Bauteileigenschaften, VDI-Verlag, 1991. - Menges, G.: Einführung in die Kunststoffverarbeitung. Carl Hanser Verlag, München, Wien, 1979.

Schaubild 4.2/1

Einfluß der Winkelabweichung auf die Festigkeit einer Schicht mit unidirektional ausgerichteten Fasern

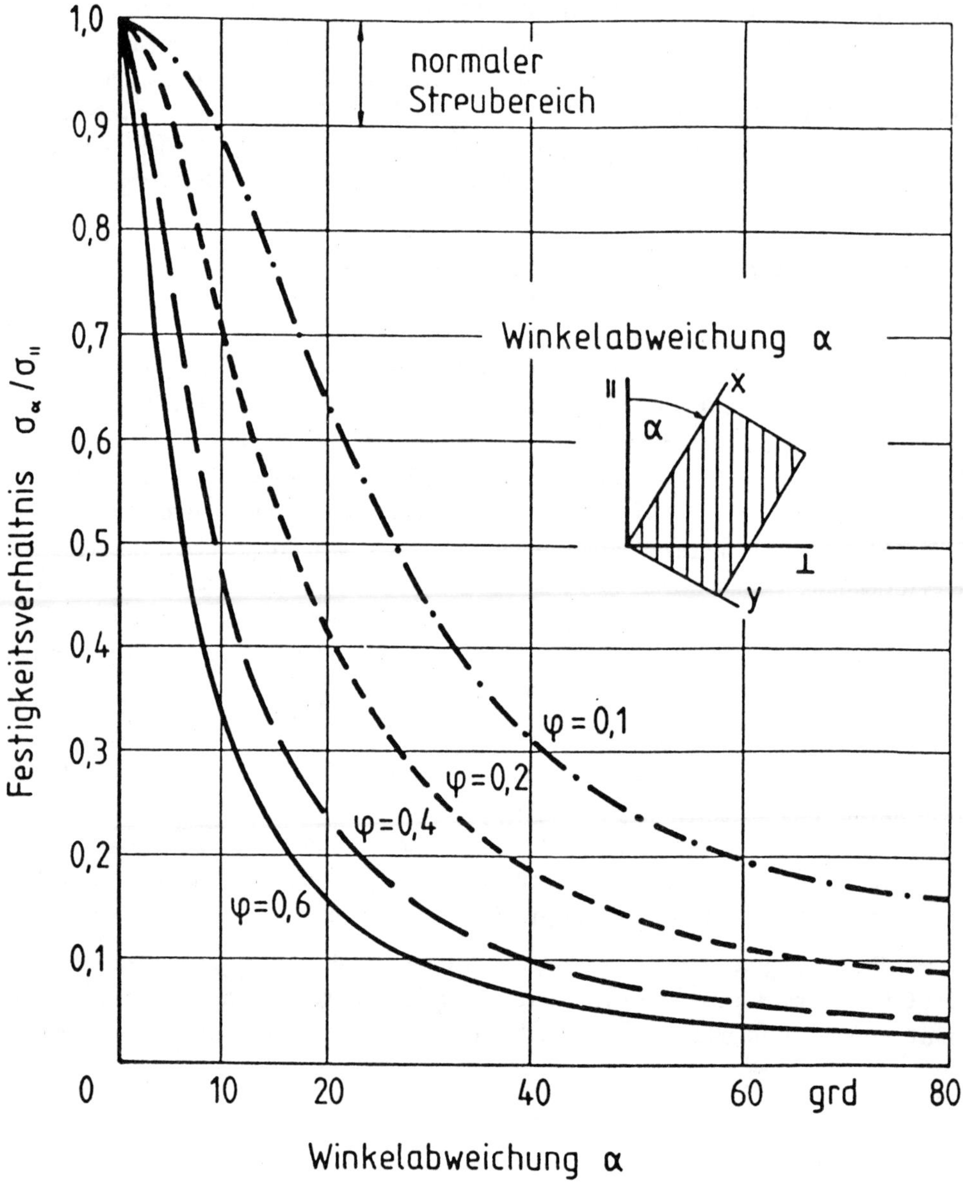

Quelle: IKV.

Arbeitsplatz angeschnitten und technische Entwicklungstrends des Verarbeitungsverfahrens behandelt.

4.2.2. Handlaminieren

Das Handlaminieren dient in erster Linie zur Herstellung von FVK-Bauteilen in kleinen Stückzahlen und von Prototypen. Hierbei bildet das Laminat des FVK (aufgeschichtete Einzellagen, die den Gesamtwerkstoff bilden) immer eine Negativform ab.

Der Arbeitsgang beim Handlaminieren umfaßt folgende Schritte:

1. Trennmittel auftragen, trocknen lassen, evtl. polieren;
2. Feinschicht auftragen;
3. nach Beginn des Gelierens der Feinschicht laminieren und evtl. Schlußstrich auftragen;
4. nach ausreichender Vernetzung entformen, Werkzeug reinigen und Formteil besäumen;
5. Tempern (nachhärten).

Das Trennmittel muß dabei einen durchgehenden Film bilden. Vor dem Feinschichtauftrag muß das Trennmittel trocken sein.

Zur Herstellung von Bauteilen mit Hilfe dieses Verfahrens sind lediglich minimale Investitionen erforderlich. Der Formenbau zur Herstellung einer Negativform geschieht mit verhältnismäßig einfachen Mitteln, wobei Holz, Gips oder Hartschaumstoff als Formmaterial eingesetzt werden können.

Das Handlaminierverfahren ist jedoch nicht automatisierbar. Die Reproduzierbarkeit einer bestimmten angestrebten Qualität hängt ausschließlich vom Geschick des Personals ab. Eine grundlegende Maßnahme zur Sicherung der Qualität ist allenfalls ein automatisiertes Zuschneiden der Verstärkungslagen.

Das Handlaminieren ist ein "offenes" Vefahren. Durch die großen freien Oberflächen ergibt sich eine hohe Abgabe von Lösungsmitteln bei der Verwendung von Polyesterharzen. Der Wert der maximale Arbeitsplatzkonzentration (MAK) für freiwerdendes Styrol liegt z.Zt. bei 20 ppm. Dies erfordert eine Anpassung des Arbeitsplatzes, z.B. mit geeigneten Absauganlagen, oder die Verwendung von Harzsystemen, die auf der Oberfläche unmittelbar nach dem Auftragen eine Diffusionssperre aufbauen. Die Verwendung von Harzsystemen aller Art verlangt ebenfalls die Vermeidung von Hautkontakt mit unvernetztem Werkstoff. Dies kann je nach Veranlagung Hautreizungen hervorrufen.

Neuartige Entwicklungen von textilen Halbzeugen lassen das Handlaminieren wirtschaftlicher als bisher werden. Die Entwicklung von Gelegen[31] erlaubt eine einfachere Drapierbarkeit von Zuschnittpaketen und eine optimalere Vororientierung von Fasern, als dies bisher bei der Verwendung von Geweben der Fall gewesen ist.

---

[31] Vgl. Wulfhorst, B.: Dreidimensionale Textilien rationalisieren die Herstellung von Faserverbundwerkstoffen. In: Kunststoffe, 81 (1991) 11, S. 1027 - 1031.

4.2.3. Faserspritzen

Das Faserspritzen ist bereits teilweise durch den Einsatz von Robotern mechanisiert. Dabei werden Rovingstränge in einem Schneidekopf in ca. 40 mm lange Stücke geschnitten, auf die Werkzeugoberfläche aufgeworfen und noch in der Luft mit zerstäubtem Harz benetzt.

Vom verwendeten Harz werden zwei Teile mit unterschiedlichen Zusätzen benötigt. Dem einen Teil wird das Peroxid, dem anderen der Beschleuniger zugegeben. Beide Systemkomponenten (Harz und Härter) werden dem Spritzkopf getrennt zugeführt und ausgespritzt, so daß die Mischung durch das Zusammentreffen der beiden Sprühstrahlen und auf den in den Strahlen kreuzenden Glasfaserschnitzeln bewirkt wird.

Wie im vorher genannten Fall des Handlaminierverfahrens wird das Material zur Verdichtung und um die Luft auszutreiben mit entsprechendem Werkzeug überrollt oder mit Hilfe von Vakuum unter einer Folie verdichtet. Ein Vorteil ist hier wie beim Handlaminieren das billige Form-Werkzeug.

Die Investition zum Faserspritzen liegt in der Größenordnung der Beschaffung von Geräten für einen Lackierbetrieb. Weitere Investitionen sind erforderlich, soll anstelle des Personals bei geringer Produktabwandlung ein Roboter eingesetzt werden. Der Einsatz eines Roboters ermöglicht neben der Automatisierung des Prozesses auch noch eine Kapselung, wodurch die Lösungsmittelproblematik im Sinne des Arbeitsplatzschutzes weitestgehend aufgehoben ist.

Bei rein manueller Anwendung des Verfahrens ist die Reproduzierbarkeit noch stärker von der Erfahrung des geschulten Personals abhängig, da die Lagendicke des aufgebrachten Materials nicht durch die Verwendung einer bestimmten Lagenzahl bestimmbar ist, sondern wie beim Lackieren nur von der Spritzpistolenführung abhängig ist.

Eine mögliche Gesundheitsgefährdung wird durch das Zerstäuben des Harzsystems noch stärker hervorgerufen als beim Handlaminierverfahren. Geeignete Schutzanzüge mit Aktivbelüftung bieten jedoch einen sicheren Schutz.

Der Trend für den weiteren Einsatz des Faserspritzverfahrens ist rückläufig. Dies liegt an Arbeitsplatzschutzanforderungen, an der relativ geringen Reproduzierbarkeit und an der fehlenden Möglichkeit, Fasern gezielt auszurichten. Die beiden letzten Aspekte verhindern die optimale Ausnutzung des Werkstoffes FVK.

4.2.4. Spritzgießen

Das Spritzgießen ist das wichtigste Verfahren zur Herstellung von Formteilen aus Kunststoffen. Es eignet sich für Massenartikel, da der Rohstoff meist in einem Arbeitsgang in ein Fertigteil umgewandelt werden kann. Die Nacharbeit ist gering bzw. kann ganz entfallen und selbst komplizierte Geometrien können in einem Arbeitsgang gefertigt werden. Der Verstärkungseffekt des eingesetzten Fasermaterials ist jedoch nicht so stark wie beim Einsatz von endlosen Fasern. Die im Bauteil vorliegenden Fasern besitzen lediglich eine Länge von max. 4 mm. So wird im ersten Ansatz der Auslegung von Spritzgießbauteilen von quasiisotropem Werkstoff ausgegangen und das Fasermaterial lediglich als Füllstoff betrachtet.

Beim Spritzgießen wird plastifiziertes Polymer, welches mit Füllstoffen versehen ist, in ein temperiertes Werkzeug eingespritzt. Einspritzdrücke können hier Größenordnungen von 1000 bar erreichen. Das Werkzeug stellt eine geschlossene Negativform des gewünschten Bauteils dar. Bei komplizierten Bauteilen wird dieses Werkzeug nach Erreichen der Formstabilität des Bauteils über mehrere Trennebenen geöffnet, Auswerfer sorgen für das Entformen des Bauteils.

Es handelt sich bei diesem Verfahren um einen vollautomatisierten Herstellungsvorgang. Die notwendigen Bewegungen einer Spritzgießmaschine werden heute durch computergesteuerte Hydrauliksysteme vorgenommen. Weiterhin ist eine sehr genaue Temperatur- und Prozeßführung erforderlich, was einen Rechnereinsatz unumgänglich macht. Ist einmal ein optimaler Betriebspunkt gefunden, so ist die erreichte Bauteilqualität als reproduzierbar zu bezeichnen. Heutige Methoden der Prozeßerfassung, die über die Ermittlung des Bauteilgewichtes bis hin zur Erfassung des Oberflächenglanzes gehen, erlauben kleinste Abweichungen von einem optimalen Betriebspunkt wieder nachzuregeln.[33] Bei diesem Verfahren handelt es sich um ein geschlossenes Verfahren, welches keine Gefahren am Arbeitsplatz birgt.

Die technologische Entwicklung richtet sich darauf, die Geometrie der Werkzeuge automatisch (rechnergestützt) zu erstellen und die Werkzeugherstellung aufgrund dieser Daten mit Hilfe von CNC-Maschinen vorzunehmen. Hierbei werden die rheologischen Eigenschaften der Kunststoffschmelze berücksichtigt, d.h. der Formfüllvorgang wird in einer Füllsimulation vorausberechnet. Dies vereinfacht den sehr teuren Werkzeugbau stark, und Fehlproduktionen können nahezu ausgeschlossen werden. Weiterhin sollen mögliche Faserorientierungen im Bauteil vorherbestimmt werden können, die dann bei der Auslegung von spritzgegossenen Teilen berücksichtigt werden können.

4.2.5. Wickeln

Mit dem Wickelverfahren werden geschlossene, nicht nur rotationsförmige Bauelemente - Wellen, Röhren und Behälter - hergestellt. Diese Bauteile haben ein sehr weites Anwendungsspektrum, das vom einfachen Vorratsbehälter bis hin zum hochbelasteten Strukturbauteil reicht. Beim Wickeln ist es weitestgehend möglich, die Faserorientierung optimal dem Kraftverlauf entsprechend auszurichten. Es werden Einzelrovings und Rovingbänder als unidirektionale Verstärkung oder auch Gewebe und Matten als quasiisotrope Materialien eingesetzt. Diese Halbzeuge aus Glas-, Aramid- oder Kohlenstoffaser werden entsprechend

---

[33] Vgl. Michaeli, W.: CADMOULD, Rechnerprogramme zur Simulation des Spritzgießprozesses. IKV, RWTH Aachen.

einer konstruktiven Bauteilauslegung entweder parallel, kreuzweise oder in Umfangsrichtung auf den Bauteilkern gewickelt. Als Matrixwerkstoffe werden Duroplaste (z.B. EP- oder UP-Harze) und versuchsweise auch Thermoplaste verwendet. Je nach Geometrie der Kerne werden diese wiederverwendet, aus einem löslichen Medium hergestellt oder verbleiben im Bauteil als verlorener Kern. Solche verlorenen Kerne, die eine Bauteilfunktion erfüllen, werden Liner genannt und schützen das Laminat vor aggressiven Medien oder wirken als Diffusionssperre für Gasbehälter. Das am meisten angewandte Wickelverfahren arbeitet nach dem Drehbankprinzip.

Die Investitionen, die für das Wickelverfahren notwendig sind, richten sich nach dem Automatisierungsgrad und dem Bauteilespektrum bzw. der Komplexheit der Geometrie möglicher Bauteile. Die einfachste Ausrüstung ist ein Spannfutter, das Wickelkerne aufnehmen und in Rotation versetzen kann. Bandförmiges Material (i.d.R. Glasfasergewebe oder -matten) wird dann von Hand zugeführt und dabei mit Harz getränkt. Diese Vorgehensweise ist zur Herstellung von Rohrfittings im Anlagenbau größtenteils noch Stand der Technik. Sollen komplizierte Strukturbauteile im Wickelverfahren hergestellt werden, die dazu noch unsymmetrisch sind, so ist die Investition in eine CNC-gesteuerte Wickelanlage mit fünf Freiheitsgraden oft nicht zu umgehen.

Die Automatisierbarkeit des Wickelprozesses steigt mit dem Einsatz anspruchsvoller NC/CNC-Wickelmaschinen. Hiermit ist gleichzeitig die Reproduzierbarkeit des Prozesses gesichert. Diese ist jedoch nicht so hoch anzusiedeln wie dies beim Spritzgießen der Fall ist. Es handelt sich hierbei um einen offenen Prozeß, viele nicht unmittelbar beeinflußbaren Umstände bestimmen den Wickelprozeß. Unter dem Aspekt des Umwelt- und Arbeitsplatzschutzes gelten dieselben Bedingungen, wie dies beim Handlaminieren beschrieben wurde.

Die technologische Entwicklung ist hauptsächlich auf den Einsatz neuer Materialien orientiert. Nachdem das Wickelverfahren durch die Möglichkeit der Berechnungen der Maschinensteuerdaten (Off-line-Programmierung) ausreichend fortgeschritten ist[34], sorgen neue Materialien für eine Steigerung der Wirtschaftlichkeit und für eine Ergänzung in den Bereichen der Strukturbauteile. Diese neuen Materialien sind in erster Linie faserverstärkte Thermoplaste. Weiterhin deutet die Entwicklung neuartiger textiler Halbzeuge auf eine Verfahrensvariante hin, die auch für aufwendige Strukturbauteile eine wirtschaftliche Fertigung im Wickelverfahren ermöglicht. Diese neuartigen Halbzeuge sind Fasergelege, die sehr gut drapierbar sind und bei denen eine "Wunschfaserorientierung" vorgewählt werden kann. Durch den mehrlagigen Aufbau können in einem Bewicklungsvorgang gleichzeitig viele Lagen aufgebracht werden. Für die Verwendung dieser neuen Materialien werden z.Zt. neuartige Tränkverfahren entwickelt, die dann den industriellen Einsatz ermöglichen.

---

[34] Vgl. Kirberg, K.W.: Konzept zur Prozeß-Simulation der Faserwickeltechnologie. Dissertation an der RWTH Aachen, 1988.

4.2.6. Pultrusion

Bei Faserverbundbauteilen, die besonders hohe axiale Steifigkeiten besitzen müssen, werden Langfasern, Rovings oder auch Bänder in axialer Richtung durch Pultrusion in eine Harzmatrix eingearbeitet. Das Faserbündel wird über ein Auftragswerk, ähnlich wie beim Wickelverfahren, mit Harz getränkt und dann durch eine oder mehrere hintereinandergeschaltete heiße Profilierungsdüsen gezogen. So erhält der Strang gleichzeitig seine äußere Form und härtet aus. Hinter der Heizstrecke wird das profilierte Halbzeug mit Luft oder Wasser gekühlt und auf Länge geschnitten. Je nach Harzsystem erfolgt noch eine Temperung der Profile.

Wichtigste Voraussetzung für die Funktion des kontinuierlichen Verfahrens ist ein einwandfreies Gleiten des härtenden Materials durch die Ziehdüsen, verbunden mit einer schnellen Aushärtung der Harzmatrix. Beide Bedingungen wurden bislang nur von Polyestern ideal erfüllt. Die Reaktionsgeschwindigkeit der Polyestermatrix ist hoch, und sie schrumpft bei Abkühlung sauber von den Zugdüsen ab.

Die Investitionen liegen deutlich unter denen des Wickelverfahrens. Der Aufbau einer Pultrusionsanlage ist sehr einfach. Sie beginnt mit einem Spulenständer und geht über ein Tauchtränkbad über zu den formgebenden und aushärtenden Ziehdüsen. Das letzte Glied in der Kette ist ein Abzugsmechanismus, der die Geschwindigkeit für den quasistationären Pultrusionsprozeß bestimmt. Oft schließt sich noch eine Ablängvorrichtung (automatische Sägestation) an, die für das automatische Abschneiden in Standardlängen vom entstehenden Endlosmaterial sorgt.

Ist der Prozeß einmal angefahren, so ist er als reproduzierbar zu bezeichnen. Die optimalen Betriebsparameter werden nach dem heutigen Stand der Technik empirisch ermittelt.

Dieser Prozeß ist zwar nicht so offen wie das Handlaminieren, die Art der Imprägnierung der Endlosfasern empfiehlt jedoch die gleichen Sicherheitsmaßnahmen wie beim Wickeln. Die Verwendung von Standardpultrudaten ist in Deutschland noch nicht sehr verbreitet, vergleicht man dies mit dem vielfältigen Einsatz pultrudierter Erzeugnisse z.B. in Amerika.[34]

Anvisierte Entwicklungsarbeiten befassen sich mit der Erfassung der Vorgänge im Aushärte-Werkzeug. Hiernach können dann Algorithmen gefunden werden, die auch das "Einfahren" eines Pultrusionsprozesses auf ein bestimmtes Produkt, vergleichbar mit dem Einfahren eines Spritzgießprozesses, wesentlich vereinfachen. Durch das "schnellere" Einfahren des Pultrusionsprozesses lassen sich Produktionsabfälle reduzieren.

Weiterhin werden Möglichkeiten untersucht, bei der Produktion von Pultrudaten Faserorientierungen zu realisieren, die von der Abzugsrichtung abweichen. Diese Verstärkung

---

[34] Vgl. Chiesi, F.: Integrated Production Flow for Car Components. In: Macplas International, Technical Magazine for the Plastics and Rubber Industry, (1993) 5, S. 81-84.

in "Querrichtung" stellt in erster Linie einen Oberflächenschutz dar. Entwicklungen, die in amerikanischen Produktionsstätten die Kombination von Pultrusion und einem Preß-Formgebungsprozeß vorsehen, sollen den Markt für Pultrudate weiter erhöhen.

In den USA wird eine Steigerung des Einsatzes von Pultrudaten von bereits 58 000 t im Jahre 1991 auf 117 000 t für das Jahr 2000 prognostiziert. In Europa lag die Verwendung von Pultrudaten im Jahr 1991 lediglich bei 20 000 t und wird für das Jahr 2000 nur auf 38 000 t vorhergesagt.

4.2.7. Autoklavtechnik

Das Vakuumverfahren, mitunter auch als Vakuumsackverfahren oder Autoklavhärtung bezeichnet, ist eine der beiden Methoden, die zur Herstellung von nicht wickelfähigen Faserverbundbauteilen aus Prepregs angewendet werden. Es können sowohl Voll-Laminate als auch Kernverbundbauteile, z.B. Beplankung von Wabenplatten oder Schaumteilen, gefertigt werden. Ein typisches Bauteil ist die Nutzlasthülle der Europarakete Ariane IV. Die Prepregs werden in einer vom Konstrukteur vorgeschriebenen Weise zurechtgeschnitten und in Lagen auf der mit Trennmittel versehenen Formoberfläche abgelegt. Bei der Tapeverarbeitung geschieht dies heute schon großtechnisch, z.B. im Flugzeugbau, völlig automatisiert mit Tapelegemaschinen. Da es sich häufig um komplizierte Flächen mit senkrechten Teilen handelt, müssen die Prepregs eine ganz bestimmte Klebrigkeit, den Tack, besitzen, damit die verschiedenen Lagen aufeinander und an der Form haften.

Andererseits sollen sie sich jedoch für evtl. notwendige Korrekturen ohne Beschädigungen wieder voneinander trennen lassen. Auf die fertige Laminatpackung kommen dann eine perforierte Trennfolie, Sauggewebe, ein Gewebetuch oder eine Folie zur Druckverteilung und abschließend die luftdichte Vakuumfolie, in die ein Stutzen zum Anschluß der Vakuumpumpe eingearbeitet ist.

Die Vakuumfolie überzieht locker die mit Prepregs belegte Oberfläche der Form, die ihrerseits auf einem ebenen Laminiertisch steht. An den Rändern dieses Tisches wird die Abdeckung mit einem elastischen Dichtklebeband fixiert und festgeklemmt.

Der Tisch wird dann für den Härtevorgang in einem heizbaren Autoklaven geschoben. Durch Anlegen von Vakuum an die Laminatpackung, äußere Druckbeaufschlagung bis zu einem Gesamtdruck von ca. 2 bis 6 bar und gleichzeitige Aufheizung auf die für das Polymersystem nötige Reaktionstemperatur wird die Aushärtung durchgeführt. Aufheizrate, Vakuumaufbau und Druckaufgabe werden meßtechnisch möglichst genau erfaßt und rechnergesteuert geregelt. Während der Aufheizung sinkt die Polymerviskosität zunächst ab, steigt dann aber wegen der wachsenden Beschleunigung der Reaktion wieder an bis zur Verfestigung. So beeinflussen im Verhältnis zur Aufheizrate sowohl die Zeitpunkte von Vakuumaufbau und Druckaufgabe als auch die Druckhöhe Harzgehalt und Harzverteilung im Laminat und damit Bauteilgewicht und -qualität.

Zur Bauteilherstellung im Autoklav-Verfahren ist eine sehr hohe Grundinvestition erforderlich. Da es sich hierbei um einen Umluftofen handelt, der mit bis zu 20 bar Druck bei einer Temperatur von bis zu 400°C betrieben werden kann, sind strenge Sicherheitsauflagen beim Bau eines solchen Gerätes zu erfüllen. Der Ablauf im Autoklaven ist nach dem Stand der heutigen Technik voll automatisiert, die Produktionsergebnisse daher quasi von keinen äußeren Einflüssen abhängig und reproduzierbar.

Beim Autoklavverfahren handelt es sich um einen gekapselten Reaktionsprozeß. Mögliche Unsicherheitsfaktoren stellen dickwandige Laminate dar, die durch auftretende Exothermie zu einer Überhitzung des Werkstoffes führen können; eine Gefahr für den Bediener besteht jedoch nicht.

Weiterentwicklungen auf dem Gebiet der Autoklavtechnik befassen sich mit Möglichkeiten, den Grad der Vernetzung des Werkstoffes für eine aktive Regelung des Aushärtevorganges festzustellen. Hiernach können dann die sonst üblichen fest vorgegebenen Temperaturzyklen frühzeitiger abgebrochen werden, und zwar dann, wenn der Vernetzungsvorgang abgeschlossen ist, was zu deutlichen Energie- und Zeiteinsparungen führt.[36] Dies hängt von der Geometrie des Bauteils und den Wanddicken ab. Möglichkeiten zur Erstellung einer entsprechenden Regelung ist die Dielektrometrie, die ein Messen des Vernetzungszustandes des Harzsystems erlaubt.

4.2.8. Pressen

Beim Pressen werden Preßmassen durch Zufahren zweier Formwerkzeuge verarbeitet, in denen Polymer, Verstärkungsfasern und teilweise Reaktionsmittel vereinigt sind. Preßmassen sind teigig (strohig), rieselfähig oder flächig. Hauptsächlich werden duroplastische Sheet Moulding Compounds (SMC) und Glasmatten verstärkte Thermoplaste (GMT) verarbeitet.

Es entstehen hohe Drücke, das bedeutet stabile und teure Werkzeuge, evtl. auch schwere Pressen, die vom Investitionsvolumen mit Spritzgießmaschinen vergleichbar sind. Die Werkzeuge für das Verarbeiten von Preßmassen bestehen ausschließlich aus Stahl und sind meist verchromt, vor allem, wenn es sich um hell eingefärbte Preßmassen handelt. Für kleine bis mittlere Teile haben die Werkzeuge Tauchkanten, bei größeren Teilen haben sie einen sog. Füllrandverschluß. Bei letzterem liegt praktisch auch eine Tauchkante vor, die jedoch in Endstellung des Pressenhubes völlig vom Werkzeugoberteil verschlossen wird. Die Verarbeitung der Preßmassen erfolgt immer in temperierten Werkzeugen, die Temperierung erfolgt elektrisch oder mit Dampf (vgl. "Warmpressen"). Somit sind die Investitionskosten ähnlich hoch wie bei Spritzgießmaschinen anzusehen. Diese vermeintlichen Nachteile werden jedoch bei weitem übertroffen durch den hohen Automatisierungsgrad und die daraus resultierende Wirtschaftlichkeit beim Verarbeiten von Preßmassen, so daß sich das Pressen für die Fertigung von großen Serien bei allen kleinen und mittleren schalenförmigen Teilen durchgesetzt hat.

---

[36] Vgl. Stöger, M.: Dielektrische Vernetzungsüberwachung zur Kontrolle und Optimierung duromerverarbeitender Prozesse. Dissertation an der RWTH Aachen, 1993.

Unter dem Aspekt der Arbeitssicherheit und des Umweltschutzes ist dieses Verfahren mit dem Spritzgießen vergleichbar. Lediglich der Einsatz von SMC erfordert eine geeignete Absaugung und Filtervorrichtung, um das beim Handhaben und Beschicken freiwerdende Styrol vom Maschinenbediener fernzuhalten.

Weiterentwicklungen beim Pressen sorgen für eine theoretische vollständige Betrachtung der Vorgänge nicht nur beim Pressen selber, sondern auch der Einflüsse von Abkühlmechanismen beim Handhaben vorgewärmten GMTs. Dies ist besonders bei der Auslegung von Werkzeugen von großer Bedeutung: Es können Füllvorgänge simuliert werden; "trial and error" kann nun auf einen Rechner verlegt werden und erfordert keinen Werkzeugbau mehr. Weiterhin soll es in Zukunft auch möglich sein, die sich beim Umformvorgang einstellende Faserorientierung zu berechnen. Somit kann das anisotrope Werkstoffverhalten des entstehenden FVK bei der Auslegung von Preßbauteilen mit berücksichtigt werden und zu einer besseren Werkstoffausnutzung führen. Die Faserorientierung hat beim Pressen eine höhere Bedeutung als beim Spritzgießen, da hier wesentlich größere Faserlängen vorherrschen können.

4.2.9. Resin Transfer Moulding (RTM)

Das Resin Transfer Moulding (RTM) dient der Herstellung schalenförmiger Bauteile in einer geschlossenen Form, ähnlich dem Pressen oder Spritzgießen. Durch das Einlegen trockener, vorgefertigter textiler Halbzeuge in das offene Werkzeug können Strukturbauteile hergestellt werden, bei welchen die Faserorientierungen der Verstärkungsfasern auf die Kraftverlaufsrichtung abgestimmt sein können.

Der prinzipielle Verfahrensablauf ist folgender:
- Einlegen von Verstärkungsmaterial in das offene Werkzeug,
- Schließen der Werkzeughälften,
- Mischen der Systemkomponenten,
- Einfüllen einer dosierten Menge des Gemisches in die Form,
- Reinigen der Mischkammer,
- Reaktion der Komponenten des Gemisches in der geschlossenen Form (Härtung),
- Entformen,
- Nacharbeiten.

Große Anlagen arbeiten mit Dosieraggregaten: Beide Reaktions-Partner werden getrennt mittels genau aufeinander abgestimmter Dosierpumpen in einem Mischkopf zusammengeführt und dort z.B. durch Gegeninjizieren oder einen schnellaufenden Rührer vermischt und direkt in die Form eingefüllt. Unmittelbar nach Beendigung des Füllvorgangs muß der Mischkopf mit Druckluft oder durchgespritztem Lösungsmittel von reaktionsfähigem Material gereinigt werden. Die Dosierung kann nach der Zeit oder dem Volumen erfolgen. Schwierigkeiten kann es bei manchen Anlagen bereiten, die Materialien sofort zu Beginn des Einfüllvorgangs im richtigen Verhältnis zusammenzuführen.

Aufgrund der niedrigen Injektionsdrücke, die in einer Größenordnung von 10 bar liegen, können kostengünstige Formwerkzeuge - z.B. aluminiumgefüllter Kunststoff - eingesetzt werden. Auch sind die Zuhaltekräfte der Formhälften nicht so hoch wie vergleichsweise beim Spritzgießen. Die Investitionen liegen also um Größenordnungen unter denen des Spritzgießens.

Das RTM verlangt verglichen mit dem Pressen einen höheren Aufwand an manueller Tätigkeit. Dies hängt von der Art des Verstärkungsmaterials und der Position der Lagen im Werkzeug ab. Somit ist der Prozess nicht vollautomatisierbar. Die Reproduzierbarkeit hängt von dem Fertigungsgrad der textilen Vorformlinge ab. Werden die Zuschnitte vom Bediener in der Form einzeln zusammengesetzt, so besteht durch diese Art der manuellen Tätigkeit ein gewisser Unsicherheitsfaktor. Vorformlinge, die die volle Form abdecken und außerdem dreidimensional durch ein automatisiertes Verfahren vorgeformt sind, schließen eine Fehlplazierung nahezu aus.

Durch den Herstellungsvorgang in einer geschlossenen Form ist das RTM-Verfahren als ein "sauberes" Verfahren zu bezeichnen. Eine genaue Abbildung der Endgeometrie ruft fast keine Produktionsabfälle hervor.

Das RTM-Verfahren hat durch die Entwicklung neuartiger Harzsysteme an Bedeutung gewonnen. Denn durch die auf das RTM abgestimmte niedrige Viskosität wurde die Zeit des Tränkvorganges verkürzt und sind höhere Faservolumenanteile zu erzielen. Eine Verkürzung der Gesamtzykluszeit ist somit möglich. Die Zykluszeiten liegen in den Größenordnungen 5 min bis 30 min, je nach Größe des gewählten Bauteils. Neue Herstellungsmöglichkeiten geeigneter textiler Halbzeuge und Vorformlinge und die Verwendung kostengünstiger Werkzeuge läßt einen Zuwachs der im RTM hergestellten Strukturbauteile erwarten.

4.2.10. Schleuderverfahren

Das Schleudergießen ist ein Herstellverfahren für rotationssymmetrische Hohlkörper (Rohre) mit harzreicher Innenschicht und glatter Außenfläche, die sich zur Aufnahme und zum Transport aggressiver Medien eignen und vornehmlich im chemischen Apparatebau eingesetzt werden. Die zugehörigen Anlagen bestehen aus einer drehbar gelagerten Trommel, die über am Außenumfang angeordnete Reibräder angetrieben wird und an ihren Enden durch Ringe abgeschlossen ist. In die Trommel ragt eine axial bewegliche "Lanze" hinein. Wie beim Faserspritzen befindet sich am Ende dieser Lanze ein Sprühkopf mit Düsen für Harz und Härter sowie ggf. einem Schneidwerkzeug.

Bevor die Trommel in Bewegung versetzt wird, werden Gewebe und Matten eingelegt. Anschließend wird über die hin- und herlaufende Lanze sowohl Harz als auch Härter sowie ggf. Schnittglas in die mit 300 bis 500 U/min rotierende Trommel eingegeben. Die Aushärtung des Hohlkörpers wird durch Einblasen von Heißluft induziert.

Die Investition für eine Schleuderanlage hängt in erster Linie von den Abmaßen der Bauteile ab. Genügt ein Laminataufbau, der sich nach dem Prinzip des Faserspritzverfahrens zusammensetzen läßt, ist dieses Verfahren weitgehend automatisierbar. Die manuelle Tätigkeit liegt im Auskleiden einer Schleudertrommel mit flächigen textilen Halbzeugen, die einen besonderen Verstärkungscharakter besitzen. Durch die große Oberfläche gelten auch bei diesem Verfahren dieselben Arbeitschutz-Merkmale, wie beim Wickelverfahren.

Der große Vorteil beim Schleuderverfahren ist, daß das Verstärkungsmaterial an die Außenwand der Schleudertrommel gedrängt wird und dabei gleichzeitig eine glatte, sichtbare Oberfläche entsteht. Dies hat für Strukturbauteile besondere Vorteile, da so entstehende Halbzeuge eine optimale Faserverteilung besitzen und eine Oberfläche entsteht, die nicht mehr aufgearbeitet werden muß und sofort im Sichtbereich eingesetzt werden kann. So ist es denkbar, das Schleuderverfahren nicht nur für die Herstellung von Behältern oder Rohrleitungen zu verwenden, sondern auch für die Halbzeugherstellung aus FVK für Strukturverwendung, jedoch müssen diese rotationssymmetrisch sein.

4.2.11. Nachbearbeitungsverfahren

Die Nachbearbeitung von Faserverbundkunststoffen sollte nach Möglichkeit vermieden werden, ist jedoch im Sinne der Entgratung oder dem Einbringen von Befestigungsbohrungen nicht immer zu umgehen. Die Bearbeitbarkeit von FVK hängt in erster Linie vom verwendeten Fasermaterial ab. Die mechanische Nachbearbeitung ist beispielsweise bei kohlenstoffaserverstärktem Material im Vergleich zu glasfaserverstärktem Material von sehr hohem Werkzeugverschleiß gekennzeichnet. Die Nachbearbeitung von aramidfaserverstärktem Material ist mit herkömmlichen spanenden Verfahren kaum mit gutem Ergebnis möglich. In Anpassung an die jeweiligen vorhandenen Materialien und Schnittgeometrien werden folgende Verfahren eingesetzt:

- Spanabhebende Bearbeitung,
- Schleifende Bearbeitung,
- Laserstrahl-Schneiden und
- Wasserstrahlschneiden.

Die spanenden und schleifenden Verfahren bergen die Gefahr der Staubentwicklung in einem Bereich der Staubpartikelgröße, die lungengängig und damit gesundheitsgefährdend ist. Dies kann jedoch durch geignete Bearbeitungsparameter reduziert werden.[37]

Das Laserstrahlverfahren ruft i.d.R. eine thermische Schädigung der Schnittbereiche hervor, besonders wenn kohlenstoffaserverstärktes Material vorliegt. Die Kohlenstoffaser leitet die Wärme aus dem Schnittspalt vergleichsweise gut in den angrenzenden Werkstoff weiter, was zu einer Materialschädigung im Schnittbereich führt. Weiterhin entstehen

[37] Vgl. Michaeli, W. et al.: Arbeits- und Umweltschutz bei der Ver- und Bearbeitung von Faserverbundkunststoffen. Hrsg. Aachener Demonstrationszentrum für Faserverbundkunststoffe, Aachen, 1992.

gasförmige Zersetzungsprodukte, die vom Bediener ferngehalten und ausgefiltert werden müssen.

Das Wasserstrahlschneiden ist eine zufriedenstellende Lösung beim Trennen dünnwandiger Laminate (max. Dicke ca. 3 mm - 5 mm). Das Leistungsvermögen dieser Technik kann durch den Einsatz von Abrasivmitteln (z.B. Schleifkorund) deutlich verbessert werden, dies ruft jedoch einen höheren Verschleiß der Schneiddüsen hervor. Ähnlich wie beim Laserstrahlschneiden ist eine dreidimensionale Schnittführung fast nicht möglich.

Es wird also deutlich, daß eine automatisierte Nachbearbeitung von FVK auf das Produkt, also die Geometrie und das verwendete Material abgestimmt sein muß.

4.3. Zusammenfassung: Stand und Probleme bei FVK-Fertigungstechnologien in KMU

Dem Schaubild 4.3/1 ist im Überblick zu entnehmen, welche Herstellungsverfahren bei verschiedenen Anwendungen positiv bzw. negativ zu bewerten sind. Insgesamt kann festgestellt werden, daß in den letzten Jahren die ganzheitliche Konstruktion beim Einsatz neuer Werkstoffe zugenommen hat. Dies betrifft die Auswahl geeigneter Materialien, die Auslegung, das Fertigungsverfahren, die Qualitätssicherung und die Problematik des Umweltschutzes und der Auflagen zur Sicherheit am Arbeitsplatz. Es zeigt sich immer mehr die Tatsache, daß es den Konstrukteur in einem Unternehmen nicht mehr gibt, sondern daß viele Spezialisten aus den o.a. Bereichen in einem Konstruktionsteam zur gemeinsamen Lösung kommen müssen. Diese Betrachtungsweise ist bei modernen Werkstoffen mehr denn je gefordert. Hierbei muß jedoch in zwei Gruppen unterschieden werden. Auf der einen Seite stehen die Verarbeiter und Hersteller von FVK-Bauteilen und auf der anderen Seite die Anwender, die Produkte aus FVK vertreiben und in erster Linie möglicherweise aufkommenden Regressansprüchen gerecht werden müssen. So fällt es letzterer Gruppe deutlich schwerer, sich für den Einsatz neuer Materialien in einem bestehenden Produkt, z.B. in einer Textilmaschine, zu entscheiden. In den meisten Fällen fiel die Entscheidung zugunsten eines neuen Werkstoffes in Verbindung mit einer Substitution eines schon bestehenden einzelnen Bauteiles. Hierdurch konnten Steigerungen in Lebensdauer und auch Leistungsvermögen erzielt werden. Besonders im Bereich des klassischen Maschinenbaus beruhen viele Konstruktionen auf den Erfahrungen bestehender Konstruktionslösungen und deren Weiterentwicklungen in kleinen Schritten. Die "Verwerfung" eines Gesamtsystems zugunsten neuer Werkstoffe wurde aus Angst, durch einen einzigen Fehlschlag die Existenz des Unternehmens zu gefährden, selten vorgenommen. Es zeigt sich jedoch in jüngster Zeit, daß durch neue Antriebstechniken in Verbindung mit modernster Elektronik "altbewährte Systeme" nicht mehr anpassungsfähig sind. So ist zur Erhaltung der Konkurrenzfähigkeit eine Systemüberarbeitung unter Einbezug aller Einzelkomponenten notwendig. Dies führt dann auch zu der Überlegung, neue Werkstoffe bei einer Neukonstruktion einzubeziehen. Dies betrifft nicht nur Hochleistungswerkstoffe bei stark mechanisch belasteten Bauteilen, sondern auch andere Elemente, bei welchen unter der Bedingung der Funktionserhaltung neue Werkstoffe eingesetzt werden können, sofern eine Kostenreduzierung möglich ist.

Schaubild 4.3/1

Bewertungsmatrix von Verarbeitungsverfahren für FVK im industriellen Einsatz

Automatisierbarkeit	Faserorientierung	Nachbearbeitungsaufwand	Arbeitsschutzmaßnahmen	Eignung zur Serienfertigung	Investitionsaufwand	Entwicklungspotential zur autom. Fertigung	Verfahren
○	●	○	○	○	●	—	Handlaminieren
⊘	○	○	○	⊘	⊘	⊘	Faserspritzen
●	○	●	●	●	○	⊘	Spritzgießen
●	●	○	⊘	⊘	○	⊘	Wickeln
●	●	●	⊘	●	⊘	●	Pultrusion
⊘	●	⊘	●	○	○	⊘	Autoklavtechnik
●	○	⊘	●	●	○	⊘	Pressen
⊘	⊘	⊘	●	⊘	⊘	●	RTM
⊘	○	⊘	⊘	○	⊘	⊘	Schleuderverfahren
⊘	—	—	○	○	—	●	Nachbearbeitung

(Kopfzelle: Bewertungskriterien / Verfahren)

● gut ⊘ neutral ○ schlecht

— keine Bewertung möglich

Quelle: IKV.

DIW '94

Entwicklungen von vergleichsweise teuren hochbelasteten Bauteilen aus FVK erfordern in fast allen Fällen den Nachweis einer Steigerung der Wirtschaftlichkeit und Zuverlässigkeit eines Systems. Dieser Gesamtnachweis kann jedoch erst nach der Fertigstellung geeigneter Prototypen vollständig erbracht werden, da die Klärung von Dauerfestigkeiten in Verbindung mit FVK nicht unproblematisch ist. Tests im Sinne von Feldversuchen erfordern einen großen Zeitaufwand, den es im Verhältnis zu Alternativentwicklungen ähnlicher Bauteile aus anderen Werkstoffen zu verkürzen gilt.

Eine Standardisierung von Verfahren oder Halbzeugen wäre mit Sicherheit eine Vereinfachung beim Einsatz von FVK. Dies würde jedoch einer optimalen Ausnutzung dieses Werkstoffes entgegenstehen. So ist die Diffusion dieses relativ jungen Werkstoffes von Gegensätzen bestimmt: Standardisierung zur Vereinfachung und Kostenreduzierung auf der einen Seite und optimale Nutzung des Werkstoffpotentials durch aufwendige Spezialentwicklungen auf der anderen Seite.

Für die KMU gibt es geeignete Fertigungsverfahren für die Herstellung von FVK-Bauteilen. Die in der Basis vorhandenen Standard-Fertigungsverfahren, wie sie oben beschrieben wurden, müssen aber an den jeweiligen Anwendungsfall angepaßt werden, insbesondere, wenn es sich um eine Serienfertigung handelt. Das größere Problem stellt jedoch die Integration möglicher Fertigungsverfahren in den Gestaltungs- und Auslegungsprozeß des Bauteils dar, denn das Fertigungsverfahren ist maßgeblich dafür, inwieweit die Faserverlaufsrichtung mit der Kraftverlaufsrichtung überein zu bringen ist.

Um dem FVK-Konstrukteur eine Hilfestellung zu geben, die charakteristischen Eigenschaften beliebig zusammengestellter Laminate schnell und überschlägig zu ermitteln, wurde am Aachener Demonstrationszentrum für FVK ein "Rechenschieber" (Composite-Disk) entworfen, mit welchem Eigenschaften von FVK bestimmt werden können.

Für vier der gängigen Verbundtypen

- CFK-HT: Kohlenstoffaserverstärkter Kunststoff, hochfest;
- CFK-HM: Kohlenstoffaserverstärkter Kunststoff, hochmodulig;
- GFK: Glasfaserverstärkter Kunststoff und
- AFK: Aramidfaserverstärkter Kunststoff

mit einem Faservolumengehalt von 50 vH, 60 vH und 70 vH können mit der Composite-Disk die Ingenieurkenngrößen wie Steifigkeit und Festigkeit rasch abgeschätzt werden. Es können Laminate mit beliebig vielen unidirektionalen Lagen (alle Fasern in einer Richtung), in beliebiger Winkellage und Materialkombination in Anlehnung an die Kontinuumstheorie berechnet werden.

Mit diesem Hilfsmittel kann nun der Konstrukteur die durch die Fertigungsverfahren vorgegebenen Faserorientierungen mit in die Auslegung einbeziehen, ohne daß ein aufwendiges Rechnerprogramm eingesetzt werden muß.

Ein weiteres Hilfsmittel, welches einen Schritt weiter geht und zur Nachdimensionierung verwendet werden kann, ist das am Braunschweiger Demonstrationszentrum entwickelte Berechnungsprogramm LAMTECH. Hierbei wurde großer Wert auf einfache Bedienung und gute Erklärungskomponenten gelegt. Dieses Programm kann den Konstrukteur bei der Auslegung von FVK-Bauteilen im Detail unterstützen und ist ebenfalls ein weiterer Schritt, den "komplizierten" Werkstoff FVK transparenter zu machen.

Ein weiteres Problem beim Konstruieren mit FVK ist die Vorhersage der Lebensdauer. Hier können keine so genauen Bestimmungen, wie sie aus Wöhlerkurven in der Metallbranche bekannt sind, vorgenommen werden. Die Demonstrationszentren Erlangen und Darmstadt beschäftigen sich in diesem Zusammenhang mit der Hysteresis-Messung zur Beurteilung des Werkstoffverhaltens bei dynamischer Beanspruchung. Mit dieser Methode werden nicht nur Aussagen über zulässige dynamische Belastungen erhalten, sondern auch qualitative Angaben zu anderen wichtigen Bauteileigenschaften wie Steifigkeit und bleibende Verformung. Weiterhin können sogar die Einsatzbedingungen des Faserverbundbauteils in die Lebensdauervorhersage einbezogen werden. In einem Seminar wurde anhand einer Antriebswelle und GFK-Rotorblättern diese neuartige Vorgehensweise vorgestellt.

In Zukunft wird es nötig sein, noch stärker die ganzheitliche Betrachtungsweise zum Einsatz von Faserverbundkunststoffen zu vermitteln, wobei immer wieder deutlich gemacht werden muß, daß beim Umgang mit FVK eine wesentlich größerer Anzahl an Einflußfaktoren die eigentliche Konstruktion beeinflußt, als man dies von herkömmlichen Werkstoffen bisher gewohnt ist. So muß vor allem durch entsprechende Ausbildung und auch durch Weiterbildungsmaßnahmen den Konstrukteuren das "Denken in Anisotropien" besser vermittelt werden.[38]

---

[38] Vgl. W. Michaeli, M. Wegener: a.a.O.

5. Anwendung von FVK in kleinen und mittleren Unternehmen - Ergebnisse der schriftlichen Befragung

5.1. Anlage der schriftlichen Befragung

Im Auftrag des BMFT hatte das DIW bereits im Jahr 1988 in Zusammenarbeit mit dem IKV eine Befragung über die Bedeutung von Faserverbundkunststoffen für kleinere und mittlere Unternehmen durchgeführt.[39]

Auf der Grundlage dieser Befragung verfügte das DIW über die Adressen von Unternehmen, die damals FVK einsetzten oder dies für die nahe Zukunft planten oder in Erwägung zogen. Diese Unternehmen können in einem sehr weiten Sinne als Zielgruppe der Demonstrationszentren angesehen werden. In Fortführung der damaligen Untersuchung wurden diese Betriebe in etwa zweijährigem Abstand erneut befragt. Die so gewonnenen Informationen wurden zu Längsschnittdaten verknüpft; dies ermöglicht genauere und bessere Analysen als die reine Querschnittbetrachtung.

Die Befragung im Sommer 1988 richtete sich an mehr als 9 000 forschungstreibende Unternehmen mit bis zu 1 000 Beschäftigten. Angeschrieben wurden kleine und mittlere Unternehmen aus den Branchen, von denen angenommen werden konnte, daß Faserverbundkunststoffe eingesetzt werden oder eingesetzt werden könnten. Dies sind hauptsächlich Maschinenbau, Straßenfahrzeugbau, Elektrotechnik, Feinmechanik und Optik (einschließlich Herstellung von Uhren), Herstellung von EBM-Waren, Herstellung von Kunststoffwaren.[40] Damals hatten sich rund 5 500 Unternehmen an der Befragung beteiligt; der verwertbare Rücklauf betrug 59 vH der insgesamt versandten Fragebogen. Die für Unternehmensbefragungen sehr hohe Beteiligung an der Befragung war eine gute Grundlage für die Abschätzung des Anwendungspotentials von Faserverbundkunststoffen hinsichtlich der Zahl der Unternehmen. Erklärtes Ziel der damaligen schriftlichen Befragung war es, möglichst viele der FVK-anwendenden Unternehmen zu erfassen, unabhängig davon, ob sie

- FVK selbst verarbeiteten oder Bauteile bzw. Komponenten aus FVK bezogen,
- Fertigungsverfahren einsetzten, bei denen die anisotropen Eigenschaften des Werkstoffes erzeugt werden können,
- Glasfasern, Kohlenstoffasern und/oder Aramidfasern einsetzten.

---

[39] Vgl. Behringer, F. et al., a.a.O.

[40] Für weitere Details der Stichprobenanlage der damaligen Untersuchung vgl. Behringer, F. et al., a.a.O., S. 18 ff.. Weitere einbezogene Branchen waren: Stahl- und Leichtmetallbau, Schiffbau, Luft- und Raumfahrzeugbau, Herstellung von Musikinstrumenten/Spielwaren usw., chemische Industrie, Herstellung von Büromaschinen/ADV-Geräten und -Einrichtungen, Herstellung und Verarbeitung von Glas, Gummiverarbeitung.

Es wurden auch die Unternehmen identifiziert, die in naher Zukunft FVK einsetzen wollten, sowie die Unternehmen, die den Einsatz von FVK erwogen haben, bei denen aber die Anwendung wegen technischer und/oder wirtschaftlicher Probleme aus ihrer Sicht zumindest damals nicht in Betracht kam.

Diese bewußt weite Definition der Unternehmen, die sich mit FVK beschäftigten, war eine gute Basis, um die Zielgruppe der Demonstrationszentren zu bestimmen und mit Hilfe der zweiten Befragung genauer einzugrenzen. Ausgangsbasis waren die Unternehmen, die nach eigenen Angaben Faserverbundwerkstoffe einsetzten, den Einsatz planten oder in Erwägung zogen. Soweit diese Unternehmen ihre Adresse bekanntgegeben hatten, wurden sie in die zweite Befragung "Faserverstärkte Kunststoffe in der mittelständischen Industrie" einbezogen. Insgesamt wurde der Fragebogen im Herbst 1990 an 1 388 Unternehmen verschickt; 595 Unternehmen haben schriftlich reagiert (Fragebogen im Anhang). Ein nicht unerheblicher Teil der Unternehmen (184) hat zwar keinen Fragebogen ausgefüllt, jedoch in z.T. ausführlichen Briefen über die Bedeutung von FVK im Unternehmen Aufschluß gegeben. Zumeist handelte es sich dabei um Unternehmen, die Faserverbundwerkstoffe nicht oder nicht mehr einsetzen oder entsprechende Planungen abgebrochen haben; darüber hinaus wurde in relativ vielen Schreiben darauf hingewiesen, daß das Unternehmen nur in geringem Umfang FVK-Bauteile zukauft. Bezieht man diese Briefe mit ein, so erreicht die Rücklaufquote eine Höhe von 43 vH. Aber auch, wenn nur die verwertbaren Fragebögen berücksichtigt werden, ergibt sich eine Rücklaufquote von 30 vH; für schriftliche Unternehmensbefragungen ist dieses Ergebnis immer noch als ausgesprochen gut zu bezeichnen. Gerade bei Panel-Befragungen von Unternehmen liegen die erzielten Ergebnisse oft wesentlich niedriger. Dies deutet auf ein weiterhin hohes Interesse der Unternehmen am Thema der Umfrage hin. Die Anlage der Untersuchung ist in Schaubild 5.1/1 dargestellt.

Ein wesentlicher Vorteil der Panelbefragung liegt darin, daß die Struktur der zurückkommenden Fragebögen und Briefe mit der Struktur der Ausgangsstichprobe verglichen werden kann. Die detaillierten Rücklaufanalysen zeigen, daß Unternehmen, die 1988

- FVK bereits eingesetzt haben,
- FVK im eigenen Unternehmen verarbeitet haben,
- die anisotropen Eigenschaften genutzt haben und ein "hochwertiges" Einsatzgebiet hatten,

signifikant häufiger den Fragebogen beantwortet haben als die jeweilige Vergleichsgruppe. Darüber hinaus zeigt sich auch ein Einfluß der Unternehmensgröße auf die Häufigkeit der Rücksendung des Fragebogens; dies ist jedoch vor allem darauf zurückzuführen, daß die größeren Unternehmen unter den Anwendern überdurchschnittlich häufig vertreten sind. Der Rücklauf der Fragebögen ist mithin in einer für den Untersuchungszweck förderlichen Richtung verzerrt: Es wurden vor allem diejenigen Unternehmen "herausgefiltert", die als Zielgruppe der Demonstrationszentren in Frage kommen.

Werden die Briefe in die Rücklaufanalyse mit einbezogen, so zeigt sich, daß der Gesamtrücklauf von den genannten Merkmalen nicht beeinflußt wird. Dies ermöglicht es, die Ergebnisse der Befragung hochzurechnen: Gut 40 vH der angeschriebenen Unternehmen

Schaubild 5.1/1

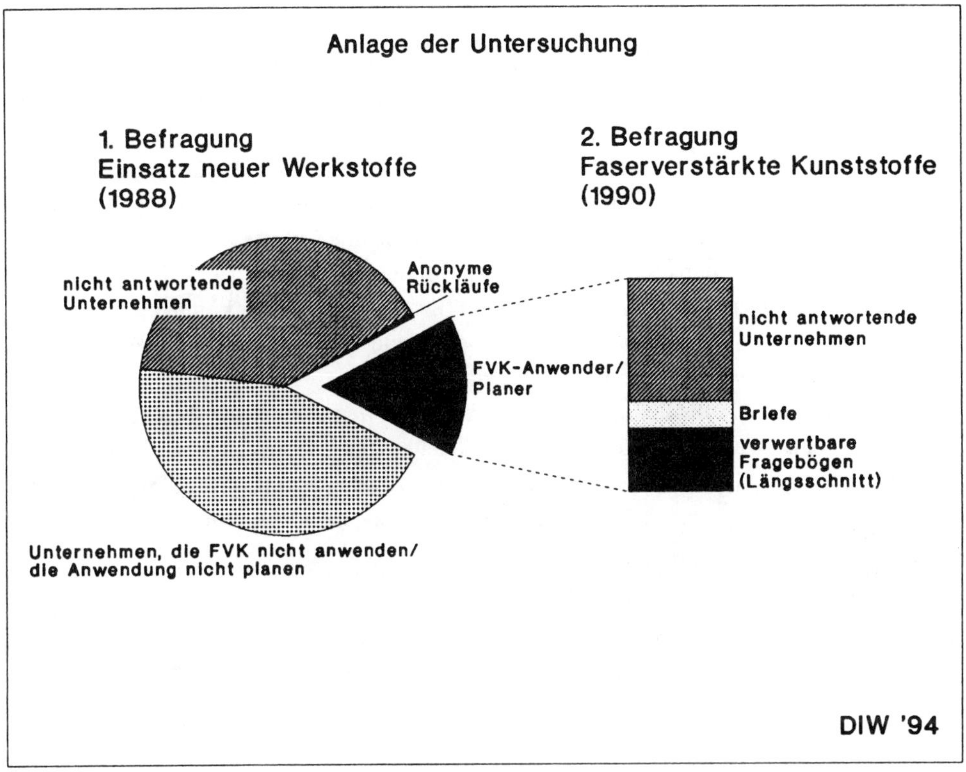

haben in schriftlicher Form (durch Fragebogen oder Brief) auf die Umfrage reagiert; diese Reaktionswahrscheinlichkeit ist nach den Ergebnissen der Rücklaufanalyse nicht von der Intensität abhängig, mit der sich das Unternehmen mit Faserverbundkunststoffen (jedenfalls im Jahr 1988) befaßt hat. Dies erlaubt den Schluß, daß die tatsächliche Zahl der als Zielgruppe für die Demonstrationszentren in Frage kommenden Unternehmen etwa doppelt so groß ist wie in der Stichprobe ermittelt. Dies gilt streng genommen nur bezüglich der - allerdings sehr weit abgegrenzten - Grundgesamtheit. Da aber bei der Festlegung der Kriterien für die Bildung der Grundgesamtheit die Merkmale so gewählt wurden, daß die relevanten Branchen und Unternehmensgrößen einbezogen wurden, dürfte die Zielgruppe der Demonstrationszentren nicht sehr viel größer sein als die auf die Grundgesamtheit hochgerechnete. Es ist weiterhin davon auszugehen, daß die Neugründung von Unternehmen in den relevanten Branchen im Zeitraum seit der Konstruktion der Ausgangsstichprobe für die Größe der Zielgruppe der Demonstrationszentren keine wesentliche Rolle spielt. Die Untersuchung bezieht sich auf das damalige Gebiet der Bundesrepublik Deutschland; die hinzugekommenen neuen Bundesländer konnten - schon wegen des Charakters der Längsschnittuntersuchung - auch 1990 nicht einbezogen werden.

5.2. FVK-Anwendung und -planung in der mittelständischen Industrie

Die Befragung des Jahres 1990 richtete sich an die Unternehmen, die nach eigenen Angaben im Sommer 1988 bereits Faserverbundkunststoffe einsetzten oder damals den Einsatz von FVK planten oder in Erwägung zogen. Entsprechend den Angaben in den 411 Fragebögen, die für eine Längsschnittauswertung herangezogen werden konnten, setzen im Jahr 1990 etwa 70 vH der antwortenden Unternehmen Faserverbundkunststoffe in ihrem Unternehmen ein. Eine sehr geringe Zahl von Unternehmen plante, in den nächsten drei Jahren erstmals FVK einzusetzen; zusammen mit den Unternehmen, die eine spätere Anwendung von Faserverbundkunststoffen in Erwägung ziehen, kommen 12 vH der antwortenden Unternehmen hinzu, die als potentielle Anwender von FVK angesehen werden können. Dabei ist allerdings zu beachten,

- daß es sich dabei oftmals um eine nur sehr vage, wenig konkrete Beschäftigung mit dem "Thema" Faserverbundkunststoffe handelte, und
- daß dieser Anteil an der Gesamtheit der antwortenden Unternehmen gegenüber der vergleichbar abgegrenzten Gruppe aus der Befragung 1988 wesentlich geschrumpft ist.

Die Hochrechnung der Ergebnisse der Befragung auf das alte Bundesgebiet ermöglicht folgende Aussagen (vgl. Schaubild 5.2/1):

- Die Zahl der FVK-anwendenden Unternehmen (im folgenden kurz "Anwender" genannt) ist 1990 im Vergleich zu 1988 leicht gestiegen; sie lag bei schätzungsweise 900 Unternehmen mit weniger als 1000 Beschäftigten (1988: 850).
- Auf der Grundlage der 1988 von den Unternehmen angegebenen Planungen bezüglich des Einsatzes von FVK innerhalb eines Zeitraums von drei Jahren war eine deutlich stärkere Zunahme der Zahl der Anwender erwartet worden. Daß diese nicht eingetreten ist, liegt nur zum Teil daran, daß der damalige Planungszeitraum zum Zeitpunkt der zweiten Befragung noch nicht ganz beendet ist; etwa zwei Fünftel derjenigen, die damals recht konkret den erstmaligen Einsatz von FVK innerhalb der nächsten drei Jahre planten, haben diese Pläne mittlerweile realisiert - aber immerhin ein Viertel hat diese Pläne inzwischen aufgegeben.
- Für die nähere Zukunft ist nur eine geringe Zunahme der Zahl der Anwender zu erwarten; diese Steigerung wird voraussichtlich deutlich geringer ausfallen als die Zunahme im Zeitraum 1988 bis 1990.
- Die Zahl der Anwender hat zugenommen, weil 60 bis 100 Unternehmen nach 1988 erstmals FVK eingesetzt haben; gleichzeitig hat jedoch eine kleinere Zahl von damaligen FVK-Anwendern den Einsatz abgebrochen.
- Insgesamt kann die Gruppe der Anwender als relativ stabil bezeichnet werden; der Anteil derjenigen Unternehmen, die den Einsatz abgebrochen haben, liegt mit großer Sicherheit unter 10 vH. Ein zu positives Bild hinsichtlich der künftigen Anwendung von FVK vermittelte 1988 die Gruppe der Planer; 30 bis 40 vH der Unternehmen, die 1988 die Anwendung von FVK planten oder in Erwägung zogen, haben solche Überlegungen mittlerweile abgebrochen.

Schaubild 5.2/1

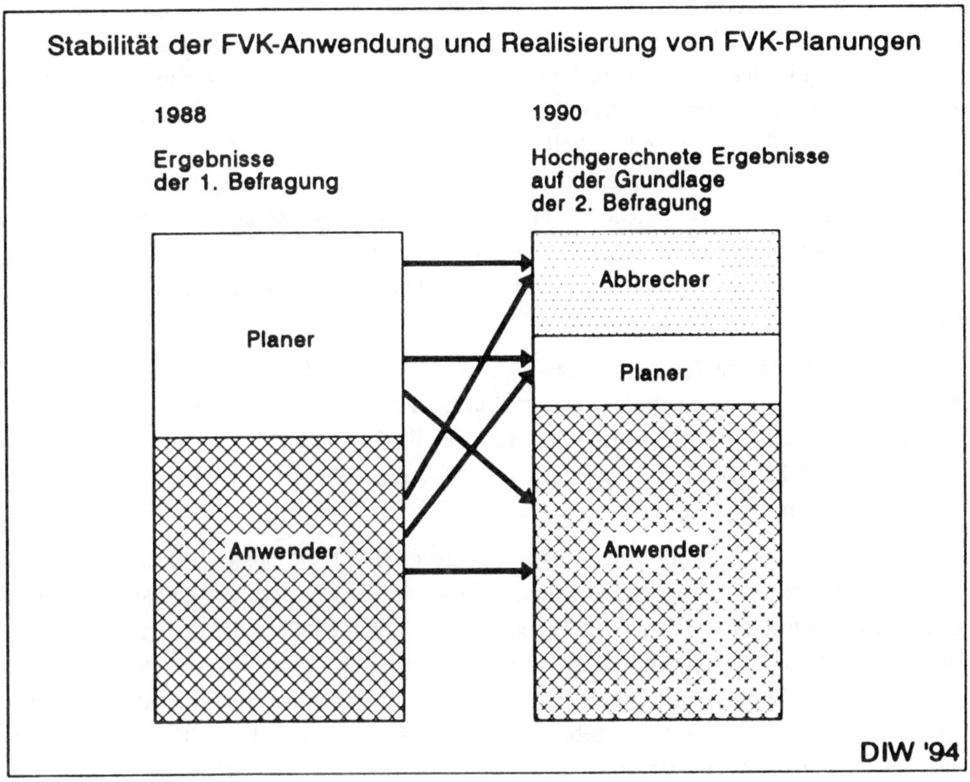

Diese Ergebnisse bestätigen die Schlußfolgerungen des im Jahr 1989 vorgelegten Gutachtens: Das Fazit damals lautete, "daß eine breite industrielle Anwendung von FVK, die deutlich über den gegenwärtigen Anwendungsstand hinausgeht, in naher Zukunft nicht zu erwarten ist"[41], und daß dies nicht auf Akzeptanzprobleme des Werkstoffs zurückzuführen ist. Die Unternehmen der mittelständischen Industrie sind durchaus bereit, sich mit FVK und ihren Anwendungsmöglichkeiten im eigenen Betrieb, in der eigenen Produktpalette zu befassen, doch werden diese Erwägungen häufig wieder aufgegeben.

In der Ausgangsstichprobe - Unternehmen, die sich 1988 im weiteren Sinne mit FVK beschäftigten - waren die Branchen Maschinenbau, Elektrotechnik, Straßenfahrzeugbau und Kunststoffindustrie besonders stark vertreten. Dies gilt folglich auch für die Unternehmen, die in die Längsschnittanalyse einbezogen werden können (vgl. Tabelle A 5.2/1). Im Maschinenbau zeigte sich bereits in der ersten Befragung im Vergleich zu den anderen untersuchten Branchen ein unterdurchschnittlicher Anteil der Unternehmen, die Bauteile

---

[41] Vgl. Behringer, F. et al., a.a.O., S. 136.

und Komponenten aus FVK herstellen und/oder beziehen; dieser Befund wurde erneut bestätigt (vgl. Schaubild 5.2/2). Dieses Ergebnis widerspricht vielfach geäußerten Erwartungen. Auffallend ist, daß es im Maschinenbau einerseits überdurchschnittlich viele Unternehmen gibt, die den Einsatz von FVK planen oder in den letzten beiden Jahren FVK erstmals eingesetzt haben, andererseits gibt es gleichzeitig in dieser Branche überdurchschnittlich viele Abbrecher (vgl. Tabelle A 5.2/2). Dies läßt den Schluß zu, daß es sich bei FVK-Anwendung im Maschinenbau überdurchschnittlich häufig um Versuche handelt, die aus verschiedenen Gründen wieder aufgegeben werden. Unternehmen des Maschinenbaus sind offensichtlich durchaus bereit, die Anwendungsmöglichkeiten neuer Werkstoffe im eigenen Unternehmen zu testen, dies führt aber seltener als in anderen Branchen zu einem längeren Einsatz von FVK.

Anders stellt sich die Situation in der Elektrotechnik dar: Hier gibt es überdurchschnittlich viele "stabile" Anwender (d.h. Unternehmen, die 1988 und 1990 FVK in ihren Unternehmen einsetzten), der Anteil der Unternehmen, die in den letzten zwei Jahren erstmals FVK eingesetzt haben, ist wie derjenige der Unternehmen, die erstmals FVK einsetzen wollen, unterdurchschnittlich.

Für 1988 war festgestellt worden, daß der Einsatz von FVK positiv mit der Unternehmensgröße korreliert.[42] Dieser Befund zeigt sich auch in der zweiten Befragung, wenngleich in abgeschwächter Form (vgl. Tabelle A 5.2/3), wobei allerdings zu berücksichtigen ist, daß die Reaktionswahrscheinlichkeit bei der Befragung ebenfalls von der Unternehmensgröße beeinflußt ist. Die Unternehmen, die den Einsatz von Faserverbundkunststoffen oder entsprechende Planungen abgebrochen haben, sind im Durchschnitt mit ca. 230 Beschäftigten kleiner als die Unternehmen, die FVK anwenden (ca. 310 Beschäftigte) oder den Einsatz weiterhin planen (ca. 410 Beschäftigte; Tabelle A 5.2/4); dieser Zusammenhang läßt sich jedoch statistisch nicht sichern. Anwender, Planer und Abbrecher unterscheiden sich in ähnlicher Weise hinsichtlich des erzielten Umsatzes. Keine Unterschiede gibt es dagegen in der Auslandsorientierung (Exportquote) und im Anteil der Beschäftigten, die im Unternehmen hauptsächlich für Forschung, Entwicklung und Konstruktion/Berechnung eingesetzt werden. Die häufig angestellte Vermutung, daß die Aufgabe von FVK-Vorhaben vorrangig auf Probleme mit der Qualifikation des Personals zurückzuführen sei, bestätigt sich in diesem Fall nicht. Die FVK-Anwender erzielten 1989 durchschnittlich 28 vH ihres Umsatzes mit Produkten, in die Faserverbundkunststoffe eingehen. Dies ist ein Indikator für die relativ hohe Bedeutung, die FVK für die Unternehmen gewonnen haben, die sie einsetzen. Annähernd drei Viertel der FVK-Anwender halten diese Werkstoffe für das eigene Unternehmen für bedeutsam, darunter 40 vH sogar für unverzichtbar (vgl. Schaubild 5.2/3). Anders ist die Situation bei den Unternehmen, die für die Zukunft die erstmalige Anwendung von FVK planen: Jedes siebte Unternehmen hält FVK für bedeutsam und nur eine verschwindend kleine Gruppe für unverzichtbar für das eigene Unternehmen.

---

[42] Vgl. Behringer, F. et al., a.a.O., S. 64 f.

Schaubild 5.2/2

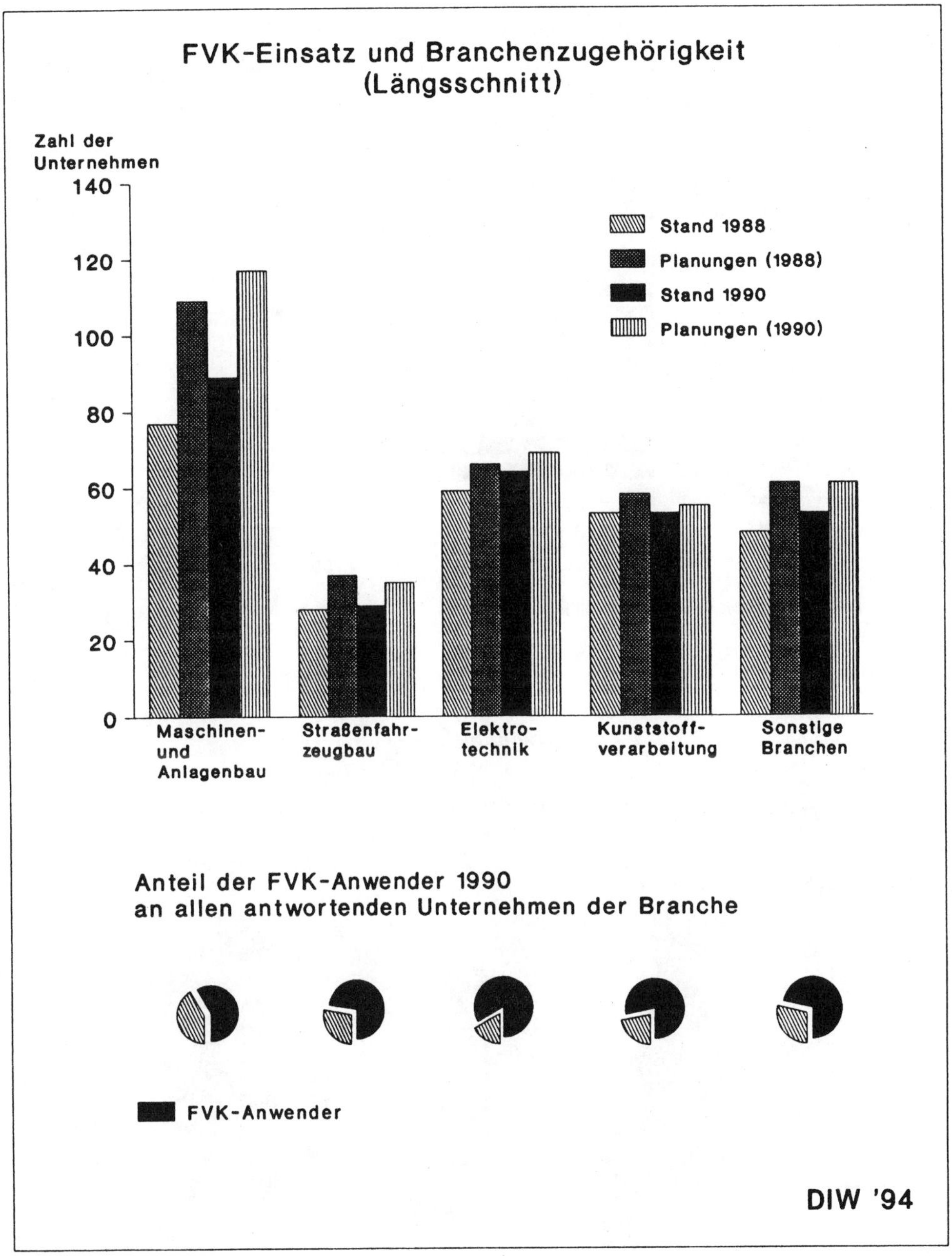

Schaubild 5.2/3

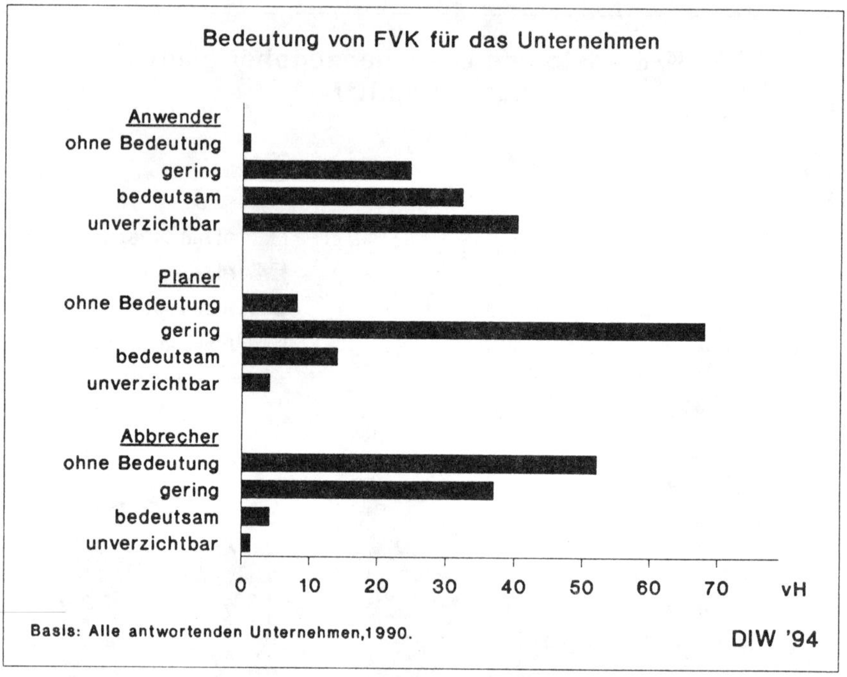

Schaubild 5.2/4

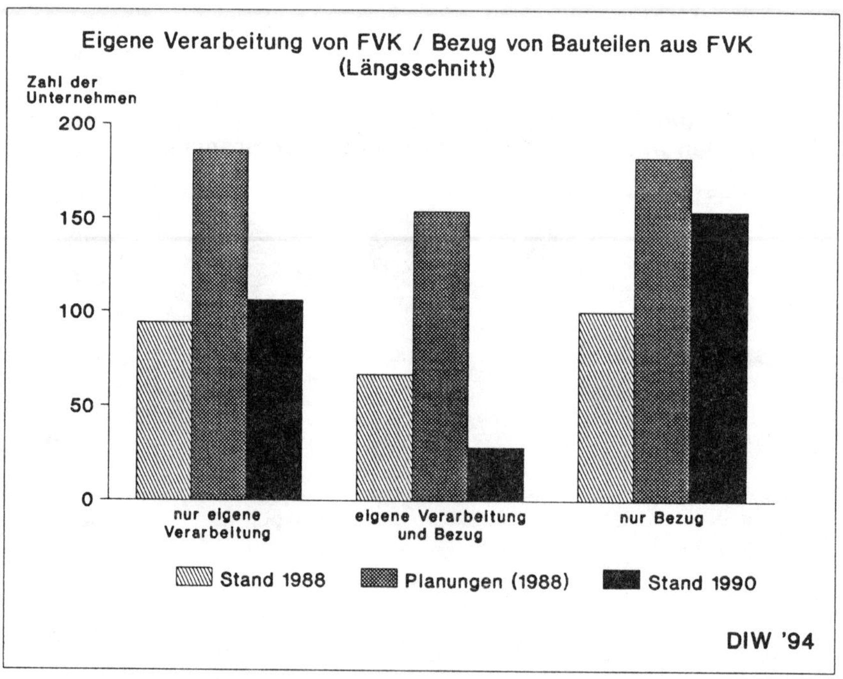

Bei etwa der Hälfte der Unternehmen, die Vorhaben mit Einsatz von FVK abgebrochen haben, spielen FVK auch in der Zukunft für das eigene Unternehmen voraussichtlich keine Rolle, ein gutes Drittel schätzt die zukünftige Bedeutung allenfalls gering ein. Auch dies stützt die These, daß es in Zukunft nur langsam zu einem Anstieg der Zahl der FVK-anwendenden kleinen und mittleren Unternehmen kommen wird.

Die Anwendung von FVK zieht stärkere innerbetriebliche Konsequenzen nach sich, wenn Bauteile und Komponenten aus FVK selbst hergestellt werden als wenn fertige FVK-Bauteile lediglich zugekauft werden. Wie in der ersten Befragung dominiert der Bezug von Bauteilen/Komponenten gegenüber der eigenen Verarbeitung: Gut die Hälfte der Anwender bezieht alle Bauteile, ein Zehntel kauft Bauteile und verarbeitet auch selbst, ein gutes Drittel verarbeitet FVK ausschließlich im eigenen Unternehmen (vgl. Schaubild 5.2/4). Seit der Befragung von 1988 hat die Zahl der Unternehmen, die Bezieher von FVK-Produkten sind, zugenommen; die Zahl der Unternehmen, die zusätzlich zur eigenen Verarbeitung von FVK auch FVK-Bauteile zukaufen, hat dagegen abgenommen. Offensichtlich setzt sich auch bei der FVK-Anwendung die zwischenbetriebliche Arbeitsteilung bei gleichzeitiger Spezialisierung fort.

5.3. Qualifikation der Mitarbeiter und Einsatz von FVK

Innovationen in Betrieben bedeuten in der Regel auch Veränderungen der Qualifikationsanforderungen an die Mitarbeiter. Diese Veränderungen werden umso ausgeprägter sein, je stärker die innerbetriebliche Diffusion der Innovation ist. Bei der Einführung neuer Werkstoffe werden also veränderte Qualifikationsanforderungen besonders häufig und intensiv auftreten, wenn die Werkstoffe im eigenen Unternehmen verarbeitet werden; sie werden seltener und geringer sein, wenn lediglich Bauteile oder Komponenten aus neuen Werkstoffen bezogen und eingebaut werden. Für den Bereich der Forschung und Entwicklung dürften solche Unterschiede geringer ausgeprägt sein.

Die Ergebnisse bestätigen diese Erwartungen: Fast alle Unternehmen, die FVK selbst verarbeiten, verfügen über mindestens einen Mitarbeiter, der sich überwiegend mit Entwicklung, Produktion oder Qualitätssicherung der FVK-Produkte befaßt; bei den Unternehmen, die Bauteile/Komponenten aus FVK beziehen, sind es nur 70 vH (vgl. Tabelle A 5.3/1). Bei den Unternehmen, die FVK ausschließlich im eigenen Unternehmen verarbeiten, beträgt der Anteil der überwiegend mit FVK befaßten Personen gut ein Viertel der Belegschaft.[42] Bei den Unternehmen, die ausschließlich Bauteile/Komponenten aus FVK beziehen und keine eigene Verarbeitung von FVK betreiben, liegt der durchschnittliche Anteil des Personals, das überwiegend mit FVK befaßt ist, bei 6 vH der Belegschaft. Wie erwartet, bestehen die Unterschiede vor allem beim Personal, das in der Produktion

---

[42] Unternehmen, die kein Personal haben, das überwiegend mit Entwicklung, Produktion und Qualitätssicherung von FVK-Produkten befaßt ist, wurden in die Durchschnittsberechnung *nicht* einbezogen.

Schaubild 5.3/1

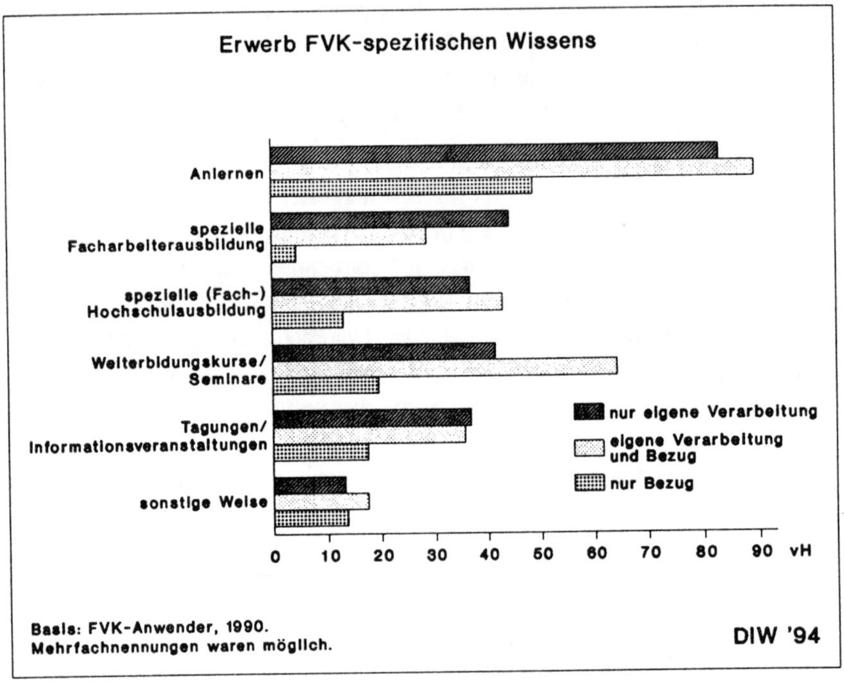

Schaubild 5.3/2

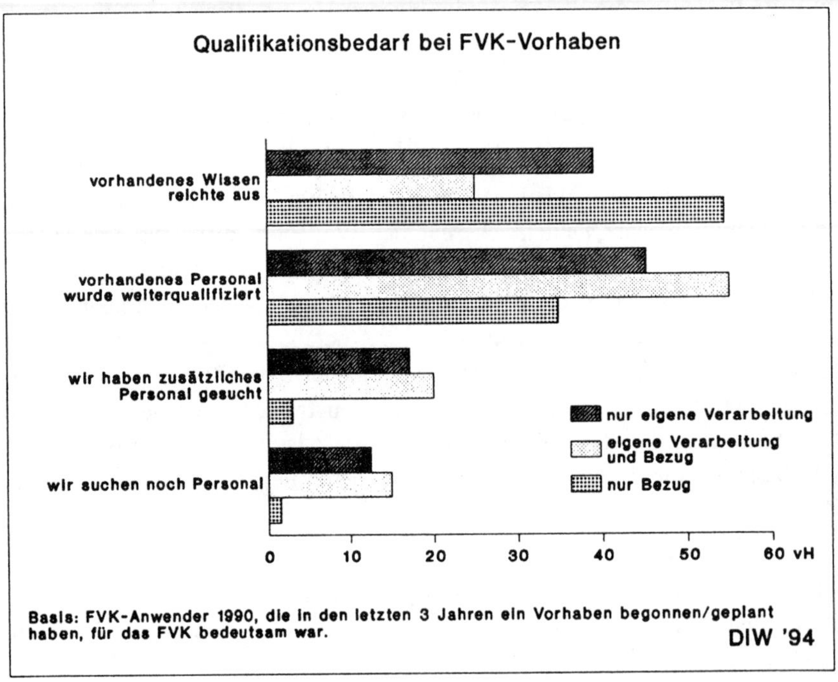

eingesetzt wird, deutlich geringere Unterschiede gibt es in den Tätigkeitsbereichen Forschung und Entwicklung sowie Qualitätssicherung.

Die Aneignung des FVK-spezifischen Wissens kann auf unterschiedliche Weise erfolgen: zum einen gibt es relativ formalisierte Ausbildungsgänge in der beruflichen Erstausbildung, in der (Fach-) Hochschulausbildung sowie in Weiterbildungskursen und -seminaren, zum anderen gibt es weniger formalisierte Wege der Wissensaneignung "durch die Praxis", durch Anlernen, Tagungen, Informationsveranstaltungen, Hersteller- und Lieferanteninformationen. Zwei Drittel der Anwender geben an, daß ihre Mitarbeiter das erforderliche FVK-Wissen durch Anlernen erworben haben; an zweiter Stelle werden von einem Drittel der Unternehmen Weiterbildungskurse oder -seminare genannt. In rund einem Viertel der Unternehmen haben sich Mitarbeiter das FVK-spezifische Wissen durch Tagungen und Informationsveranstaltungen oder durch das Studium an den Hochschulen bzw. Fachhochschulen erworben. Spezielle Ausbildungsgänge zum Facharbeiter (Kunststoffschlosser/in, Kunststoff-Formgeber/in) werden von jedem fünften Unternehmen angegeben. Jedes siebte Unternehmen gibt an, daß sich die Mitarbeiter das FVK-spezifische Wissen auf sonstige Weise angeeignet haben, vor allem durch Informationen und Hilfestellung vom Hersteller bzw. Lieferanten von Halbzeugen, Rohstoffen und Maschinen sowie durch Auswertung von Fachliteratur (vgl. Schaubild 5.3/1).

Die Art des Wissenserwerbs differiert nach den verschiedenen Funktionen, die im Zusammenhang mit FVK im Unternehmen ausgeübt werden; in allen Tätigkeitsbereichen ist jedoch der Wissenserwerb durch Anlernen am häufigsten (vgl. Tabelle A 5.3/2). Personal, das überwiegend mit der Forschung und Entwicklung in Bezug auf FVK befaßt ist, hat sich in zweiter Linie durch Weiterbildungskurse/Seminare, aber fast ebenso häufig durch Tagungen/Informationsveranstaltungen sowie durch spezielle (Fach-)Hochschulausbildung das erforderliche Wissen erworben. Auch in der Qualitätssicherung spielen Weiterbildungskurse und -seminare die zweitwichtigste Rolle für den Erwerb FVK-spezifischen Wissens, während im Produktionsbereich die spezielle Facharbeiterausbildung größere Bedeutung hat.

Nur bei der speziellen Facharbeiterausbildung zeigt sich ein statistisch hochsignifikanter Zusammenhang zwischen der Häufigkeit dieser Form des Wissenserwerbs und der Verarbeitung von FVK im eigenen Unternehmen. Dies war zu erwarten, weil in den einschlägigen Ausbildungsberufen (Kunststoffschlosser/in, Kunststoff-Formgeber/in) Kenntnisse in der Verarbeitung von Faserverbundkunststoffen vermittelt werden, die für den Betrieb vor allen Dingen dann relevant sind, wenn eigene Verarbeitung von FVK vorgenommen wird oder geplant ist. Gut 40 vH der Unternehmen, die FVK selbst verarbeiten, bilden Kunstoffschlosser oder Kunststoff-Formgeber aus, bei den Beziehern liegt dieser Anteil unter 5 vH.

FVK-verarbeitende Betriebe, die keine einschlägigen Facharbeiter ausbilden, begründen dies vor allem damit, daß der Bereich FVK im eigenen Unternehmen zu klein sei, kein Bedarf an entsprechend ausgebildeten Facharbeitern bestehe und daß die Voraussetzungen für die Ausbildung von Kunststoffschlossern bzw. Kunstofformgebern fehlten. Unternehmen, die FVK-Bauteile beziehen, geben überwiegend an, daß kein Bedarf an einschlägig ausgebildeten Facharbeitern bestehe, weil Bauteile aus FVK ausschließlich bezogen werden; in zweiter Linie wird das Fehlen geeigneter Voraussetzungen für die Ausbildung in diesen Berufen genannt.

Der Bedarf an zusätzlichen Qualifikationen oder an vertieftem Wissen entsteht vor allem dann, wenn aufgrund neuer, für das Unternehmen bedeutender Projekte FVK erstmalig oder erweitert eingesetzt werden soll. Bei rund der Hälfte der befragten Unternehmen gab es in den letzten drei Jahren ein Vorhaben, für das FVK bedeutsam war; dieser Anteil liegt bei den Unternehmen, die FVK im eigenen Betrieb verarbeiten, bei 60 vH, bei den Unternehmen, die ausschließlich Bauteile aus FVK beziehen, bei rund 40 vH (vgl. Tabelle A 5.3/4). Bei gut 40 vH der Unternehmen, in denen es in den letzten drei Jahren ein Vorhaben gab, für das FVK bedeutsam war, reichte das Wissen des vorhandenen Personals für das Projekt aus; dieser Anteil ist in den Unternehmen, die ausschließlich Bauteile aus FVK beziehen, deutlich höher als in den Unternehmen, die FVK im eigenen Unternehmen verarbeiten (vgl. Schaubild 5.3/2).

In ebenfalls gut 40 vH der Unternehmen mit FVK-Vorhaben war es erforderlich, vorhandenes Personal für dieses Projekt weiterzuqualifizieren; dabei gibt es kaum Unterschiede zwischen Unternehmen mit und ohne eigene Verarbeitung von FVK. Mehr als ein Fünftel der FVK-verarbeitenden Unternehmen, die in den letzten Jahren ein FVK-Vorhaben begonnen haben, hat dafür zusätzliches Personal gesucht und z.T. auch gefunden; bei der Vergleichsgruppe der Unternehmen, die Bauteile aus FVK beziehen, ist die Suche nach zusätzlichem Personal für die Bewältigung von FVK-Vorhaben demgegenüber von untergeordneter Bedeutung.

Bezogen auf alle Unternehmen, die FVK verarbeiten oder FVK-Bauteile beziehen, zeigt sich in weniger als einem Zehntel dieser Unternehmen Personalbedarf im Zusammenhang mit der Realisierung von Vorhaben, für die FVK bedeutsam ist; dieser Personalbedarf wurde bislang nur in etwa der Hälfte der Unternehmen durch Einstellung zusätzlichen Personals befriedigt. Die Zahl der gesuchten und eingestellten neuen Mitarbeiter ist dabei gering; meist handelt es sich nur um eine oder zwei Personen.

Ein kleiner Teil der Unternehmen gibt an, bei der Beschaffung oder Weiterqualifizierung des Personals auf Schwierigkeiten gestoßen zu sein, die zum einen darin bestehen, daß am Arbeitsmarkt keine einschlägig qualifizierten Arbeitskräfte zu finden sind, zum anderen darin, daß geeignete Qualifikationsmöglichkeiten (Weiterbildungsseminare) nicht gefunden werden konnten. Die Konsequenzen für das Projekt bestanden in diesen Fällen meist in einer Verzögerung, sehr selten im Abbruch des Vorhabens. Insgesamt sind offensichtlich die für FVK-Projekte erforderlichen Qualifikationen nur für einen sehr kleinen Teil der Unternehmen ein wesentliches Hindernis. Die insgesamt relativ stabile Gruppe der FVK-Anwender verfügt nach eigener Einschätzung oft über die personellen Voraussetzungen für neue FVK-Vorhaben oder weiß, wie diese Voraussetzungen gegebenenfalls durch Weiterqualifizierung der Mitarbeiter geschaffen werden können.

5.4. Gründe für den Einsatz von FVK und Einsatzbereiche

Für die Anwendung von FVK in den kleinen und mittleren Unternehmen werden eine Reihe wichtiger Gründe genannt. Mehr als die Hälfte der Unternehmen verweist auf Festigkeit/Steifigkeit sowie auf die Beständigkeit gegen Umwelteinflüsse/Korrosion. Von jeweils gut 40 vH der Anwender werden als Gründe Gewichtsersparnis und die einfachere Herstellung komplexer Geometrien, also ebenfalls technische Faktoren, genannt. Ökonomische Faktoren, nämlich Erhaltung der Konkurrenzfähigkeit, Kundenwünsche, Qualitätssteigerung sowie Erschließung neuer Märkte werden von jeweils 20 bis 30 vH der Anwender genannt. Die Präzision bei Produktion und/oder Anwendung wird von 15 vH der FVK-Anwender als wichtiger Grund für den FVK-Einsatz angegeben. Die Frage wurde in geschlossener Form (d.h. mit vorformulierten Antwortalternativen) gestellt; 10 vH aller FVK-Anwender haben daneben noch sonstige FVK-typische Eigenschaften wie z.B. geringe Wärmedehnung, Temperaturbeständigkeit, elektrische Isolation erwähnt. Interessant ist, daß die Anwender insgesamt wesentlich häufiger technische als ökonomische Gründe für den Einsatz von FVK anführen.

Zusätzlich wurden die Unternehmen gebeten, die genannten Gründe nach ihrer Bedeutung für die Unternehmen zu gewichten. Die geringere Bedeutung ökonomischer Faktoren zeigt sich hierbei noch akzentuierter (vgl. Schaubild 5.4/1). Die Hälfte aller Anwender nennt ausschließlich technische Vorteile der FVK-Anwendung, und für insgesamt drei Viertel der Anwender gehören technische Faktoren zu den ausschlaggebenden Gründen. Ökonomische Vorteile nennt ein Viertel der Anwender; dabei werden zumeist zugleich technische Gründe genannt. Daraus läßt sich ableiten, daß FVK vor allem dann eingesetzt wird, wenn mit den herkömmlichen Werkstoffen keine adäquate Problemlösung erreicht werden kann. Möglicherweise steht die Lösung des technischen Problems so stark im Vordergrund, daß sich die Frage nach der Rentabilität erst in zweiter Linie stellt.

Die Unternehmen verschiedener Branchen unterscheiden sich in den wichtigen Gründen für die Anwendung von FVK in ihrem Unternehmen: für FVK-Anwender im Maschinenbau und in der Kfz-Zulieferindustrie spielt die Gewichtsersparnis signifikant häufiger eine Rolle als für die Unternehmen der Elektrotechnik (vgl. Tabelle A 5.4/1). Für zwei von drei FVK-Anwendern im Straßenfahrzeugbau ist die einfachere Herstellung komplexer Geometrien ein Grund für den Einsatz von FVK; die Vergleichswerte für die anderen Branchen liegen wesentlich niedriger. Für die Kunststoffverarbeiter ist mehrheitlich das Reagieren auf Kundenwünsche ein ausschlaggebender Grund, und auch die Erschließung neuer Märkte wird häufiger genannt als von Unternehmen anderer Branchen.

Unterscheidet man die FVK-Anwender danach, ob sie FVK im eigenen Unternehmen verarbeiten oder Bauteile/Komponenten aus FVK beziehen, so zeigen sich ebenfalls deutliche Unterschiede (vgl. Tabelle A 5.4/2): Unternehmen, die (auch oder ausschließlich) FVK im eigenen Unternehmen verarbeiten, geben signifikant häufiger als die reinen Bezieher an, daß Festigkeit/Steifigkeit von ausschlaggebender Bedeutung ist. Für FVK-verarbeitende Unternehmen ist auch die Präzision bei der Produktion und/oder Anwendung wesentlich häufiger ausschlaggebend als für die FVK-Bezieher, und auch das Eingehen auf Kundenwünsche spielt - wie zu erwarten - bei ihnen eine größere Rolle.

Schaubild 5.4/1

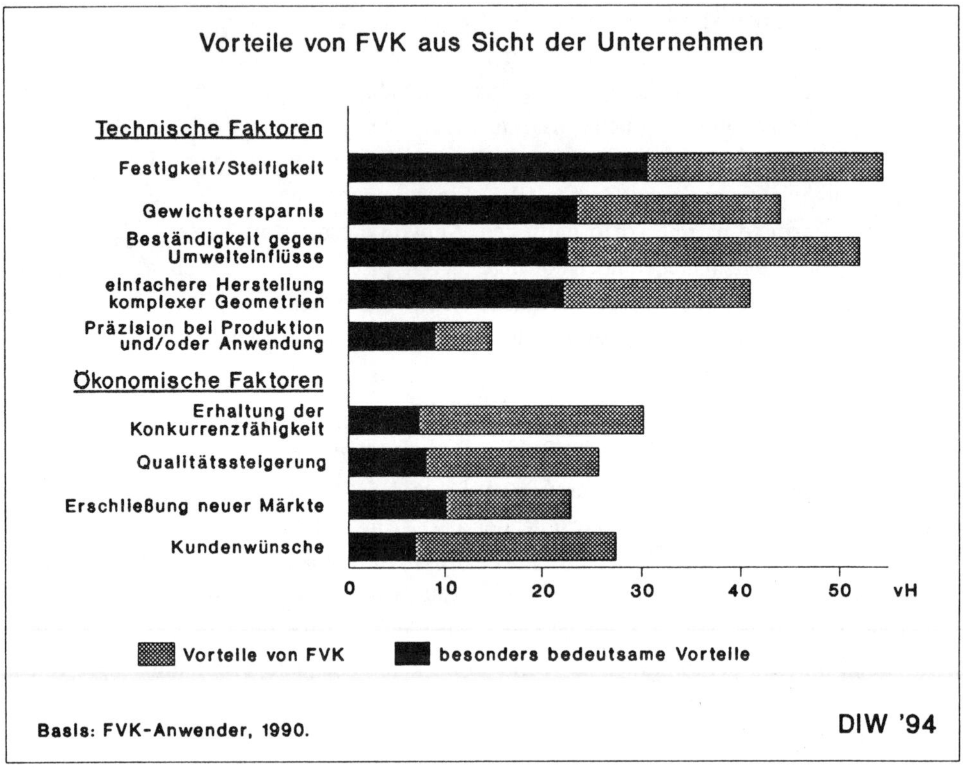

Faserverbundkunststoffe werden von den antwortenden Unternehmen gegenwärtig hauptsächlich für Bauteile oder Baugruppen eingesetzt, die nichttragend, nicht funktionsbestimmend und nicht sicherheitsrelevant sind (vgl. Tabelle A 5.4/3). Dies ist in der Kfz-Zulieferindustrie, in der Elektrotechnik und in der Kunststoffverarbeitung besonders ausgeprägt. Sicherheitsrelevante Bauteile aus FVK sind nach wie vor in allen Branchen kaum vertreten. Funktionsbestimmende und tragende Bauteile kommen insbesondere im Maschinenbau stärker zur Anwendung. Bei diesen Aussagen ist allerdings ein beträchtlicher Unsicherheitsbereich zu berücksichtigen, weil ein gutes Drittel der Unternehmen Bauteile oder Baugruppen angegeben hat, die auch mit Hilfe technischer Experten diesen Gruppen nicht zugeordnet werden konnten.

Differenziert man die FVK-Anwender danach, ob sie FVK im eigenen Unternehmen verarbeiten oder ausschließlich Bauteile aus FVK beziehen, so zeigt sich bei den FVK-verarbeitenden Betrieben eine signifikant häufigere Nennung nichttragender, nicht funktionsbestimmender und nicht sicherheitsrelevanter Bauteile, aber auch eine etwas häufigere

Nennung sicherheitsrelevanter Bauteile (vgl. Tabelle A 5.4/4). Unternehmen, die ausschließlich Bauteile oder Komponenten aus FVK beziehen und in ihre Produkte einbauen, nennen demgegenüber öfter funktionsbestimmende oder tragende Bauteile und Baugruppen.

Bei etwa einem Drittel der Unternehmen ist der Einsatz von FVK bei der Mehrzahl der Produkte stärker leistungsbestimmend, ein weiteres Drittel gibt an, daß kostenbestimmend und leistungsbestimmend in etwa gleichem Maße zutrifft. Nur bei 13 vH der FVK-Anwender ist der Einsatz dieses Werkstoffs vor allem kostenbestimmend. Weniger als 10 vH der FVK-Anwender bezeichnen den Einsatz von FVK für das Produkt als von untergeordneter Bedeutung. Unternehmen, die FVK im eigenen Unternehmen verarbeiten, beurteilen den Einsatz dieses Werkstoffs für das Produkt häufiger als leistungsbestimmend oder als gleichermaßen leistungs- und kostenbestimmend als die Unternehmen, die lediglich Bauteile aus FVK beziehen. In der Gruppe der Bezieher ist der Anteil derjenigen am höchsten, die dem Einsatz von FVK nur untergeordnete Bedeutung beimessen (vgl. Tabelle A 5.4/5).

Die Anforderungen an Bauteile, die aus FVK hergestellt werden, bzw. an die Produkte, in die FVK eingehen, sind sehr unterschiedlich; entsprechend kommt auch den Gründen für die Anwendung von FVK unterschiedliches Gewicht zu. Unternehmen, die anspruchsvollere FVK-Bauteile einsetzen (also Bauteile, die sicherheitsrelevant, funktionsbestimmend oder tragend sind), nennen häufiger als andere Gewichtsersparnis, einfachere Herstellung komplexer Geometrien, Präzision bei der Produktion und Anwendung als wichtige Gründe für die Anwendung von FVK; sie nennen seltener Festigkeit/Steifigkeit, Beständigkeit gegen Umwelteinflüsse, Eingehen auf Kundenwünsche. Für die Unternehmen mit anspruchsvollen Bauteilen spielt die Erschließung neuer Märkte und die Erhaltung der Konkurrenzfähigkeit eine verhältnismäßig große Rolle (vgl. Tabelle A 5.4/6).

5.5. Entwicklung von FVK-Bauteilen

Bei der Entwicklung und Gestaltung von Produkten aus FVK werden drei Entwicklungsmethoden unterschieden:

- Materialsubstitution: das Bauteil wird weitgehend baugleich aus FVK gefertigt;
- Bauteil-Neugestaltung: Ersatz eines einzelnen Bauteils durch ein werkstoffgerecht überarbeitetes FVK-Bauteil, wobei die Bauteilumgebung (Anschlußmaße etc.) nicht grundlegend verändert wird;
- Neugestaltung des Gesamtsystems: werkstoffgerechte Optimierung der gesamten Baugruppe oder der kompletten Maschine.

Diese drei Entwicklungsmethoden unterscheiden sich in dem Maße, in dem die spezifischen Vorteile von FVK zur Geltung kommen können. Es war deshalb von besonderem Interesse, von den FVK-anwendenden Unternehmen zu erfahren, wie sie vorgehen, wobei auch mehrere Entwicklungsmethoden gleichzeitig zum Einsatz kommen können.

Es zeigt sich, daß von den FVK-Anwendern die anspruchsvolleren Methoden der Konstruktion und Gestaltung von Produkten aus FVK häufiger genannt werden als die schlichte Materialsubstitution. Am häufigsten werden Bauteil-Neugestaltung (von 40 vH der FVK-

Anwender), Neugestaltung des Gesamtsystems (von 36 vH der FVK-Anwender) genannt. Bei nur 24 vH handelte es sich um schlichte Materialsubstitution; 9 vH geben an, daß zur Zeit keine der genannten Entwicklungsmethoden zutrifft. Dabei handelt es sich sowohl um Verarbeiter (insbesondere der Branche Kunststoffverarbeitung) als auch um Bezieher, die überwiegend angeben, daß der Kunde bzw. Lieferant die Entwicklung vorgenommen habe.

Die Häufigkeit, mit der die einzelnen Entwicklungsmethoden zur Anwendung kommen, unterscheidet sich nur geringfügig nach der Branche sowie danach, ob anspruchsvolle oder weniger anspruchsvolle Bauteile mit den entsprechenden Methoden konstruiert bzw. entwickelt werden (vgl. Tabllen A 5.5/1 und A 5.5/2). Es zeigt sich allerdings ein Unterschied danach, ob im eigenen Betrieb FVK verarbeitet wird; die Unternehmen, die FVK im eigenen Unternehmen verarbeiten, geben signifikant häufiger an, die Konstruktion und Gestaltung der gefertigten Produkte durch Neugestaltung des Gesamtsystems zu betreiben (vgl. Schaubild 5.5/1).

Schaubild 5.5/1

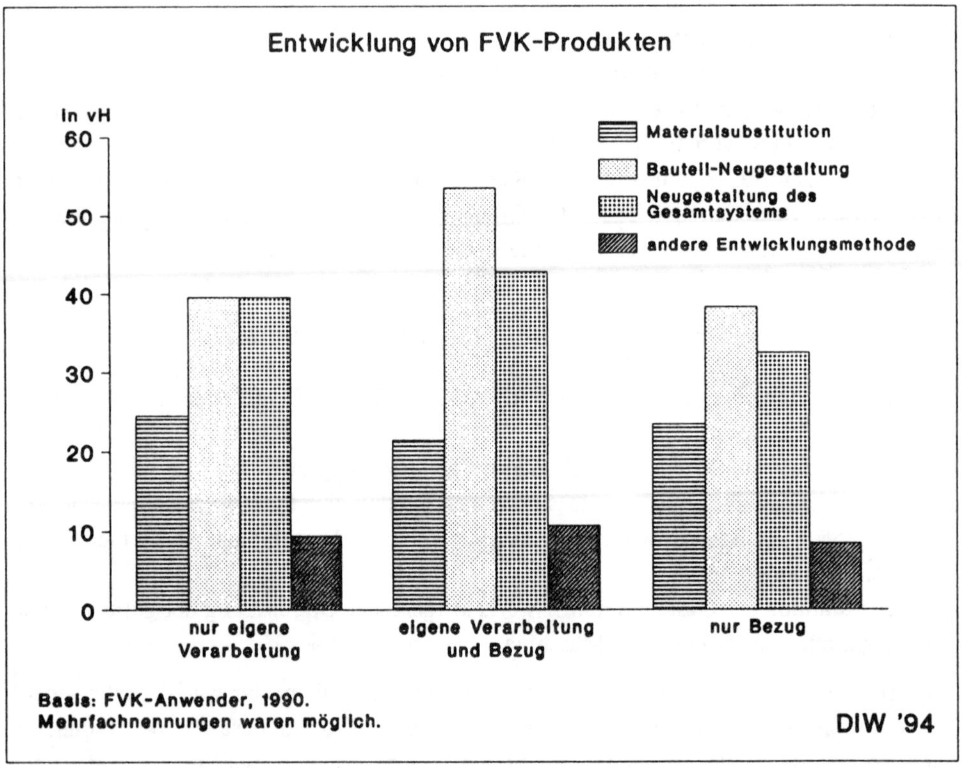

Etwa 10 vH der befragten FVK-Anwender wollen in den nächsten drei Jahren eine Schwerpunktverlagerung der angewandten Entwicklungsmethoden vornehmen. Diese Veränderungen gehen dabei überwiegend in Richtung auf anspruchsvollere Methoden der

Konstruktion und Gestaltung. Hierfür werden im wesentlichen drei Gründe angegeben: technische Erfordernisse oder technische Vorteile, wirtschaftliche Vorteile, z.B. bessere Nutzung der Kostenvorteile und die völlige Neuentwicklung von Produkten.

Wird keine Schwerpunktverlagerung in den angewandten Entwicklungsmethoden beabsichtigt, so wird von mehr als der Hälfte der Unternehmen hierfür eine Begründung angegeben; es handelt sich dabei zumeist um den Hinweis auf die Zufriedenheit mit der bisher eingesetzten Methode, die sich bewährt habe und optimale Ergebnisse bringe. Dies gilt insbesondere dann, wenn das Unternehmen bei der Entwicklung von FVK-Produkten bereits eine Neugestaltung des Gesamtsystems vornimmt. Aber auch Unternehmen, die derzeit Produkte aus FVK durch Materialsubstitution gestalten, geben überwiegend an, wegen der guten und bewährten Methode kein Erfordernis zur Veränderung der Entwicklungsmethode zu sehen. Unternehmen, die Bauteil-Neugestaltung vornehmen, weisen darauf hin, daß ein Wechsel der Entwicklungsmethode wegen der hohen Kosten nicht möglich sei, zur Zeit keine Neuentwicklung geplant sei und vor allem Einzelbauteile (zum Teil mit vorgegebenen Anschlußmaßen) betroffen sind.

Die Auslegung und Konstruktion der FVK-Produkte erfolgt zumeist in den Unternehmen, nur in einem kleinen Teil der Fälle ausschließlich extern. Die meisten Unternehmen geben an, daß die Auslegung und Konstruktion aufgrund praktischer Erfahrung erfolgt; in jedem siebten Fall ist dies die einzige Grundlage für Berechnung und Auslegung von FVK-Bauteilen. Überwiegend werden jedoch noch weitere Verfahren eingesetzt; in erster Linie zu nennen ist dabei die versuchsreihengestützte Auslegung, gefolgt von der überschlägigen Berechnung. Deutlich seltener werden lagenbezogene Auslegung, Finite-Elemente-Methode (FEM), Auslegung aufgrund der Kontinuumstheorie oder der Netztheorie genannt (vgl. Tabelle A 5.5/3).

In der Häufigkeit, mit der die verschiedenen Methoden der Auslegung und Konstruktion genannt werden, gibt es keine wesentlichen Unterschiede zwischen Unternehmen unterschiedlicher Branchen sowie zwischen Unternehmen, die sicherheitsrelevante, funktionsbestimmende oder tragende Bauteile herstellen im Vergleich zu Unternehmen, die nur weniger anspruchsvolle Bauteile herstellen (vgl. Tabellen A 5.5/3 und A 5.5/4). Dagegen zeigen sich Zusammenhänge zu den Entwicklungsmethoden: Unternehmen, die bei der Konstruktion und Gestaltung von Produkten aus FVK im Sinne einer werkstoffgerechten Optimierung der gesamten Baugruppe oder der kompletten Maschine vorgehen, stützen sich dabei seltener ausschließlich auf ihre praktischen Erfahrungen. Überdurchschnittlich häufig werden von dieser Gruppe von Unternehmen die überschlägige Berechnung sowie die Finite Elemente Methode genannt (vgl. Tabelle A 5.5/5). Insgesamt sind die Unterschiede zwischen verschiedenen Gruppen von Unternehmen allerdings nicht sehr ausgeprägt.

Von den antwortenden FVK-Anwendern haben 16 vH in der Zeit seit 1987 bis zur Befragung (1990) Forschungs- und Entwicklungsaufträge zur Lösung von Problemen, die mit dem Einsatz von FVK zusammenhängen, an Dritte vergeben (vgl. Tabelle A 5.5/6). Dabei zeigt sich ein deutlicher Zusammenhang zwischen der Entwicklungsstrategie und der Beauftragung Dritter: Unternehmen, die eine Neugestaltung des Gesamtsystems anstreben, haben wesentlich häufiger als Unternehmen, denen es nur um Materialsubstitution oder Bauteil-Neugestaltung geht, in den letzten drei Jahren Forschungs- und Entwicklungsaufträge an Dritte vergeben. Unternehmen, die sicherheitsrelevante, tragende oder funktionsbestimmende Bauteile herstellen, haben sich ebenfalls in den letzten drei Jahren etwas häufiger als andere Unternehmen mit Forschungs- und Entwicklungsaufträgen an Unternehmen, Ingenieurbüros und Forschungseinrichtungen gewandt (vgl. Tabelle A 5.5/7).

Die Häufigkeit, mit der solche Forschungsaufträge an Dritte vergeben wurden, steht zwar nicht in einem statistisch signifikanten Zusammenhang mit
- der eigenen Verarbeitung von FVK im Unternehmen,
- der bisherigen Dauer des FVK-Einsatzes im Unternehmen,
- der Branchenzugehörigkeit,

doch lassen sich jeweils geringe Unterschiede feststellen (FVK-Verarbeiter, Unternehmen, die erst seit 1988 FVK einsetzen sowie Maschinenbauunternehmen haben etwas häufiger als andere Unternehmen Forschungs- und Entwicklungsaufträge vergeben). Dieses Ergebnis kann so interpretiert werden, daß Bedarf an externer Forschung und Entwicklung im Zusammenhang mit FVK verstärkt dann besteht, wenn bei der Entwicklung die werkstoffgerechte Optimierung der gesamten Baugruppe oder der kompletten Maschine angestrebt wird; dieser Bedarf ist jedoch offensichtlich von der Dauer der bisherigen Erfahrungen mit FVK und von der Branchenzugehörigkeit unabhängig und steht nur in einem schwachen Zusammenhang mit den Anforderungen an das Bauteil. Auftragnehmer der Forschungs- und Entwicklungsaufträge von FVK-Anwendern sind in knapp zwei Dritteln der Fälle Unternehmen/Ingenieurbüros, in einem Drittel werden Forschungseinrichtungen genannt.

Die Aufwendungen im Zeitraum 1987 bis 1989 für Forschungs- und Entwicklungsaufträge an Dritte lagen im Durchschnitt bei knapp 400 000 DM. Besonders hohe Aufwendungen entstanden dabei bei Unternehmen,
- die Bauteil-Neugestaltung ohne grundsätzliche Änderung der Bauteilumgebung anstreben,
- die FVK im eigenen Unternehmen verarbeiten,
- die schon seit längerem FVK einsetzen,
- die zum Maschinenbau gehören.

5.6. Werkstoffe und Verarbeitungsverfahren

Unter den 288 antwortenden FVK-Anwendern verarbeiten 134 FVK im eigenen Unternehmen, z.T. kaufen sie zusätzlich Bauteile oder Komponenten aus FVK hinzu. Drei Viertel dieser Unternehmen verarbeitete bereits bei der ersten Befragung FVK selbst. Von diesen Unternehmen liegen Informationen vor zu
- den eingesetzten Werkstoffen (Fasern, Matrixwerkstoffe, Formmassen),
- den Verarbeitungsverfahren,
- den zur Zeit der Befragung und in Zukunft wichtigsten Verarbeitungsverfahren,
- den Verfahren zur Härtung duroplastischer Bauteile,
- den bei der FVK-Verarbeitung eingesetzten Maschinen,

- den Planungen zur Erweiterung oder Modernisierung des Maschinenparks,
- Auftragsfertigung/Fertigung für den Einbau in eigene Produkte.

Fast alle FVK-verarbeitenden Unternehmen setzen als Fasermaterial Glasfasern ein; darüber hinaus verwendet ein knappes Viertel Kohlenstoff- und ein knappes Fünftel Aramidfasern (vgl. Tabelle A 5.6/1). Mehr als zwei Drittel der FVK-Verarbeiter setzten 1990 ausschließlich Glasfasern ein.

Neun von zehn antwortenden Unternehmen, die 1988 ausschließlich Glasfasern verarbeitet haben, tun dies auch 1990 noch; damals war auf der Grundlage der Ergebnisse der Befragung erwartet worden, daß ein erheblicher Teil der Unternehmen das Spektrum der eingesetzten Fasern erweitern würde. Diese Erwartung der starken Zunahme der Zahl der Unternehmen, die Kohlenstoffasern und/oder Aramidfasern verarbeiten, hat sich vermutlich wegen des ungünstigen Preis-/Leistungsverhältnisses nicht erfüllt. Von den antwortenden Unternehmen, die damals auch andere als Glasfasern verarbeitet hatten, setzten fast ein Drittel Ende 1990 nur noch Glasfasern ein.[44] Die Planungen der Unternehmen lassen kaum Veränderungen erwarten: Von den Unternehmen, die 1990 FVK verarbeiten, will nur eine ausgesprochen kleine Zahl in Zukunft erstmals Kohlenstoff- oder Aramidfasern einsetzen.

Die verschiedenen Fasern werden von den Unternehmen in sehr unterschiedlicher Form verarbeitet. Gut die Hälfte der Glasfaserverarbeiter setzt Kurzfasern mit einer Länge von weniger als 10 mm, zwei Fünftel Gewebe, Gelege u.ä. ein. Gut ein Fünftel der Glasfaserverarbeiter verwendet Schnittfasermatten, Endlosfasermatten, Rovings (zur Endlosverarbeitung und/oder zur geschnittenen Weiterverarbeitung). Die Zahl der Unternehmen, die SMC, Prepregs, GMT oder BMC verarbeiten, ist wesentlich geringer. Kohlenstoffasern werden in den meisten Unternehmen in der Form von Geweben und Gelegen verarbeitet, in zweiter Linie werden Prepregs und Rovings zur Endlosverarbeitung genannt. Kurzfasern aus Kohlenstoff werden nur in wenigen Unternehmen eingesetzt. Auch bei der Verarbeitung von Aramidfasern dominieren die Gewebe und Gelege, gefolgt von der Verarbeitung von Kurzfasern und von Prepregs (vgl. Tabelle A 5.6/2).

Die Dominanz der Verarbeitung von Glasfasern für FVK zeigt sich besonders deutlich bei den Angaben über die im Jahr 1989 verarbeiteten Mengen. Insgesamt haben die antwortenden Firmen 1989 rund 20 250 t Fasern (ohne Formmassen wie SMC oder Prepregs) und rund 85 000 t Faser-/Matrix-Formmassen (SMC, BMC, GMT, Prepregs) verarbeitet. Unter den Fasern dominieren mit 99 vH der verarbeiteten Menge die Glasfasern; 1989 haben die antwortenden Unternehmen rund 20 000 t Glasfasern, rund 70 t Kohlenstoffasern und etwa 180 t Aramidfasern verarbeitet.[45] Auch bei den Faser-/Matrix-Formmassen dominieren glasfaserverstärkte Materialien mit weit über 90 vH der Gesamt-

---

[44] Wegen der geringen Fallzahl ist diese Aussage allerdings mit Unsicherheiten behaftet.

[45] Sonstige Fasern, zu einem erheblichen Teil "Naturfasern", wurden unberücksichtigt gelassen.

tonnage. Die Menge der insgesamt verarbeiteten Fasern in den einzelnen Unternehmen ist sehr unterschiedlich und reicht von wenigen Kilogramm bis zu knapp 5 000 t.

Als Matrix-Werkstoffe werden häufiger Duroplaste als Thermoplaste angegeben; nur knapp ein Fünftel der FVK-verarbeitenden Unternehmen setzt beide Matrix-Werkstoffe ein. Gewichtet nach den insgesamt verarbeiteten Mengen zeigt sich eine deutlichere Dominanz der Duroplaste: knapp 80 vH der in den antwortenden Unternehmen 1989 insgesamt verarbeiteten rund 24 000 t Matrix-Werkstoffe entfällt auf Duroplaste, nur gut 20 vH auf Thermoplaste. Die Unternehmen, die 1988 bereits FVK im eigenen Unternehmen verarbeiteten, setzten dabei wesentlich häufiger als die Unternehmen, die erst in den letzten drei Jahren mit der FVK-Verarbeitung begonnen haben, duroplastische Harzsysteme ein; bei der Gruppe der hinzugekommenen Verarbeiter dominiert dagegen die Verarbeitung von Thermoplasten. Dabei liegen auch die von den neu hinzugekommenen FVK-verarbeitenden Betrieben eingesetzten Mengen an Thermoplasten im Durchschnitt höher als bei den Unternehmen, die bereits früher Thermoplaste für faserverstärkte Werkstoffe einsetzten.

Der relativ hohe Anteil von Unternehmen, die Glaskurzfasern und Thermoplaste verarbeiten, deutet schon auf den hohen Anteil von Unternehmen hin, die gefüllte Thermoplaste einsetzen. Tatsächlich wird das Spritzgießen von gefüllten Thermoplasten von den antwortenden Unternehmen am häufigsten genannt (vgl. Schaubild 5.6/1). Drei Viertel der Unternehmen, die im Zeitraum zwischen erster und zweiter Befragung die eigene Verarbeitung von FVK aufgenommen haben, arbeiten mit diesem Verfahren. Fast ebenso groß wie die Zahl der Spritzgießer ist die Zahl der Unternehmen, die Bauteile aus FVK handlaminieren; dies ist zwar ein relativ einfaches Verfahren, erlaubt aber eine gezielte Ausrichtung der Fasern. Naß-Pressen, das ebenfalls eine Faserorientierung zuläßt, und SMC/GMT-Pressen, das eine Orientierung der Fasern nicht erlaubt, werden dagegen von nur jeweils rund 15 vH der Unternehmen eingesetzt. Alle weiteren Verfahren werden wesentlich seltener genannt.

Die eingesetzten Verarbeitungsverfahren lassen sich danach unterscheiden, ob sie die Orientierung langer Fasern ermöglichen und somit die Möglichkeit bieten, die Belastbarkeit der Bauteile in den Beanspruchungsrichtungen zu erhöhen.[46] Nur knapp 30 vH der FVK-verarbeitenden Unternehmen setzen ausschließlich Verarbeitungsverfahren ein, mit deren Hilfe eine Orientierung der Fasern möglich ist, etwa 45 vH wenden lediglich Verfahren an, die dies nicht erlauben. Ein Viertel der FVK-verarbeitenden Unternehmen setzt Verarbeitungsverfahren beider Gruppen ein. Dabei ist der Anteil der Unternehmen, die Verfahren mit der Möglichkeit der Faserorientierung einsetzen, bei den Unternehmen, die bereits 1988 FVK selbst verarbeiteten, wesentlich höher als bei solchen, die mit der Verarbeitung

---

[46] Zur Gruppe der Verfahren, die im Prinzip eine Faserorientierung ermöglichen, gehören Handlaminieren, Wickeln, Pultrusion, Prepreg-Verarbeitung, Naß-Pressen, Pressen von Prepregs, Injektionsverfahren wie RTM, Schleuderverfahren. Verfahren, die eine Faserorientierung vom Prinzip her nicht erlauben, sind Faserspritzen, BMC-Spritzgießen, Spritzgießen von gefüllten Thermoplasten, SMC-/GMT-Pressen, Extrusion, schneidende und spanende Bearbeitung.

Schaubild 5.6/1

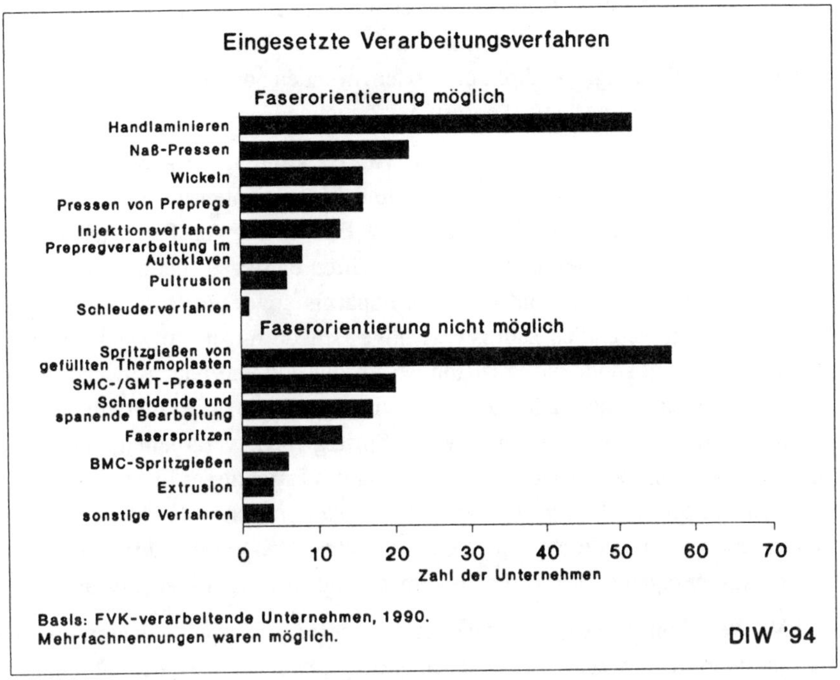

Schaubild 5.6/2

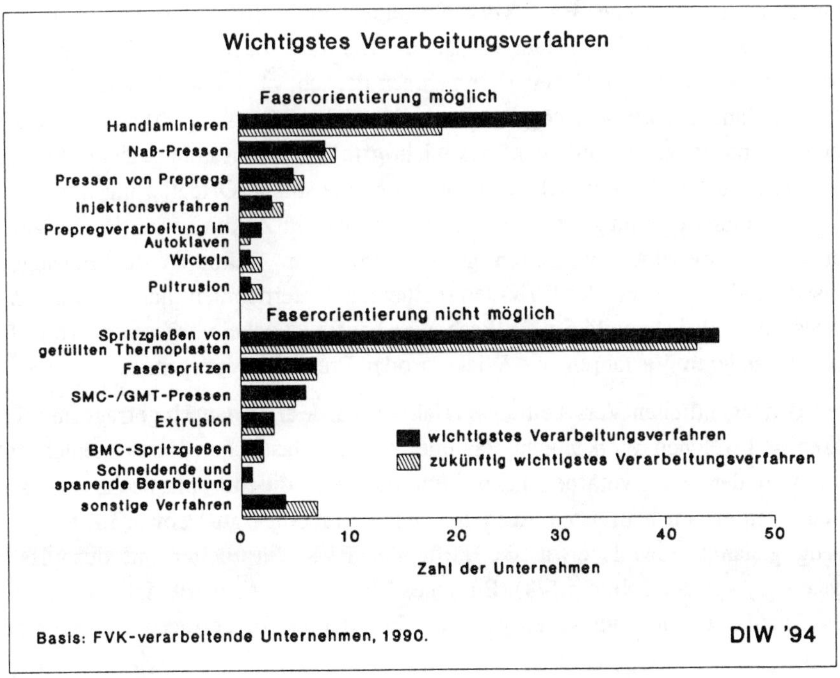

von FVK erst in den Jahren nach 1988 begonnen haben (vgl. Tabelle A 5.6/3). Zwischen den nach den Verarbeitungsverfahren gebildeten Gruppen gibt es offensichtlich kaum Wechsler; FVK-verarbeitende Unternehmen, die 1988 ausschließlich Faserspritzen oder Spritzgießen als Verarbeitungsverfahren einsetzten, wenden auch 1990 kaum Verfahren an, die eine gezielte Orientierung langer Fasern ermöglichen.

Die Nutzung der spezifischen Eigenschaften von FVK durch die Anwendung von Verarbeitungsverfahren, bei denen die Faserlänge und Faserorientierung ausgenutzt werden können und die ausschlaggebenden Gründe für die Einführung von FVK stehen in deutlichem Zusammenhang: Für Unternehmen, die Verfahren einsetzen, bei denen die Orientierung langer Fasern möglich ist, sind Gewichtsersparnis sowie Beständigkeit gegen Umwelteinflüsse/Korrosion wesentlich häufiger wichtige Gründe für die Anwendung von FVK. Festigkeit und Steifigkeit sowie die Präzision bei Produktion und/oder Anwendung spielen dagegen für die Unternehmen häufiger eine wichtige Rolle, die ausschließlich kurze Fasern, überwiegend im Faserspritzen bzw. im Spritzgießen, verarbeiten; die Fallzahlen lassen hier allerdings nur teilweise eine Absicherung des Ergebnisses im statistischen Sinne zu (vgl. Tabelle A 5.6/4). In der Beurteilung der ökonomischen Faktoren gibt es zwar auch Unterschiede zwischen diesen beiden Gruppen von FVK-Verarbeitern, sie sind jedoch weniger stark ausgeprägt und erreichen in keinem Fall das Signifikanzniveau.

Etliche FVK-verarbeitende Unternehmen setzen mehrere Verarbeitungsverfahren gleichzeitig ein. Deshalb wurde zusätzlich danach gefragt, welches der derzeit eingesetzten Verfahren das wichtigste sei. Spritzgießen von gefüllten Thermoplasten und Handlaminieren sind nicht nur die häufigsten, sondern aus Sicht der Unternehmen oft auch die wichtigsten Verarbeitungsverfahren (vgl. Schaubild 5.6/2). Handlaminieren ist eine Methode, die sich vor allem für Versuche, Prototypen etc. eignet und wird erwartbar nur von gut der Hälfte der Anwender dieses Verfahrens als das wichtigste bezeichnet. Unterteilt man die Gesamtheit der FVK-verarbeitenden Unternehmen danach, ob ihr wichtigstes Verfahren die Orientierung langer Fasern ermöglicht, so zeigt sich: Für knapp 40 vH der FVK-verarbeitenden Unternehmen ermöglicht das wichtigste Verfahren eine gezielte Ausrichtung langer Fasern; für die Hälfte sind Verfahren, die eine solche Orientierung nicht ermöglichen, von größter Bedeutung. Bei der Frage nach dem in Zukunft wichtigsten Verfahren werden zumeist dieselben Verfahren genannt, die zum Zeitpunkt der Befragung am wichtigsten sind; nur 20 vH der FVK-verarbeitenden Unternehmen planen für die Zukunft einen Wechsel (vgl. Schaubild 5.6/2). Besonders häufig ist dabei vorgesehen, vom Handlaminieren zu anderen Verfahren wie Wickeln oder Pressen überzugehen.

Neben den eigentlichen Verarbeitungsverfahren wurde auch danach gefragt, mit welchen Verfahren und welchen Werkzeugen Bauteile mit duroplastischen Harzsystemen gehärtet werden. Von den FVK-verarbeitenden Unternehmen, die duroplastische Harzsysteme einsetzen, werden am häufigsten Aushärten bei Raumtemperatur sowie im temperierten Werkzeug genannt (jeweils etwa die Hälfte der FVK-Verarbeiter mit duroplastischen Harzsystemen, vgl. Schaubild 5.6/3). Ein gutes Drittel setzt Aushärteöfen ein; Autoklaven und UV-Strahler werden nur selten genannt. Ein Drittel der befragen Unternehmen beschränkt sich nicht auf ein Verfahren; insbesondere Aushärten bei Raumtemperatur wird oft gleichzeitig mit anderen Vorgehensweisen genutzt.

Schaubild 5.6/3

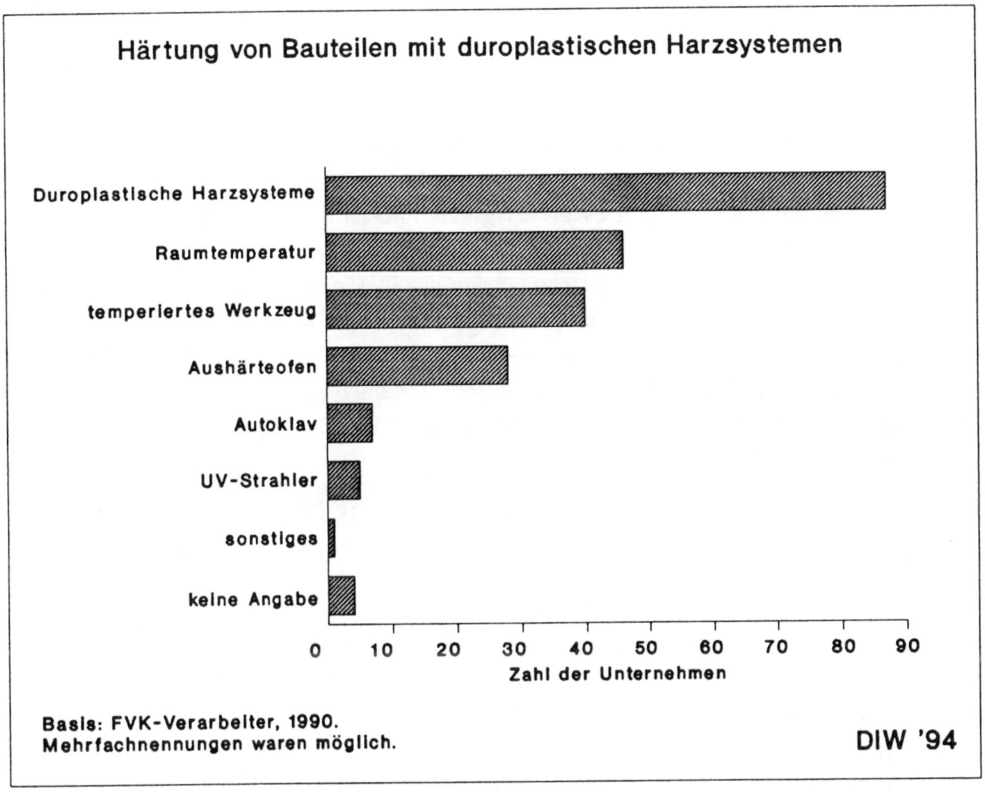

Gut ein Drittel der FVK-verarbeitenden Unternehmen setzt für die Herstellung von Produkten aus FVK ausschließlich mechanisch gesteuerte Maschinen ein; ein knappes Viertel nutzt hierfür ausschließlich NC-/CNC-gesteuerte Maschinen. Die Art der Maschinensteuerung hängt mit dem Zeitpunkt der Anschaffung der Maschinen zusammen; die Unternehmen, die erst seit kurzem (d.h. seit zwei bis drei Jahren) FVK im eigenen Unternehmen verarbeiten, verfügen wesentlich häufiger ausschließlich über NC-/CNC-gesteuerte Maschinen für die Herstellung von Produkten aus FVK als die Unternehmen, die schon länger FVK im eigenen Unternehmen verarbeiten. Auch nach der Branchenzugehörigkeit gibt es beträchtliche Unterschiede: Auffallend ist, daß im Maschinenbau der Anteil der Unternehmen, die für die Herstellung von FVK-Produkten ausschließlich mechanisch gesteuerte Maschinen einsetzen, besonders hoch ist (vgl. Tabelle A 5.6/5).

Gut die Hälfte der FVK-verarbeitenden Unternehmen plante 1990, bis 1992 zusätzliche Maschinen einzusetzen oder den Maschinenpark zu modernisieren; dabei wurde die Modernisierung vorhandener Maschinen etwa gleich häufig mit dem Einsatz zusätzlicher Maschinen genannt (vgl. Tabelle A 5.6/6). Dabei gibt es allerdings bemerkenswerte Unterschiede: Unternehmen, die nur mechanisch gesteuerte Maschinen einsetzen, denken besonders selten daran, den Maschinenpark zu modernisieren; die Verarbeitung von FVK stellt für diese Unternehmen offensichtlich eher einen Produktionsbereich von untergeordneter Bedeutung dar.

Die Fertigung von FVK-Bauteilen für Kunden dominiert bei gut der Hälfte der FVK-verarbeitenden Unternehmen; knapp 40 vH fertigen hauptsächlich für den Einbau in eigene Produkte. Wie zu erwarten, gibt es dabei große Unterschiede nach der Branchenzugehörigkeit der Betriebe: 70 vH der Maschinenbauunternehmen, die FVK im eigenen Unternehmen verarbeiten, und 64 vH der Unternehmen der Elektrotechnik fertigen hauptsächlich für den Einbau in eigene Produkte. Die Unternehmen der Kunststoffverarbeitung produzieren erwartungsgemäß hauptsächlich für Kunden (vgl. Tabelle A 5.6/7). Auffallend ist auch der Befund, daß Unternehmen, die erst seit kurzem FVK im eigenen Unternehmen verarbeiten, dies überdurchschnittlich häufig für den Einbau in eigene Produkte tun..

5.7. Bezug von Bauteilen aus FVK

Mehr als die Hälfte der Unternehmen, die 1990 FVK im eigenen Unternehmen einsetzten, beziehen ausschließlich Bauteile oder Komponenten aus FVK, die - ggf. nach weiterer Bearbeitung - in die eigenen Produkte eingebaut werden. Weitere 10 vH der FVK-Anwender verarbeiten FVK im eigenen Unternehmen und beziehen gleichzeitig Bauteile aus FVK. Dabei gibt es ausgeprägte Unterschiede zwischen den verschiedenen Branchen (vgl. Tabelle A 5.7/1):

- FVK-Anwender im Maschinenbau beziehen überdurchschnittlich häufig alle Bauteile;
- die kleinen und mittleren Unternehmen des Straßenfahrzeugbaus (Kfz-Zulieferindustrie) sind überdurchschnittlich häufig unter den Unternehmen vertreten, die sowohl Bauteile beziehen als auch FVK im eigenen Unternehmen verarbeiten;
- die Unternehmen der Elektrotechnik beziehen überdurchschnittlich häufig Bauteile aus FVK;
- wie zu erwarten, gehören die Unternehmen der Kunststoffverarbeitung besonders selten zu den reinen Beziehern.

Die im Jahre 1989 insgesamt getätigten Aufwendungen für den Zukauf von FVK-Produkten wurden getrennt für Halbzeuge und Bauteile ermittelt. Dabei zeigt sich, daß für Halbzeuge im Durchschnitt wesentlich weniger aufgewendet wurde als für zugekaufte Bauteile (vgl. Schaubild 5.7/1):

- 42 vH der Unternehmen, die Angaben zu den Preisen der bezogenen Halbzeuge machen, haben 1989 dafür weniger als 20 000 DM aufgewendet, 20 vH zwischen 20 000 DM und 50 000 DM; nur ein Viertel der Unternehmen hat mehr als 100 000 DM für den Kauf von Halbzeugen ausgegeben;

Schaubild 5.7/1

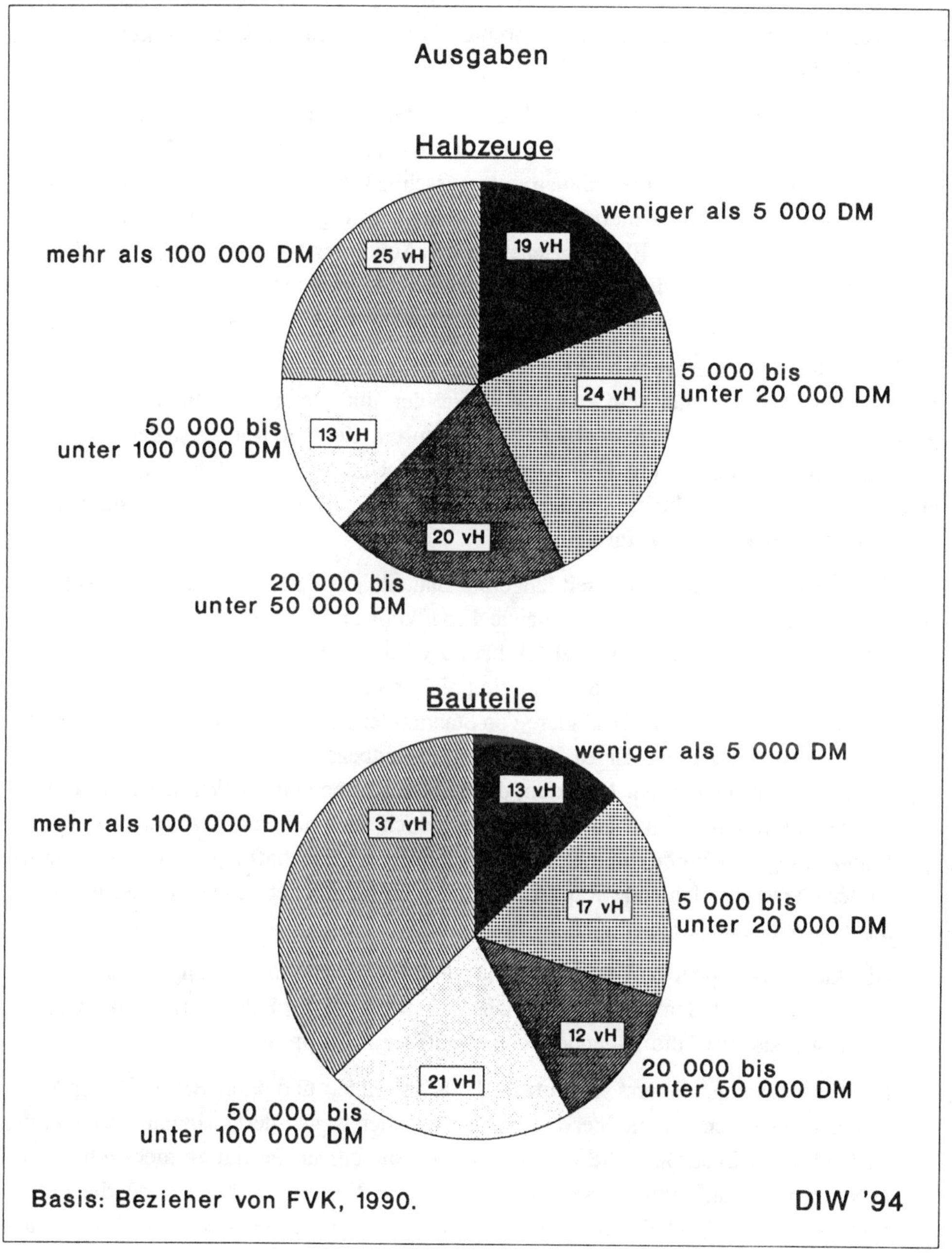

- 30 vH der Unternehmen, die Angaben zu den bezogenen Bauteilen aus Faserverbundkunststoffen machen, haben dafür weniger als 20 000 DM ausgegeben; 58 vH haben mehr als 50 000 DM ausgegeben, darunter 37 vH mit einem Kaufvolumen von mehr als 100 000 DM.

40 vH der FVK-Anwender setzen FVK in mindestens einem Bauteil oder einer Baugruppe mit sicherheitsrelevanten, funktionsbestimmenden oder tragenden Funktionen ein; dieser Anteil ist bei den Unternehmen, die ausschließlich Bauteile aus FVK beziehen, deutlich höher als bei den Unternehmen, die (auch) im eigenen Unternehmen FVK verarbeiten. In der Gruppe der FVK-Bezieher ist der Anteil der Unternehmen, die FVK ausschließlich für nichttragende, nicht sicherheitsrelevante und nicht funktionsbestimmende Bauteile bzw. Baugruppen einsetzen, auffallend gering (vgl. Tabelle A 5.7/2).

Zwei Drittel der Unternehmen, die Bauteile und Komponenten aus FVK beziehen, waren bereits 1988 FVK-Bezieher; ein knappes Viertel der Unternehmen hatte damals die erstmalige Anwendung von FVK geplant, und knapp ein Zehntel war nach den damaligen Angaben im Fragebogen ein FVK-verarbeitendes Unternehmen. Diese drei Gruppen unterscheiden sich hinsichtlich der angegebenen Gründe für den Bezug von Bauteilen aus FVK anstelle der eigenen Verarbeitung.

- Die Unternehmen, die schon seit längerem Bauteile aus FVK beziehen, tun dies hauptsächlich deswegen, weil entsprechende Produktionsmöglichkeiten im eigenen Unternehmen nicht vorhanden sind; gleich häufig wird darauf hingewiesen, daß wegen der zu geringen Menge die eigene Produktion nicht rentabel wäre. In vielen Fällen scheint auch der Fremdbezug (insbesondere von Standardteilen) kostengünstiger als die eigene Produktion. Schließlich ist es durch den Fremdbezug möglich, die Fixkosten zu minimieren. Neben diesen Aspekten, die mit den Kosten und der Wirtschaftlichkeit der eigenen Fertigung zu tun haben, werden jedoch auch fehlendes Know-how für die Entwicklung und Produktion, Schwierigkeiten in der Beschaffung geeigneten qualifizierten Personals, fehlende Kapazitäten (auch in räumlicher Hinsicht) und Probleme mit Umweltschutzauflagen genannt.

- Die kleine Gruppe der Unternehmen, die die eigene Verarbeitung zugunsten des Bezugs von Bauteilen aufgegeben haben, nennen als Gründe hierfür überwiegend Kostengründe bzw. die fehlende Rentabilität der Eigenproduktion.

- Die Unternehmen, die erst seit kurzem FVK anwenden und dafür Bauteile oder Komponenten zukaufen, geben überwiegend an, daß sich wegen der geringen Mengen oder wegen kleiner Losgrößen die Investitionen für die eigene Fertigung nicht lohne. Daneben wird darauf hingewiesen, daß das eigene Know-how fehle, sich die eigene Entwicklung von Bauteilen nicht lohne und die Zukaufteile preisgünstig und mit garantierter Qualität bezogen werden können.

Die Bezieher von FVK-Produkten wurden auch gebeten, eine Beurteilung des Angebots an FVK-Produkten für die eigenen betrieblichen Belange abzugeben. Diese Frage wurde von 40 vH der FVK-beziehenden Unternehmen nicht beantwortet, so daß die folgenden

Aussagen mit besonderer Unsicherheit behaftet sind. Es zeichnen sich folgende Tendenzen ab (vgl. Tabellen A 5.7/3 und A 5.7/4):

- Die Zufriedenheit mit dem Angebot an Halbzeugen ist besonders groß bei den Unternehmen der Elektrotechnik und der Kunststoffverarbeitung.
- Die Zufriedenheit mit dem Angebot an Bauteilen ist besonders groß bei den Unternehmen der Kfz-Zulieferindustrie und bei Unternehmen, die schon seit langem FVK-Bauteile beziehen.
- Nur ein kleiner Teil der Bezieher von FVK-Halbzeugen oder FVK-Bauteilen äußert explizite Unzufriedenheit mit dem Angebot.

Als Gründe für die Unzufriedenheit mit dem Angebot an FVK-Produkten wird vorwiegend genannt, daß nicht ausreichende Bezugsmöglichkeiten vorhanden seien, zu geringe Typenvielfalt bestehe, der Suchaufwand für ein geeignetes Bauteil zu groß sei und die bezogenen Bauteile Qualitätsmängel aufweisen.

5.8. Schwierigkeiten beim Einsatz von FVK

Die Mehrheit der befragten Unternehmen hatte oder hat Schierigkeiten beim Einsatz von FVK. Am häufigsten wurden 1990 - von jeweils 20 vH bis 30 vH der FVK-Anwender - genannt (vgl. Schaubild 5.8/1):

- Schwierigkeiten bei der Entsorgung von Produktionsabfällen,
- technische Schwierigkeiten bei der Konstruktion/Bauteilauslegung,
- Schwierigkeiten bei Umweltschutzauflagen für die Fertigung,
- technische Schwierigkeiten bei der Fertigung/Montage,
- Qualifikation der Mitarbeiter bei der Fertigung/Montage,
- Schwierigkeiten beim Preis-/Leistungsverhältnis bei der Produktion/Fertigung.

Darüber hinaus werden technische Schwierigkeiten bei der Qualitätssicherung, Arbeitsschutzvorschriften, Preis-/Leistungsverhältnis bei Rohstoffen sowie Produkthaftung von jeweils etwa 15 vH der Unternehmen erwähnt.

In der ersten schriftlichen Befragung sind weitgehend die gleichen Schwierigkeiten erwähnt worden. Auch damals wurden primär technische Schwierigkeiten bei Konstruktion/Bauteilauslegung, Fertigung/Montage und Qualitätssicherung, Schwierigkeiten beim Preis/Leistungsverhältnis und bei Recycling/Entsorgung sowie Schwierigkeiten mit der Qualifikation der Mitarbeiter im Bereich Fertigung/Montage genannt.

Zwischen verschiedenen Gruppen von FVK-Anwendern gibt es einige Unterschiede der Häufigkeit, die in Unternehmen in Folge der Anwendung des Werkstoffs zu bewältigen waren. Wie zu erwarten nennen Unternehmen, die FVK selbst verarbeiten, signifikant häufiger als die Bezieher von FVK-Bauteilen Schwierigkeiten mit den Umwelt- und Arbeitsschutzvorschriften für die Fertigung sowie mit der Entsorgung von Produktionsabfällen. Auch das Preis-/Leistungsverhältnis bei den Rohstoffen und die Qualifikation der Mitarbeiter in der Fertigung/Montage stellen für FVK-Verarbeiter wesentlich häufiger ein Problem dar. Unternehmen, die FVK-Bauteile zum Einbau in die eigenen Produkte

Schaubild 5.8/1

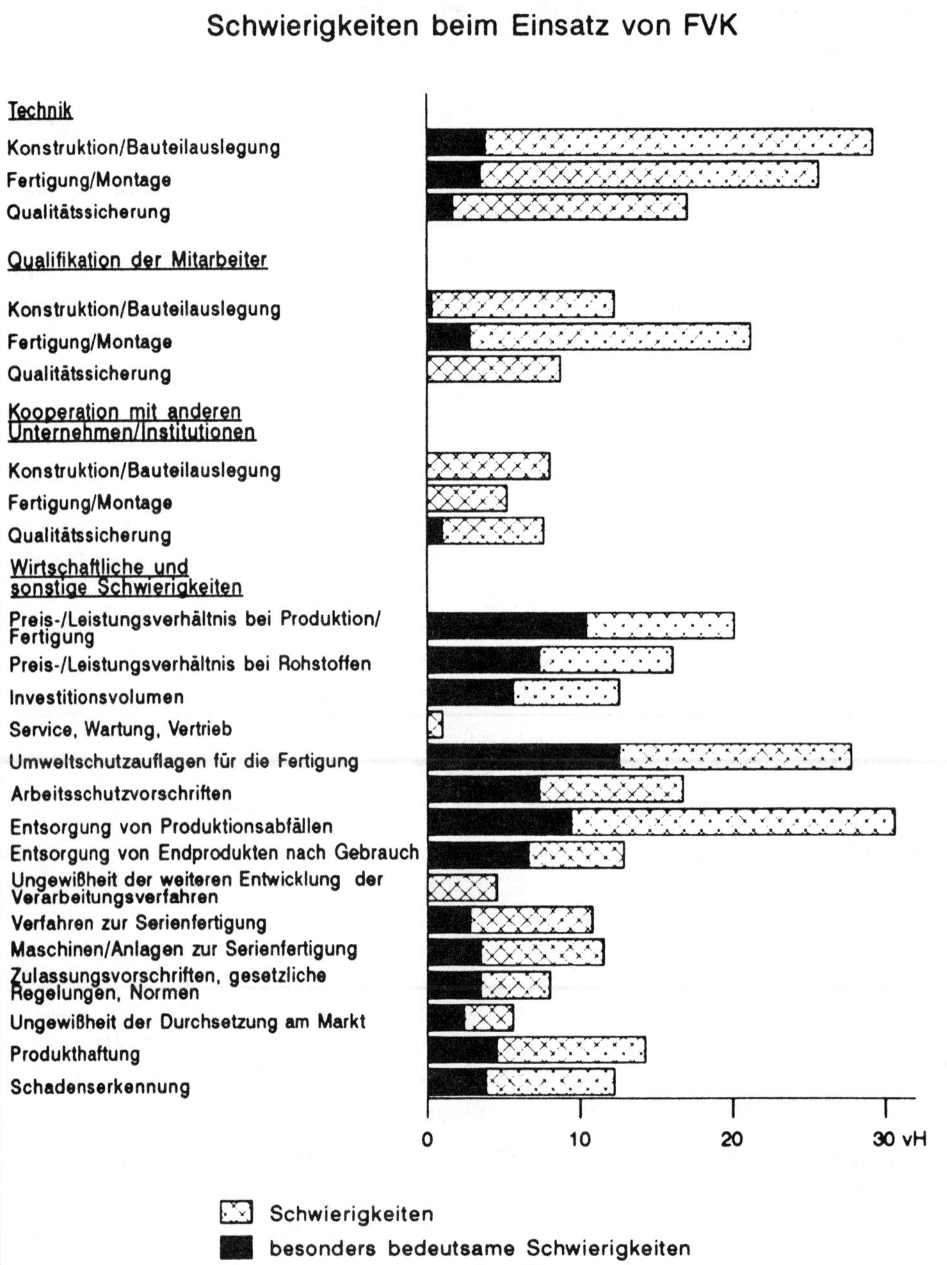

Basis: FVK-Anwender, 1990.
Mehrfachnennungen waren möglich.

DIW '94

beziehen, haben dagegen häufiger Probleme der Kooperation mit anderen Unternehmen/Institutionen, die bei Fragen der Qualitätssicherung besonders ausgeprägt sind (vgl. Tabelle A 5.8/1). Deutlich zeigen sich auch branchenspezifische Problemmuster, die jedoch auf den unterschiedlichen Anteil FVK-verarbeitender Unternehmen in den einzelnen Branchen zurückzuführen sein dürften (vgl. Tabelle A 5.8/2). Schließlich besteht ein Zusammenhang mit den Einsatzgebieten von FVK: Technische Schwierigkeiten treten verstärkt bei der Konstruktion und Auslegung von sicherheitsrelevanten, tragenden oder funktionsbestimmenden Bauteilen auf, und von diesen Unternehmen werden auch wesentlich häufiger Probleme mit dem Investitionsvolumen genannt (vgl. Tabelle A 5.8/3).

Neben der Häufigkeit des Auftretens der Schwierigkeiten gaben die Unternehmen auch die Bedeutung an, die diese derzeit haben. Als besonders bedeutsame Schwierigkeiten werden von jeweils mindestens 10 vH der Unternehmen Umweltschutzauflagen für die Fertigung und das Preis-/Leistungsverhältnis bei Produktion/Fertigung erwähnt. Insgesamt sind die technischen Schwierigkeiten und auch die Schwierigkeiten mit der Qualifikation der Mitarbeiter für die Unternehmen nur recht selten bedeutsame Probleme (vgl. Schaubild 5.8/1). Offensichtlich sind diese Probleme nach eigener Einschätzung der Unternehmen leichter lösbar. Die wirtschaftlichen Schwierigkeiten (Preis-/Leistungsverhältnis, Investitionsvolumen) und die durch Umweltschutzbestimmungen ausgelösten Schwierigkeiten (Umwelt- und Arbeitsschutz bei der Fertigung, Entsorgung von Produktionsabfällen sowie bei Endprodukten nach dem Gebrauch) sind für die Unternehmen offensichtlich schwieriger zu lösen und werden deshalb häufiger als besonders bedeutsame Schwierigkeiten genannt.

Auch bei den besonderen Schwierigkeiten sind die Angaben weitgehend ähnlich wie bei der Befragung von 1988. Auch damals wurden als bedeutsame Schwierigkeiten das Preis/Leistungsverhältnis sowie Recycling/Entsorgung genannt. Die Ergebnisse der Befragung lassen *nicht* den Schluß zu, daß die Unternehmen, die den FVK-Einsatz abgebrochen haben, bei der Anwendung von FVK häufiger auf Schwierigkeiten gestoßen sind als andere Unternehmen. Die Unternehmen, die zwischen der ersten und der zweiten Befragung den FVK-Einsatz oder entsprechende Planungen abgebrochen haben, unterscheiden sich in den 1988 geäußerten Schwierigkeiten nur wenig von den Unternehmen, die auch 1990 noch FVK einsetzen. Allenfalls läßt sich eine leichte Tendenz dahingehend ablesen, daß für Unternehmen, die den Einsatz von FVK oder entsprechende Planungen abgebrochen haben, einige wirtschaftliche Schwierigkeiten (wie Investitionsvolumen, Ungewißheit der Durchsetzung am Markt) eine etwas größere Rolle spielten als bei den Unternehmen, die FVK weiter anwenden. Technische Schwierigkeiten wurden von den späteren Abbrechern vergleichsweise seltener genannt. Auf die Frage, warum der Einsatz von FVK abgebrochen wurde bzw. warum FVK für die Produkte gegenwärtig nicht in Betracht kommt, gab es von den Abbrechern am häufigsten Antworten des Typs "in der Branche nicht zu gebrauchen", "grundsätzlich technisch für unsere Anwendungen nicht zu gebrauchen". In zweiter Linie - aber mit deutlichem Abstand - werden Gründe wie "kein Bedarf", "Vorteile nicht erkennbar" genannt. Insgesamt hatten die Abbrecher schon 1988 die zukünftige Bedeutung von FVK für ihr Unternehmen deutlich geringer eingeschätzt als die damaligen Anwender, die auch heute noch zu den Anwendern gehören bzw. die Anwendung weiter planen.

5.9. Informations- und Beratungsbedarf bei der Anwendung von FVK

Schwierigkeiten bei der FVK-Anwendung können in den Unternehmen - wenn sie nicht durch den Werkstoff selbst bedingt sind - durch Verbesserung der eigenen Kompetenz oder durch gezielte Beschaffung von Information bzw. Beratung durch Externe überwunden werden.

Bei der schriftlichen Befragung geben von den 399 Unternehmen, die dazu Angaben gemacht haben, 279 eine Einrichtung, 106 zwei Einrichtungen und 14 Unternehmen drei Einrichtungen an, an die sie sich zwecks Befriedigung ihres Informations- bzw. Beratungsbedarfs wenden würden. Von den insgesamt 399 Nennungen bezieht sich ein Drittel auf Zulieferer. Häufig genannt werden außerdem Institute, "andere" Unternehmen und schon seltener Demonstrationszentren für Faserverbundkunststoffe, die 1989 zur Unterstützung der FVK-Anwendung in kleinen und mittleren Unternehmen vom BMFT eingerichtet wurden. Von allen von den Unternehmen aufgeführten Informations- und Beratungseinrichtungen haben die Demonstrationszentren einen Anteil von 6 vH. Aber auch unter den als Instituten genannten Einrichtungen dürfte es sich teilweise um Demonstrationszentren handeln. So weisen einige Basisinstitute dieser Zentren erst später - und manchmal auch sehr zurückhaltend - auf das gegründete Demonstrationszentrum hin (vgl. Schaubild 5.9/1 und Tabelle A 5.9/1).

Auffallend ist, daß Unternehmen, die sowohl FVK verarbeiten als auch beziehen, relativ häufig "andere" Unternehmen erwähnen, während dieser Anteil bei denen, die ausschließlich FVK verarbeiten, verhältnismäßig gering ist. Relativ oft werden von letzteren die Demonstrationszentren als Einrichtungen für Informations- und Beratungsbedarf genannt.

Bei der Differenzierung nach Branchen zeigt sich, daß von Unternehmen der KfZ-Zulieferindustrie verhältnismäßig selten mehr als eine Einrichtung für Information und Beratung genannt wird, während die Unternehmen der übrigen Branchen, d.h. insbesondere der Feinmechanik und Optik, des Luft- und Raumfahrzeugbaus und des Schiffbaus häufiger mehr als eine Einrichtung erwähnen, an die sie sich bei Bedarf wenden würden. Für Informations- und Beratungszwecke werden von den KfZ-Zulieferern überdurchschnittlich oft Lieferanten genannt, während diese von den "restlichen" Branchen nur unterdurchschnittlich häufig erwähnt werden. Demgegenüber würden sich Unternehmen der Kunststoffverarbeitung nur verhältnismäßig selten an "andere" Unternehmen wenden. Demonstrationszentren werden von den Unternehmen der übrigen Branchen relativ häufig genannt (vgl. Tabelle A 5.9/2).

Besonders die kleineren Unternehmen würden sich anders als die großen Unternehmen, die ihren Beratungsbedarf vorwiegend bei Informations- und Beratungsinstitutionen decken und dabei auf mehr als eine zurückgreifen würden, vorwiegend an Lieferanten wenden.

Wird nach der Bedeutsamkeit von FVK für die Unternehmen differenziert, so werden mit wachsender Bedeutung von FVK auch öfter mehr als eine Informations- und Beratungsinstitution genannt. Auffallend ist die relativ häufige Nennung der Demonstrationszentren

Schaubild 5.9/1

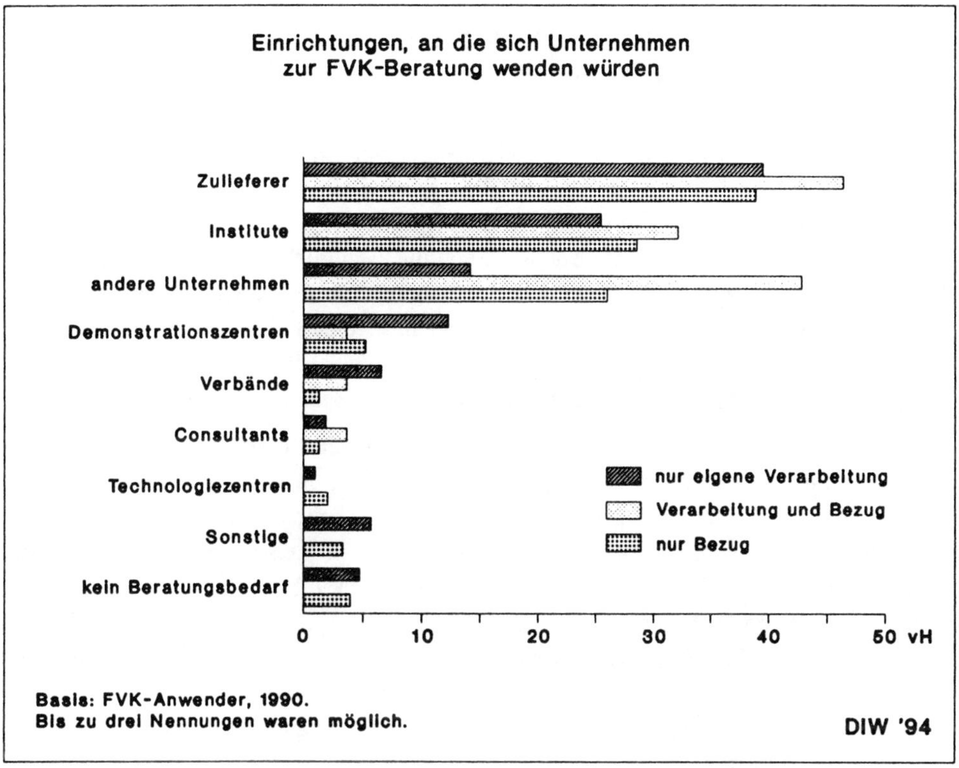

für Faserverbundkunststoffe von Unternehmen, die FVK als unverzichtbar angeben. Auch nennen Unternehmen, die (noch) nicht mit einem bedeutsamen FVK-Verfahren begonnen haben, als mögliche Beratungseinrichtung auffallend häufig Institute und Demonstrationszentren.

Verarbeiter von Kohlenstoffasern würden sich nur in relativ geringem Maße von Zulieferern und "anderen" Unternehmen, aber verhältnismäßig häufig von Instituten und Demonstrationszentren informieren lassen. Auch die Verarbeiter von Aramidfasern nennen verhältnismäßig oft Institute als für sie mögliche Beratungseinrichtungen. Das dürfte dafür sprechen, daß Institute und Demonstrationszentren eine relativ große Kompetenz bei der Verarbeitung von Kohlenstoff- und Aramidfasern zugesprochen wird und die Kenntnis über die Verarbeitung dieser Fasern noch nicht soweit verbreitet ist wie diejenige von Glasfasern. Denkbar ist auch, daß Unternehmen, die FVK technisch anspruchsvoll entwickeln (wollen), keine Schwierigkeiten haben, sich von den wissenschaftlich arbeitenden Instituten oder Demonstrationszentren beraten zu lassen (vgl. Tabelle A 5.9/3).

Unternehmen, die nicht ausdrücklich angeben, daß für sie die Demonstrationszentren für Faserverbundkunststoffe unbekannt sind, dazu rechnen auch solche, die die einschlägige Frage nicht beantwortet haben, würden die Zentren häufiger als diejenigen Unternehmen, die die Demonstrationszentren nicht kennen, nutzen; sie nennen verhältnismäßig wenig Zulieferer und "andere" Unternehmen. Diese Unternehmen - sofern sie nicht FVK-Verarbeiter sind -, scheinen das Beratungsfeld im allgemeinen besser zu kennen als diejenigen, bei denen Demonstrationszentren unbekannt sind; sie nennen relativ häufig mehr als eine Beratungseinrichtung.

Bei der Frage, welche Leistungen die Unternehmen von Informations- und Beratungseinrichtungen gegebenenfalls in Anspruch nehmen würden (Frage 33), nennen jeweils mehr als die Hälfte der Unternehmen, die hierzu Angaben machten, Beratung bezüglich Materialauswahl, allgemeine Informationen und Beratung bezüglich Konstruktion/Auslegung. Häufig werden außerdem Beratung bezüglich Fertigung, Seminare/Schulungen, Bauteilberechnung sowie Entwicklung von Prototypen erwähnt. Keine Leistungen wollen 16 Unternehmen in Anspruch nehmen, wobei als Begründung u.a. genannt wird: Anwendung von FVK ist zu speziell bzw. FVK hat keine oder nur geringe Bedeutung für das Unternehmen.

Relativ viele Leistungen würden Unternehmen, die sowohl Verarbeiter als auch Bezieher von FVK sind sowie auch anspruchsvolle FVK-Bezieher, in Anspruch nehmen wollen. Verarbeiter von FVK würden überdurchschnittlich oft Seminare/Schulungen und relativ wenig Beratung bezüglich Entwicklung von Prototypen als Leistungen in Anspruch nehmen. Verarbeiter von FVK würden überdurchschnittlich oft Seminare/Schulungen und relativ wenig Beratung bezüglich Entwicklung von Prototypen sowie Konstruktion/Auslegung nachfragen. Bezieher von FVK würden relativ oft allgemeine Informationen, Beratung bezüglich Konstruktion/Auslegung sowie Entwicklung von Prototypen als Leistung in Anspruch nehmen. Unternehmen, die sowohl Verarbeiter als auch Bezieher von FVK sind, würden relativ häufig folgende Leistungen nachfragen: Seminare/Schulungen, Beratung bezüglich Fertigung sowie Materialauswahl und Bauteilprüfung. Die Planer zeigen relativ großes Interesse für Beratung bezüglich Konstruktion/Auslegung sowie Bauteilprüfung. Die Abbrecher haben im allgemeinen verhältnismäßig geringes Interesse an der Inanspruchnahme von Beratungsleistung (vgl. Schaubild 5.9/2).

Relativ viele Leistungen würden FVK-Anwender des Maschinenbaus und relativ wenige Kunststoffverarbeiter in Anspruch nehmen wollen. Überdurchschnittlich interessieren sich Unternehmen des Maschinenbaus für Beratung bezüglich Konstruktion/Auslegung sowie Bauteilberechnung. KfZ-Zulieferer zeigen relativ wenig Interesse für Beratung bezüglich Materialauswahl und Bauteilprüfung; beides scheint häufig vom Automobilbau vorgegeben bzw. durchgeführt zu werden. Unternehmen der Elektrotechnik nennen in unterdurchschnittlichem Umfang Bauteilprüfung. Verhältnismäßig wenig sind Unternehmen der Kunststoffverarbeitung an allgemeinen Informationen und Beratung bezüglich Materialauswahl interessiert (vgl. Tabelle A 5.9/4).

Kleinere Unternehmen würden in geringerem Umfang Leistungen bezüglich FVK-Anwendung in Anspruch nehmen als größere. Die kleineren Unternehmen nennen auch weniger Einrichtungen, an die sie sich zwecks Informations- und Beratungsbedarf wenden würden; relativ oft werden dann Zulieferer genannt. Bei den kleineren Unternehmen scheint oft eine gewisse Scheu zu bestehen, sich extern beraten zu lassen und außerdem

Schaubild 5.9/2

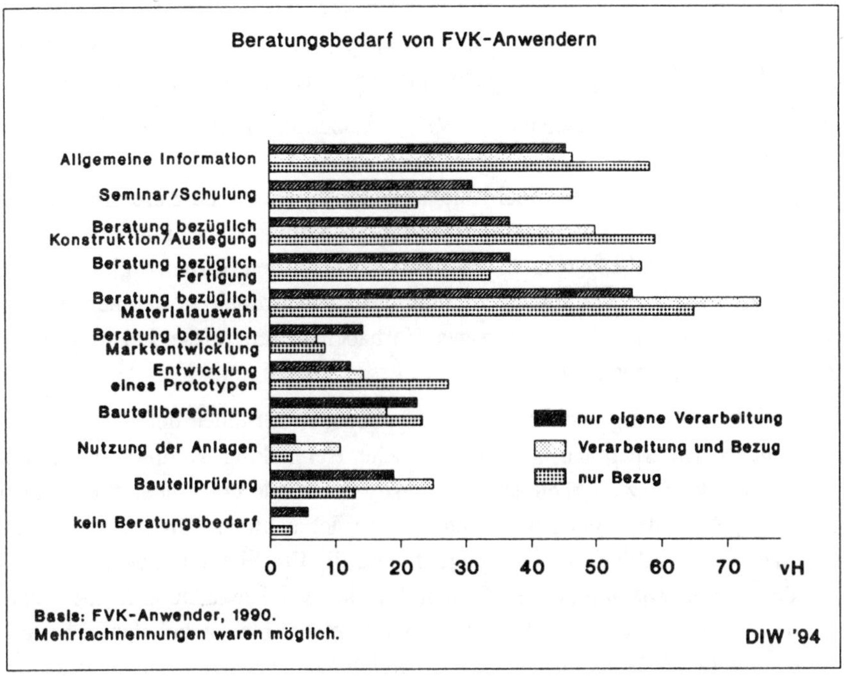

Schaubild 5.9/3

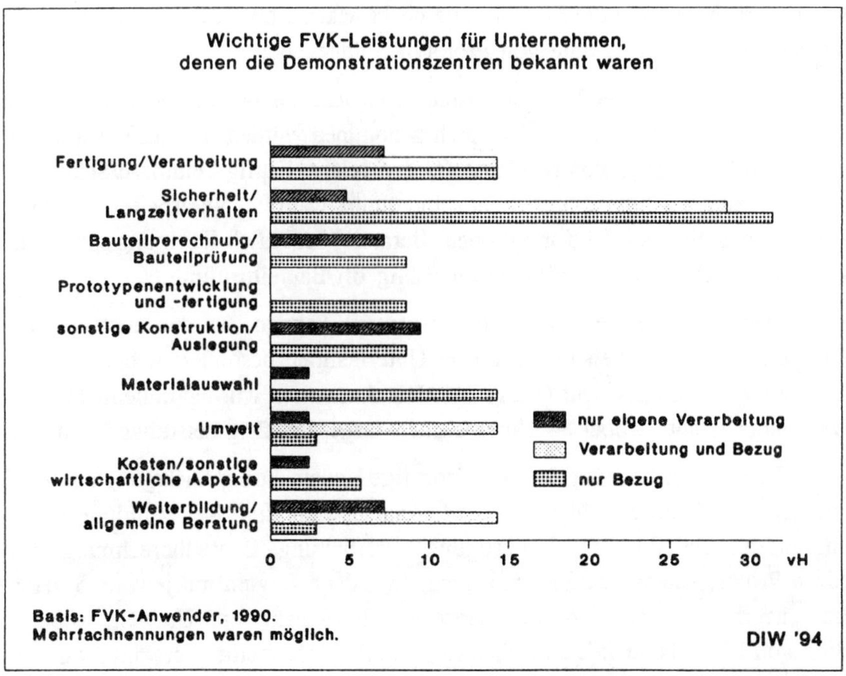

scheinen sie schlechter darüber informiert zu sein als größere Unternehmen, an wen sie sich bezüglich Beratung und Information wenden könnten. Relativ wenig sind kleinere Unternehmen an Seminaren/Schulungen interessiert; dabei besteht wahrscheinlich die Furcht, daß diese zu wenig praxisbezogen sind (vgl. Tabelle A 5.9/5).

Unternehmen mit einem bedeutsamen FVK-Vorhaben in den letzten drei Jahren nennen relativ viele Leistungen, die sie in Anspruch nehmen würden; gleiches gilt für Unternehmen, bei denen dieses Vorhaben (noch) nicht begonnen wurde. Letztere sind in besonderem Maße an allgemeinen Informationen sowie an Seminaren/Schulungen interessiert. Unternehmen mit einem bedeutsamen FVK-Vorhaben in den letzten drei Jahren nennen auch relativ oft Seminare/Schulungen als mögliche in Anspruch zu nehmende Leistung, während Unternehmen, die kein derartiges Vorhaben hatten, diese Leistung auffallend wenig erwähnen (vgl. Tabelle A 5.9/6).

Bei einer Unterscheidung nach den ausschlaggebenden Gründen der FVK-Anwendung nennen besonders Unternehmen, die die einfache Herstellung komplexer Geometrien, Erhaltung der Konkurrenzfähigkeit sowie "sonstige" Gründe erwähnen, viele Leistungsarten, die sie gegebenenfalls bei Beratungen in Anspruch nehmen würden. Schulungen/Seminare werden auffallend häufig von Unternehmen, die Erschließung neuer Märkte sowie Erhaltung der Konkurrenzfähigkeit als Gründe für die FVK-Anwendung nennen, erwähnt. Beratung bezüglich Konstruktion/Auslegung wird relativ häufig bei der Erhaltung der Konkurrenzfähigkeit als Grund für die FVK-Anwendung angegeben. Von Unternehmen die Präzision bei der Produktion und/oder Anwendung, Erhaltung der Konkurrenzfähigkeit sowie "sonstige" Gründe für die FVK-Anwendung nennen, wird großes Interesse an der Beratung bezüglich Materialauswahl gezeigt. Als möglicherweise nachzufragende Leistung wird von Unternehmen, die die Entwicklung neuer Märkte als Grund für die FVK-Anwendung erwähnen, die Entwicklung von Prototypen angegeben.

Die Art der zu verarbeitenden Fasern hat offensichtlich nur geringen Einfluß darauf, welche Leistungen gegebenenfalls in Ansprch genommen würden. Im einzelnen ist lediglich auffallend, daß Verarbeiter von Kohlenstoffasern relativ häufig Seminare/Schulungen als Leistung erwähnen, die für sie interessant sein könnte, während Verarbeiter von Aramidfasern relativ wenig allgemeine Informationen, Beratung bezüglich Fertigung sowie Entwicklung von Prototypen nennen und verhältnismäßig oft Bauteilprüfung.

Die Unternehmen, die die Demonstrationszentren kennen, wurden auch gebeten mitzuteilen, welche externen Leistungen für ihr Unternehmen besonders wichtig seien; dabei wurden keine Vorgaben gemacht (Frage 39). Die Antworten wurden in neun Themenkomplexe zusammengefaßt, wobei 84 Unternehmen insgesamt 204 Leistungen nannten.

Mit 25 vH wurde der Leistungskomplex sonstige Konstruktion/Auslegung am häufigsten genannt, gefolgt mit jeweils 14 vH von Materialauswahl und Weiterbildung/allgemeine Beratung und jeweils 10 bis 11 vH Fertigung/Verarbeitung, Bauteilberechnung und -prüfung sowie Prototypenentwicklung und -fertigung; dann folgten mit jeweils 5 vH Sicherheit/Langzeitverhalten, Kosten/sonstige wirtschaftliche Aspekte und Umwelt, wobei sowohl Recycling von FVK als auch Umweltbelastung bei der Herstellung erwähnt wurden. Von diesen Unternehmen, die Demonstrationszentren kannten, wurden damit in dieser offenen Frage 39 nach den besonders wichtigen externen Leistungen ähnliche Angaben gemacht, wie sie von allen Unternehmen bei der Beantwortung der Frage 33 nach der möglichen Inanspruchnahme von Leistungen gegeben wurden (vgl. Schaubild 5.9/3).

Für den Informations- und Beratungsbedarf von FVK-Anwendern kann also zusammengefaßt werden:

- Unternehmen würden sich bei Beratungsbedarf vorwiegend an Zulieferer (insbesondere Rohstoffhersteller), Institute, andere Unternehmen, aber auch Demonstrationszentren für FVK wenden.
- Als Leistungen würden die Unternehmen insbesondere Beratung bezüglich Materialauswahl, allgemeine Information, Beratung bezüglich Konstruktion/Auslegung, Beratung bezüglich Fertigung, Seminare/Schulungen sowie Bauteilberechnungen nachfragen.

5.10. Erfolgte Beratung bei der Anwendung von FVK

Zwei Drittel der 371 Unternehmen, die dazu Angaben gemacht haben, sind bezüglich der Anwendung von FVK - z.T. mehrfach - beraten worden. Drei Viertel dieser 254 Unternehmen wurden von Rohstoffherstellern, drei Zehntel von sonstigen Unternehmen, ein Viertel von Hochschulen/anderen gemeinnützigen Einrichtungen, ein Achtel von Consultant/Ingenieurbüros/gewerblichen Beratern und lediglich vier Unternehmen von sonstigen Institutionen wie dem Kunststoffinstitut der Mittelständischen Wirtschaft in Lüdenscheid beraten.

Relativ oft wurden Unternehmen, die sowohl Verarbeiter als auch Bezieher von FVK sind, von verschiedenen Einrichtungen informiert. Als Berater dominierten Rohstoffhersteller und "sonstige" Unternehmen. Unternehmen, die ausschließlich verarbeiten, ließen sich speziell von Rohstoffherstellern und Hochschulen und relativ selten von "sonstigen" Unternehmen beraten. Die Bezieher fragten überproportional häufig bei "sonstigen" Unternehmen nach Rat. Sowohl Planer als auch Abbrecher haben relativ wenig Beratung genutzt. Unterdurchschnittlich war die Inanspruchnahme von Beratungsleistungen bei Beziehern mit weniger anspruchsvoller FVK-Anwendung; dabei fällt die geringe Beratung durch Hochschulen auf (vgl. Schaubild 5.10/1).

Die Differenzierung nach Branchen ergibt, daß drei Fünftel der Unternehmen des Maschinenbaus, aber vier Fünftel der Elektrotechnik, sich haben beraten lassen.[47] Dabei nannten Unternehmen des Maschinenbaus die relativ meisten Einrichtungen und die KfZ-Zulieferer verhältnismäßig wenigsten. Unternehmen der Kunststoffverarbeitung und der Elektrotechnik wurden vorwiegend von Rohstoffherstellern beraten. Rat bei Hochschulen

[47] Dabei sind nur Angaben berücksichtigt worden, die eindeutig erkennen lassen, ob das Unternehmen beraten wurde oder nicht.

Schaubild 5.10/1

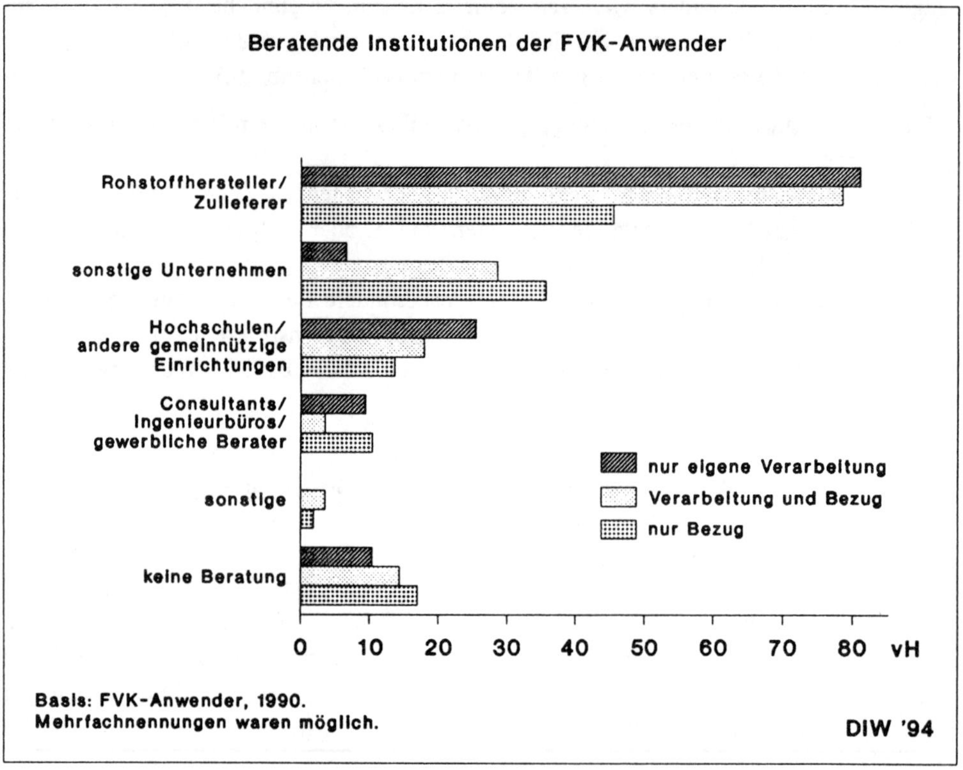

suchten insbesondere Unternehmen der Kunststoffverarbeitung und relativ wenige des Maschinenbaus (vgl. Tabelle A 5.10/1).

Am häufigsten ließen sich Unternehmen mit der Größenklasse 200 bis 499 Beschäftigte beraten. Bei diesen betrug der Anteil 82 vH, bei größeren Unternehmen waren es etwa zwei Drittel. Insgesamt kann aus den Befragungsergebnissen gefolgert werden, daß kleine und mittlere Unternehmen gegenüber Beratung offen sind, sie kennen auch die verschiedenen Einrichtungen für Informationen, haben aber im Gegensatz zu den größeren Unternehmen geringere eigene Forschungs- und Entwicklungskapazitäten im FVK-Bereich.

Wird bei den Verarbeitern nach den verwendeten Fasern differenziert, zeigt sich kein signifikanter Unterschied bezüglich der Beratungshäufigkeit. Abweichungen sind aber bei den Beratungseinrichtungen festzustellen. Ähnlich wie bei der Anwort auf die Frage nach dem Beratungsbedarf lassen sich Verwender von Kohlenstoff- und Aramidfasern im Verhältnis zu den Verwendern von Glasfasern häufig von Hochschulen und Consultants und weniger von Rohstoffherstellern und "sonstigen" Unternehmen informieren.

Der überwiegende Teil derjenigen Unternehmen, die sich haben beraten lassen, ist im Rahmen normaler Geschäftsbeziehungen informiert worden; von den Unternehmen, die hierzu Angaben gemacht haben, waren es 93 vH (vgl. Tabelle A 5.10/2). Dabei gibt es keinen signifikanten Unterschied zwischen Verarbeitern und Beziehern. Die Beratung erfolgte vorwiegend, nämlich zu 74 vH, für ein konkretes Projekt; insbesondere waren es Bezieher und hier wiederum die anspruchsvollen Bezieher von FVK (vgl. Tabelle A 5/10.3). Von den 294 Unternehmen, die angeben, daß sie Beratungen im Rahmen der FVK-Anwendung erhalten haben oder diese Frage nicht beantworten, werden von 176 Unternehmen Angaben darüber gemacht aus welcher Region (Postleitzahlenbereich)[48] die Beratungseinrichtung kommt; 168 Angaben konnten ausgewertet werden. Insgesamt werden 301 Regionen genannt, aus denen Berater kamen, da von den Unternehmen bis zu fünf Angaben gemacht werden. Werden die acht einstelligen Postleitzahlenbereiche den Postleitzahlen der Unternehmen gegenüberstellt, so zeigt sich, daß 135 Unternehmen demselben einstelligen Postleitzahlenbereich zugerechnet werden können, d.h. 45 vH der Berater kommen aus der so definierten gleichen Region wie die Unternehmen. Daraus könnte gefolgert werden, daß die örtliche Nähe der Beratungseinrichtungen zum Unternehmen eine wichtige Rolle für ihre Inanspruchnahme ist. Es könnte aber auch sein, daß Unternehmen sich zuerst an die örtlich nächste Beratungseinrichtung wenden; sie würden aber auch eine weiter entfernte Beratungseinrichtung akzeptieren.

Für durchgeführte Beratungen von FVK-Anwendern kann also zusammengefaßt werden:

- Etwa zwei Drittel der Unternehmen waren zur Zeit der Befragung bezüglich FVK beraten worden - davon überwiegend von Rohstoffherstellern.
- Die Beratung erfolgte fast ausschließlich im Rahmen der normalen Geschäftsbeziehungen und wurde vorwiegend für die Beratung für ein konkretes Projekt in Anspruch genommen. Die Berater kamen zu knapp 50 vH aus der gleichen Region (einstelliger Postleitzahlenbereich) wie die Unternehmen.

5.11. Bekanntheit der Demonstrationszentren im Herbst 1990

Das BMFT hat 1989/1990 sieben Demonstrationszentren für Faserverbundkunststoffe zur Unterstützung und Beratung der kleinen und mittleren Unternehmen bei der FVK-Anwendung eingerichtet. Zur Zeit der Befragung im Herbst 1990 gaben 287 Unternehmen an, daß sie diese Einrichtungen nicht kennen; nur 80 Unternehmen - das sind 22 vH - waren die Demonstrationszentren bekannt (vgl. Tabelle A 5.11/1). Etwa zwei Drittel dieser Unternehmen hatten durch Fachzeitschriften davon Kenntnis erlangt, während jeweils etwa 20 bis 30 vH durch Kongresse, Broschüren, Institute und persönliche Kontakte davon gehört hatten (vgl. Schaubild 5.11/1). Während jedes dritte FVK-verarbeitende Unternehmen - bei den anspruchsvoll FVK-verarbeitenden Unternehmen waren es noch deutlich mehr - die Demonstrationszentren kannte, waren es bei den Beziehern von FVK und denjenigen, die sowohl Bezieher als auch Verarbeiter sind, nur jedes fünfte Unternehmen; bei ihnen ist kaum ein Unterschied zwischen anspruchsvoller und weniger anspruchsvoller Anwendung festzustellen. Von den Planern hatte jedes sechste und von den Abbrechern nur jedes

[48] Postleitzahlenbereiche wie sie bis zum 30.06.1993 galten.

zehnte Unternehmen von den Demonstrationszentren gehört. Zwischen Verarbeitern und Beziehern zeigen sich auch deutliche Unterschiede bezüglich dessen, wie Unternehmen auf die Demonstrationszentren aufmerksam wurden.

Wie zu erwarten, wurden Verarbeiter, die die Demonstrationszentren kannten, weit überproportional, durch persönliche Kontakte und Kongresse auf die Demonstrationszentren aufmerksam, während durch Fachzeitschriften beide Unternehmensgruppen in etwa gleich stark darüber informiert wurden. Verarbeiter von FVK kennen sich im Umfeld der Kunststoffverarbeiter im allgemeinen besser aus als die Bezieher; sie werden häufig auch persönlich informiert und besuchen Kunststoffkongresse. Anspruchsvolle Verarbeiter von FVK sind in deutlich größerem Maße durch Kongresse und Institute auf die Demonstrationszentren aufmerksam gemacht worden als weniger anspruchsvolle FVK-Verarbeiter.

Unternehmen der Kunststoffverarbeitung kannten häufiger als Unternehmen des Maschinenbaus, der Elektrotechnik und der KfZ-Zulieferindustrie Demonstrationszentren.

Mit steigender Größe der Unternehmen nimmt die Kenntnis über die Demonstrationszentren zu. Kleinere Unternehmen, die die Zentren im Herbst 1990 kannten, sind relativ oft durch persönliche Kontakte auf sie aufmerksam geworden. Größere Unternehmen nannten verhältnismäßig häufig als Informanten Institute und auch Fachzeitschriften, aber weniger persönliche Kontakte und Broschüren.

Unternehmen, die in den letzten drei Jahren ein bedeutsames FVK-Vorhaben realisierten, kannten die Demonstrationszentren etwa doppelt so häufig wie diejenigen, die kein bedeutsames FVK-Vorhaben hatten und waren über die Demonstrationszentren auffallend häufig auf Kongressen informiert worden.

Wird nach den Gründen für die FVK-Anwendung differenziert, so waren Demonstrationszentren etwas häufiger bei Unternehmen bekannt, die als Gründe Erschließung neuer Märkte, Erhaltung der Konkurrenzfähigkeit sowie "sonstige" Gründe, d.h. insbesondere Materialeigenschaft angaben. Bezüglich der Art und Weise, wie die Unternehmen auf die Demonstrationszentren aufmerksam wurden, ergeben sich im allgemeinen keine größeren Abweichungen zwischen den Unternehmen, die verschiedene Gründe für die FVK-Anwendung genannt haben.

Verarbeiter von Kohlenstoff- und Aramidfasern kannten Demonstrationszentren im Herbst 1990 deutlich öfter als Glasfaserverarbeiter. Von denjenigen Unternehmen, die Demonstrationszentren kannten, waren Glasfaserverarbeiter erheblich häufiger durch Fachzeitschriften und Broschüren, aber weniger durch Kongresse auf Demonstrationszentren aufmerksam geworden als andere Faserverarbeiter.

Zur Zeit der Befragung, die allerdings relativ kurz nach Gründung der Demonstrationszentren durchgeführt wurde, konnten 32 Unternehmen konkret Demonstrationszentren für Faserverbundkunststoffe benennen; 17 Unternehmen nannten zwei, fünf gaben drei an, drei erwähnten vier und je zwei nannten gar fünf, sechs und sieben Demonstrationszentren. Insgesamt wurden also 63 Angaben gemacht. Weitaus am bekanntesten waren im Herbst

Schaubild 5.11/1

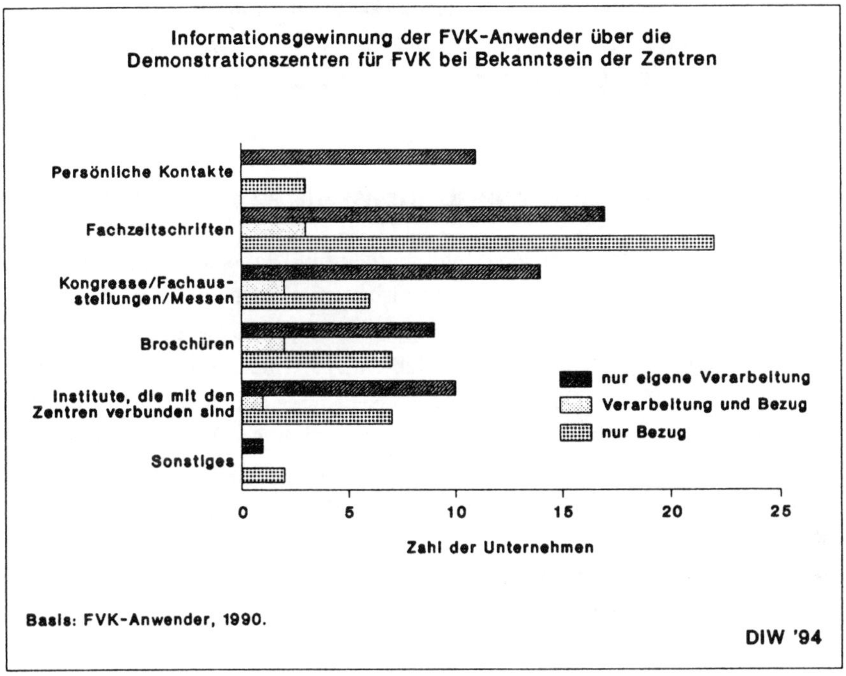

Schaubild 5.11/2

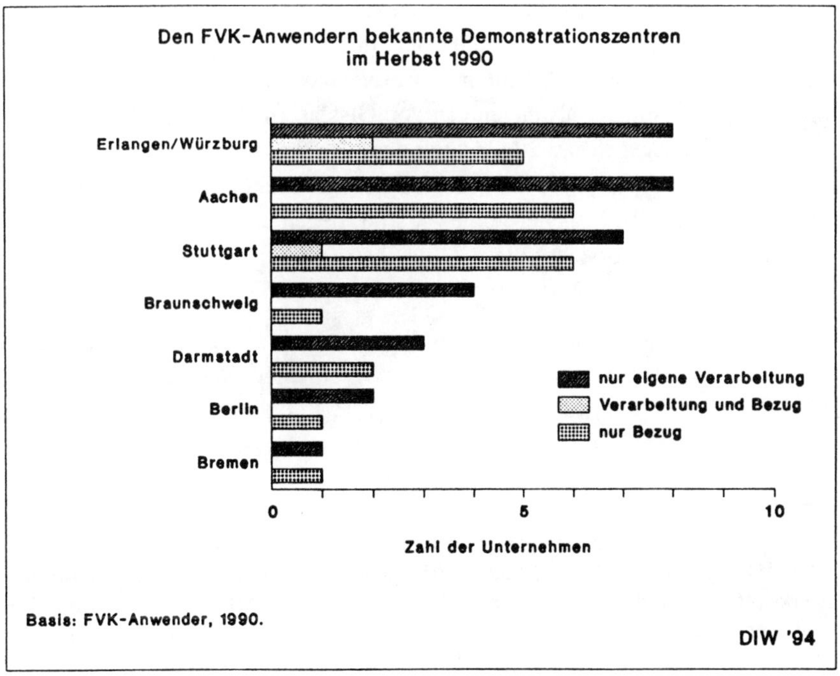

1990 die Demonstrationszentren Aachen, Erlangen/Würzburg[49] und Stuttgart, jedes zweite Unternehmen, das konkret mindestens ein Demonstrationszentrum benennen konnte, kannte diese drei Zentren. Kaum bekannt waren zu dieser Zeit dagegen die Zentren Bremen und Berlin, die insgesamt nur zwei- bzw. dreimal genannt wurden (vgl. Schaubild 5.11/2).

5.12. Nutzung der Demonstrationszentren im Herbst 1990

Es ist anzunehmen, daß insbesondere Unternehmen mit Demonstrationszentren wie auch mit anderen Beratungseinrichtungen zusammenarbeiten werden, die sich mit einem FVK-Projekt befassen; deshalb wurden die Unternehmen befragt, ob sie an einem FVK-Projekt arbeiten (vgl. Tabelle A 5.12/1). Von den erfaßten 373 Unternehmen gaben 132 (35 vH) an, daß sie sich im Herbst 1990 mit einem FVK-Projekt befaßten; davon machten 110 Angaben über die voraussichtliche Aufnahme der Fertigung. Danach sollten 12 vH der Projekte noch im selben Jahr - nämlich 1990 - die Fertigungsreife erlangen, 60 vH der Projekte im folgenden Jahr, 22 vH 1992 und 6 vH später als 1992 (vgl. Tabelle A 5.12/2). Über die Zeitspanne der Entwicklung der FVK-Projekte machten 102 Unternehmen Angaben. Sie beträgt 2 bis 60 Monate; im Durchschnitt werden 14 Monate angegeben. Bei der Hälfte der FVK-Projekte beträgt die angegebene Zeitspanne für die Entwicklung bis zu einem Jahr (vgl. Tabelle A 5.12/3).

Die Entwicklungskosten für die FVK-Projekte liegen bei den 95 Unternehmen, die darüber Angaben gemacht haben, zwischen 3 000 DM und 3,5 Mill. DM. Im Durchschnitt wurden 360 000 DM an Entwicklungskosten genannt; bei der Hälfte der Unternehmen betragen die Kosten maximal 100 000 DM; das sind für KMU beachtliche Größenordnungen. Im Durchschnitt liegen die Projektkosten der FVK-Verarbeiter 30 vH über dem Durchschnitt. Dabei sind die durchschnittlichen Projektkosten bei Verarbeitern von Kohlenstoff- und Aramidfasern höher als diejenigen von Glasfasern. Die Kosten der Projekte der FVK-Bezieher liegen dagegen fast 20 vH unter dem Durchschnitt bzw. mehr als ein Drittel unter denjenigen der Verarbeiter. Die Kosten der Entwicklung der Unternehmen, die sowohl Verarbeiter als auch Bezieher von FVK sind, liegen ungefähr im Durchschnitt. Die Planer verhalten sich sehr vorsichtig; ihre Kosten betrugen im Durchschnitt lediglich knapp ein Sechstel der Durchschnittskosten (vgl. Schaubild 5.12/1).

Die durchschnittlich höchsten Entwicklungskosten für ein FVK-Projekt wurden von den Unternehmen der Kunststoffverarbeitung und der "restlichen" Branchen mit 718 000 DM bzw. 647 000 DM genannt, während sie in der KfZ-Zulieferindustrie und in der Elektrotechnik mit nur 80 000 DM bzw. 90 000 DM veranschlagt wurden. Die Durchschnitts-

[49] Es ist erstaunlich, daß das Demonstrationszentrum Erlangen/Würzburg relativ oft genannt wurde, denn das dazugehörige Basisinstitut in Erlangen - der Lehrstuhl für Kunststofftechnik und Verbundwerkstoffe an der Universität Erlangen/Nürnberg - wurde erst Ende 1989 eingerichtet. Der Lehrstuhlinhaber ist aber seit langem auf dem Gebiet der Faserverbundwerkstoffe ausgewiesen und leitet in Personalunion auch das SKZ in Würzburg.

Schaubild 5.12/1

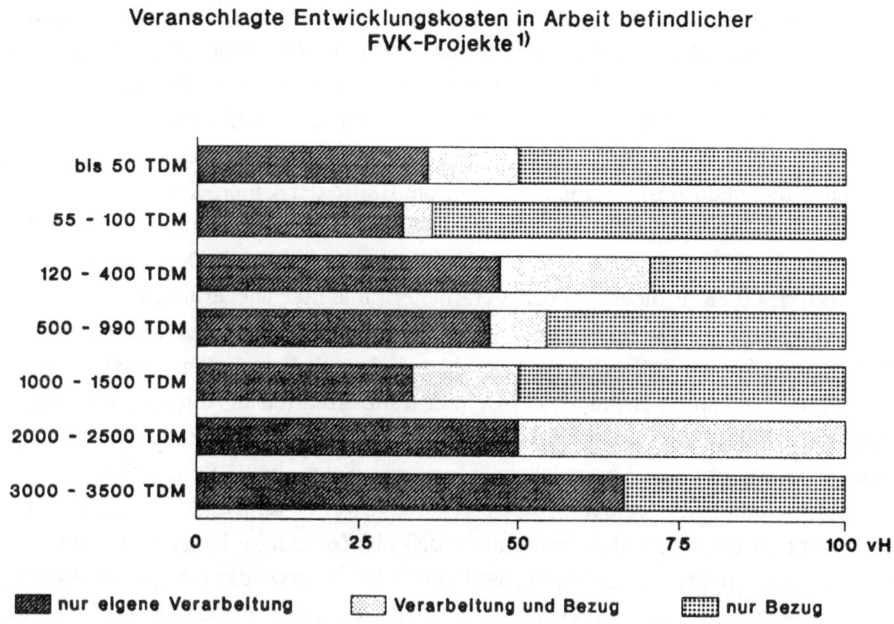

1) Zahl aller Verarbeiter, Bezieher sowie Verarbeiter und Bezieher jeweils gleich 100 vH.
Basis: FVK-Anwender, 1990.

DIW '94

kosten je FVK-Projekt im Maschinenbau betragen 264 000 DM. Die durchschnittlich relativ hohen Projektkosten der FVK-Verarbeiter spiegeln sich deutlich bei den Unternehmen der Kunststoffverarbeitung.

Die Durchschnittskosten steigen mit der Größe der Unternehmen. Betragen die Kosten je FVK-Projekt bei Unternehmen mit weniger als 200 Beschäftigten durchschnittlich 300 000 DM, so sind es bei Unternehmen von 200 bis 499 Beschäftigten bereits 460 000 DM und bei denen von 500 bis 999 Beschäftigten 630 000 DM.

Wird nach den Gründen für die FVK-Anwendung differenziert, so sind erhebliche Unterschiede bei den Durchschnittskosten der FVK-Projekte festzustellen. Während bei den Unternehmen, die als Gründe für die FVK-Anwendung Erhaltung der Konkurrenzfähigkeit, Qualitätssicherung, Erschließung neuer Märkte sowie "sonstige" Gründe angaben, die Kosten je Projekt durchschnittlich mehr als 500 000 DM betragen, so liegen die Durchschnittskosten bei Unternehmen, die als Grund der FVK-Anwendung Festigkeit/Steifigkeit nannten, bei 240 000 DM und bei Angabe Präzision bei Produktion und/oder Anwendung bei 380 000 DM.

Von den Unternehmen, die sich im Herbst 1990 mit einem FVK-Projekt befaßten, gaben von den 130 Unternehmen, die konkrete Angaben machten, lediglich drei an, daß sie im Rahmen des Projekts bereits mit einem Demonstrationszentrum für Faserverbundkunststoffe zusammengearbeitet hätten und sieben, daß eine Zusammenarbeit vorgesehen sei (drei Verarbeiter, zwei Bezieher und ein Unternehmen, das sowohl Bezieher als auch Verarbeiter ist). Zwölf Unternehmen wollten eventuell mit einem Demonstrationszentrum zusammenarbeiten (davon neun Bezieher), 34 hatten daran noch nicht gedacht (davon 17 Verarbeiter und neun Bezieher) und 74, d.h. die Hälfte der Unternehmen wollte nicht mit einem Zentrum zusammenarbeiten (davon jeweils 31 Verarbeiter und Bezieher). Relativ groß ist der Anteil der strikten Ablehner der Zusammenarbeit mit Demonstrationszentren im Rahmen des FVK-Projekts bei den Verarbeitern und hier wiederum bei denjenigen, die eine anspruchsvolle FVK-Anwendung betreiben. Diese Unternehmen verweisen verstärkt darauf, daß sie keinen Bedarf an Beratung hätten. Soweit Begründungen dafür angegeben wurden, daß man keine Leistungen der Demonstrationszentren in Anspruch nehmen wolle, wurde von der Hälfte dieser Unternehmen angegeben, daß die Zentren nicht bekannt seien, außerdem wurde erwähnt: Ausreichendes, eigenes Know-how, Beschaffung des Know-how's bei Lieferanten, spezielle Problemstellung. Zwei Unternehmen, denen die Demonstrationszentren bekannt waren, erwähnten, daß die Zentren zu langsam arbeiten würden und über wenig praktische Erfahrung verfügen würden bzw. die technische Problematik des Projekts derzeit von den Demonstrationszentren nicht lösbar sei (vgl. Tabelle A 5.12/4).

Von den zehn Unternehmen, die bei dem FVK-Projekt mit einem Demonstrationszentrum zusammenarbeiten bzw. bei denen eine Zusammenarbeit vorgesehen ist, kommen je drei aus dem Maschinenbau und aus "übrigen" Branchen, zwei sind KfZ-Zulieferer und je ein Unternehmen gehört zur Elektrotechnik und zur Kunststoffverarbeitung. Während etwa 50 vH der Unternehmen der KfZ-Zulieferung und der Elektrotechnik strikt eine Zusammenarbeit mit den Demonstrationszentren im Rahmen des FVK-Projekts ablehnen, sind es bei den Unternehmen der übrigen Branchen etwa 60 vH. Die Hälfte der zehn Unternehmen, die eine Zusammenarbeit im Rahmen des FVK-Projekts durchführen bzw. bei denen sie vorgesehen ist, haben weniger als 100 Beschäftigte. Je größer die Unternehmen sind, desto eindeutiger lehnen sie eine Zusammenarbeit mit den Zentren ab, da sie stärker auf ihr eigenes Know-how vertrauen.

Acht der zehn Unternehmen, die im Herbst 1990 bereits Demonstrationszentren genutzt hatten, nannten elf Zentren explizit, nämlich die Demonstrationszentren Aachen, Darmstadt und Stuttgart je zweimal, ein Unternehmen hat diejenigen von Braunschweig und Bremen genutzt und eins diejenigen von Aachen, Darmstadt sowie Erlangen/Würzburg. Dabei wurden hauptsächlich folgende Leistungen nachgefragt: Beratung bezüglich Konstruktion sowie Materialauswahl und allgemeine Informationen. Das sind auch diejenigen Leistungen, die Unternehmen bei einer Beratung grundsätzlich interessieren (vgl. Frage 33). Genutzt hatten die Demonstrationszentren im Herbst 1990 fast nur FVK-Bezieher.

Die Unternehmen, denen die Demonstrationszentren bekannt sind, wurden gebeten anzugeben, ob sie die künftige Nutzung eines Demonstrationszentrums ins Auge gefaßt haben. Konkrete Angaben wurden von 86 Unternehmen gemacht, von denen 33 die Frage verneinten und 34 mit "weiß ich nicht" antworteten. Von den 19 Unternehmen, die eine künftige Nutzung eines Zentrums ins Auge gefaßt haben, nannten 18 Unternehmen konkrete Leistungen (vgl. Tabelle A 5.12/5). Die Antworten wurden nach denselben neun Themenkomplexen wie in Frage 39 zusammengefaßt (vgl. Abschnitt 5.9).

Die Unternehmen sind bei den Demonstrationszentren zu je 30 vH an sonstiger Fertigung/Auslegung und Weiterbildung/allgemeiner Beratung als in Anspruch zu nehmende Leistung interessiert, gefolgt von Materialauswahl und Fertigung/Verarbeitung mit jeweils 15 vH. Diese vier Themenkomplexe wurden auch bei Frage 39, bei der nach den für das Unternehmen besonders wichtigen Leistungen und in Frage 33, bei der nach den Leistungen, die das Unternehmen gegebenenfalls in Anspruch nehmen würde, gefragt wurden, am häufigsten genannt. Der Bereich Weiterbildung/allgemeine Beratung hatte bei Frage 38 aber einen doppelt so hohen Anteil als bei Frage 39; andererseits wurden bei Frage 38 die Themenkomplexe Sicherheit/Langzeitverhalten, Prototypenentwicklung und -fertigung sowie Kosten/sonstige wirtschaftliche Aspekte überhaupt nicht genannt. Insgesamt zeigen sich aber ähnliche Ergebnisse wie bei den Fragen 39 und 33, so daß die im Zusammenhang mit den Antworten zu Frage 33 diskutierten Differenzierungen nach verschiedenen Merkmalen auch für die Frage 38 weitgehend zutreffen.

Die Fragen 38 und 39 unterscheiden sich bezüglich des von den Unternehmen anzugebenden Leistungsspektrums dadurch, daß dieses einmal auf die Demonstrationszentren bezogen ist und das andere Mal unabhängig davon ist. Da die Demonstrationszentren im Herbst 1990 noch weitgehend unbekannt waren, ist die Frage 39 häufiger als die Frage 38 beantwortet worden; beide Fragen wurden von 19 Unternehmen beantwortet. Diese Unternehmen nannten bei Frage 38 nur 27 und bei Frage 39 aber 43 Themenkomplexe, d.h. bei der allgemein gefaßten Frage 39 wurden von derselben Unternehmensgruppe etwa ein Drittel mehr Themenkomplexe genannt als bei der auf die Demonstrationszentren bezogenen Frage 38. Eine Erklärung dafür könnte sein, daß von diesen Unternehmen zumindest zum damaligen Zeitpunkt den Demonstrationszentren nicht in allen Bereichen gegenüber den Beratungseinrichtungen, mit denen gegebenenfalls schon länger zusammengearbeitet wurde, die gleiche oder bessere Kompetenz eingeräumt wurde. Dabei handelt es sich also um Einschätzungen und nicht unbedingt um Wissen. Dies zeigt sich daran, daß von den wenigen Unternehmen, die bereits mit Demonstrationszentren zusammengearbeitet hatten und beide Fragen beantwortet haben, jeweils zwölf Themenkomplexe genannt wurden.

Für die Rolle der Demonstrationszentren im Herbst 1990 gilt zusammengefaßt folgendes:

- 22 vH der FVK-Anwender waren die Demonstrationszentren bereits zur Zeit der schriftlichen Erhebung bekannt; die überwiegende Anzahl der Unternehmen hatte durch Fachzeitschriften von ihnen erfahren. Bekannt waren insbesondere die Demonstrationszentren Aachen, Erlangen/Würzburg und Stuttgart.

- Beratungsbedarf besteht in erster Linie im Zusammenhang mit einem Projekt. Etwa ein Drittel der Unternehmen befaßte sich zur Zeit der Umfrage mit einem Projekt, das in den meisten Fällen (60 vH) im folgenden Jahr, d.h. 1991 die Fertigungsreife erlangen sollte. Die Entwicklungskosten lagen zwischen 3 000 DM und 3,5 Mill. DM, bei einem Durchschnitt von 360 000 DM. Bei der Hälfte der Unternehmen betrugen die Kosten maximal 100 000 DM.
- Im Herbst 1990 arbeiteten lediglich drei FVK-Bezieher, die sich mit einem FVK-Projekt befaßten, mit Demonstrationszentren zusammen und sieben FVK-Anwender hatten eine Zusammenarbeit vorgesehen. Zwölf weitere Unternehmen wollten eventuell mit ihnen zusammenarbeiten und 35 hatten noch nicht daran gedacht; die Hälfte der Unternehmen verneinte eine Zusammenarbeit. Als Begründung wurde etwa von jedem zweiten Unternehmen angegeben, daß ihnen die Zentren nicht bekannt seien. Außerdem wurden erwähnt: Kein Bedarf, eigenes Know-how, Beschaffung des Know-how's bei Lieferanten, spezielle Problemstellung.
- Insgesamt acht Unternehmen hatten zur Zeit der Umfrage bereits mit Demonstrationszentren zusammengearbeitet, wobei diese Unternehmen sich elfmal von Zentren haben beraten lassen. Als Leistungen wurden insbesondere genannt: Beratung bezüglich Konstruktion/Auslegung, allgemeine Informationen und Beratung bezüglich Materialauswahl.
- Gut ein Fünftel der Unternehmen, denen die Demonstrationszentren im Herbst 1990 bekannt waren, haben eine künftige Nutzung der Zentren ins Auge gefaßt und jeweils knapp zwei Fünftel wollten sie künftig nicht nutzen bzw. waren noch unentschlossen. Das zu nutzende Leistungsspektrum ist ähnlich wie beim Beratungsbedarf aller FVK-Anwender, d.h. es wurden insbesondere Weiterbildung/allgemeine Beratung, sonstige Konstruktion/Auslegung, Materialauswahl sowie Fertigung/Verarbeitung genannt.

6. Technologietransfer durch die Demonstrationszentren für FVK

Die sieben Demonstrationszentren für FVK in den alten Bundesländern sollen KMU bei der Planung, Fertigung und Qualitätssicherung von Faserverbundbauteilen sowie bei der Umsetzung von Produktideen in marktgängige Erzeugnisse unterstützen. Außerdem sollen die Zentren - insbesondere in Seminaren - das Personal der Unternehmen über die Anwendung von FVK unterrichten und weiterbilden.

6.1. Organisation, Finanzierung und Ausstattung der Demonstrationszentren

6.1.1. Demonstrationszentren im Überblick

Von April 1989 bis Januar 1990 sind mit finanzieller Unterstützung des BMFT die sieben Demonstrationszentren für FVK gegründet worden. Die Tätigkeit der Zentren wird von einem Beirat begleitet, dem Experten aus Wissenschaft und Unternehmen sowie Mitarbeiter des Projektträgers Materialforschung in Jülich angehören. Die Zentren sind Forschungsinstituten von Hochschulen bzw. Universitäten, der Fraunhofer-Gesellschaft (FhG) oder der Deutschen Forschungsanstalt für Luft- und Raumfahrt e.V. (DLR) angegliedert. Träger des Demonstrationszentrums Berlin ist neben einem Universtitätsinstitut auch ein Unternehmen. Die Demonstrationszentren befinden sich in sieben Bundesländern und sind damit auf das Gebiet der alten Bundesländer verteilt; damit sollte eine flächendekkende Betreuung interessierter Unternehmen gewährleistet werden. Die Vermittlung von Grundlagenwissen soll durch alle Zentren erfolgen. Darüber sollen diese - insbesondere durch die Forschungsschwerpunkte der Basisinstitute geprägt - zusätzliches unterschiedliches Know-how anbieten. In der Praxis versuchen die Demonstrationszentren die KMU in allen in Frage kommenden Bereichen zu unterstützen. Nur das Demonstrationszentrum Bremen ist als spezielles Demonstrationszentreum für Fügeverfahren und Reparaturtechniken bei Faserverbundwerkstoffen errichtet worden. Das Demonstrationszentrum Darmstadt hat sich auf die Prüfung von Bauteilen spezialisiert. Die Demonstrationszentren wurden am 30. Oktober 1989 in einer Präsentationsveranstaltung in Aachen der Öffentlichkeit vorgestellt. Zu diesem Zeitpunkt waren aber noch nicht alle Demonstrationszentren gegründet.

Nach der Gründung waren die Zentren nicht sofort voll arbeitsfähig, da sie erst aufgebaut werden mußten. Es mußten sowohl die personellen und räumlichen Voraussetzungen geschaffen, als auch Maschinen und Geräte beschafft und installiert werden. Die Gebäude des dem Institut für Kunststoffverarbeitung (IKV) der Rheinisch-Westfälischen Technischen Hochschule Aachen angegliederten Demonstrationszentrums Aachen als auch des Demonstrationszentrum Erlangen/Würzburg sind erst Ende 1993 bzw. 1994 bezugsfertig. Die Demonstrationszentren können bzw. konnten sich während ihrer provisorischen räumlichen Unterbringung oft nicht von den Basisinstituten genügend abheben und auf ihren besonderen Charakter und die Fördermaßnahmen hinweisen. Grundsätzlich ist es für die Demonstrationszentren ein Handicap, daß sie nicht unmittelbar nach ihrer Gründung und Ankündigung in der Presse voll funktionsfähig waren, sondern erst allmählich ihre angestrebte Arbeitsfähigkeit entwickelten bzw. noch entwickeln. Dies kann die Wirkung der Fördermaßnahme beeinträchtigen. Ob dadurch um Rat suchende KMU in der Frühphase der Demonstrationszentren enttäuscht und von der Nutzung der Zentren längerfristig abgehalten worden sind, ließ sich allerdings nicht feststellen. Für die Evaluation dieser Fördermaßnahme waren dies keine guten Voraussetzungen, weil zum einen durch die nicht klare Trennung zwischen Basisinstitut und Demonstrationszentrum die Wirkung nicht immer eindeutig zugerechnet werden kann - besonders wenn die Basisinstitute bereits vor Gründung der Zentren mit Unternehmen zusammengearbeitet haben - und zum anderen der erst allmähliche Aufbau der Demonstrationszentren zwangsläufig zur Folge hatte, daß die schriftlichen Befragungsergebnisse in hohem Maße auch von dem Zeitpunkt der Erhebung abhängen.

Die Demonstrationszentren sind keine juristischen Personen und können deshalb im eigenen Namen keine Verträge abschließen; diese werden von den Basisinstitutionen unterzeichnet. Die Zentren haben aber innerhalb des Rechnungswesens eigene Kostenstellen.

Zwischen den Demonstrationszentren und den Basisinstituten bestehen enge Verbindungen. In den Basisinstituten wird schwerpunktmäßig geforscht und ggf. auch gelehrt, aber es werden auch Industrieprojekte bearbeitet, während die Demonstrationszentren vorwiegend anwendungsbezogene Lösungen bei Projekten und Beratungen suchen sowie Personal der Unternehmen im FVK-Bereich weiterbilden. Dabei besteht eine enge personelle Verbindung zwischen Basisinstituten und Demonstrationszentren, so daß für die Demonstrationszentren das gesamte Know-how des Basisinstituts durch die Einbindung einer größeren Zahl von Spezialisten zur Verfügung steht. Außerdem werden die Mitarbeiter der Basisinstitute immer wieder mit anwendungsrelevanten Problemen konfrontiert.

Denkbar wäre auch gewesen, die Demonstrationszentren unabhängig von Basisinstituten aufzubauen. Damit würde den Zentren aber der unmittelbare Bezug zur Forschung fehlen. Darüber hinaus wären sie in ihrem Leistungsvermögen und in ihrer Flexibilität eingeengt, da die direkte Rückgriffsmöglichkeit auf das Personal und das Know-how in Basisinstituten ein breitgefächertes und dennoch spezialisiertes Beratungsangebot ermöglicht. Da die Demonstrationszentren aufgrund der finanziellen Unterstützung durch das BMFT und zum Teil der Länder ihre Leistungen verbilligt oder sogar kostenlos anbieten können, könnte die Gefahr der Wettbewerbsverzerrung zu Lasten von Ingenieurbüros und Consultants bestehen. Diese Gefahr scheint faktisch aber nicht gegeben zu sein; die gewerblichen Berater holen sogar selbst Rat bei den Zentren.

Die Kompetenz der Demonstrationszentren liegt schwergewichtig bei der Kenntnis der Eigenschaften und der Verarbeitungsverfahren von FVK. Diese Kompetenz wird im wesentlichen durch die Arbeitsschwerpunkte der Basisinstitute der Demonstrationszentren im Bereich Faserverbundwerkstoffe geprägt. Einen wesentlichen Arbeitsschwerpunkt haben die Basisinstitute fast aller Demonstrationszentren im Bereich Konstruktion, und zwar speziell bei der Bauteildimensionierung, aber auch bei Werkstoffkennwerten/Werkstoffverhalten. Auch in den Bereichen Verarbeitung, und zwar speziell bei der Bauteilfertigung von Prototypen sowie Werkstoffprüfung/Bauteilprüfung, bestehen weitere Schwerpunkte. Nur wenige Institute haben einen Arbeitsschwerpunkt bei Richtlinien/Verfahren sowie Prozeßsimulation im Bereich Verarbeitung (vgl. Schaubild 6.1/1).

Über Demonstrationsobjekte, d.h. Beispiele über erfolgreiche Anwendung von FVK in der Praxis, verfügen die Demonstrationszentren dagegen nicht im ausreichenden Umfang. Die Gründe dafür sind vielfältig. Verschiedene Unternehmen sind nicht bereit, ihre Lösungen preiszugeben, da sie befürchten, dadurch Wettbewerbsvorteile einzubüßen. Ein wichtiger Grund dürfte aber auch im Werkstoff selbst begründet sein, der offensichtlich noch immer nur in wenigen, engen Einsatzfeldern den herkömmlichen Werkstoffen technisch überlegen und zugleich betriebswirtschaftlich rentabel ist. Vielzahl und Vielfältigkeit von Demonstrationsobjekten sind eine Voraussetzung dafür, daß KMU konkrete Vorstellungen zu den Einsatzmöglichkeiten des Werkstoffes in ihren Unternehmen gewinnen können. Das weitgehende Fehlen von Demonstrationsobjekten sollte teilweise durch gezielte Aufsätze ausgeglichen werden; so hat z.B. das Demonstrationszentrum Aachen 1992 eine Broschüre mit dem Titel "Bauteilbeispiele aus FVK für den Maschinenbau" zusammengestellt.

Auch wenn keine Einzelbewertung der Demonstrationszentren vorgesehen ist, müssen bei der Betrachtung ihrer Aktivitäten doch die unterschiedlichen finanziellen Ausstattungen durch das BMFT, ihre Anbindung an die Institute bzw. die Kooperation mit einem Partner, die Situation vor der Gründung sowie die Hilfen durch die Bundesländer berücksichtigt werden. Das angebotene Leistungsspektrum und -volumen ergibt sich darüber hinaus nicht zuletzt aus der Spezialisierung der Basisinstitute einerseits und den zur Verfügung stehenden Kapazitäten andererseits.

Für die Zeit ab Gründung der einzelnen Demonstrationszentren in den Jahren 1989 und 1990 bis Ende 1993 (bzw. beim Demonstrationszentrum Erlangen/Würzburg und dem Teilzentrum des IKV in Aachen bis 1994) erhalten die Zentren vom BMFT nach Angaben der Demonstrationszentren insgesamt etwa 50 Mill. DM für Personal- und sächliche Verwaltungsausgaben sowie Investitionen. Die Demonstrationszentren haben zum Teil im Zeitverlauf eine Umschichtung dieser Finanzmittel mit dem BMFT vereinbart; auch Abweichungen über die zeitliche Inanspruchnahme der Mittel wurden abgesprochen. Diese Mittel sind als Anschubfinanzierung gedacht, mit der Maßgabe, daß die Zentren sich nach Auslaufen der Finanzierungshilfe ab 1994 durch Aufträge von Unternehmen, durch Seminar- und Schulungsaktivitäten sowie durch sonstige Drittmittel selbst finanzieren.

Schaubild 6.1/1

Arbeitsschwerpunkte der Basisinstitute der Demonstrationszentren im Bereich Faserverbundwerkstoffe

		Aachen	Berlin	Braunschweig	Bremen[1)]	Darmstadt	Stuttgart	Erlangen/ Würzburg
Konstruktion	Datenbank: Werkstoffkennwerte/ Werkstoffverhalten	▨	○	▨	▨	●	▨	●
	Konstruktionsrichtlinien: z.B. Verbindungstechnik	◆			●	▨	▨	●
	Bauteildimensionierung	●	▨	●	▨	●	●	●
Verarbeitung	Bauteilfertigung von Prototypen	●	●	●	○	▨	●	▨
	Produktionstechnik/ Maschinenauslegung	●	◆	▨				○
	Prozeßsimulation	◆		▨			△	○
Bearbeitung	Bauteilbearbeitung	●	●		△	△	▨	△
	Technologieuntersuchung	●	▨		△	○		○
	Werkstoffprüfung/ Bauteilprüfung	▨	△	◆	◆	●	●	●
	Einsatzgebiete/Material- und Produktionskosten	◆	◆		△	○	○	○
	Arbeitsschutz/Recycling	◆	▨	○	△	○	○	●
	Zulassungswesen: Richtlinien/Verfahren			○		▨	△	●

zunehmende Spezialisierung: ○ △ ▨ ◆ ● →

1) Spezielles Demonstrationszentrum für Fügeverfahren und Reparaturtechniken für FVK.
Quelle: Faltblatt der Demonstrationszentren für Faserverbundkunststoffe.

DIW '94

Mit ursprünglich ca. 23 Mill. DM sind die bewilligten Mittel für Personalausgaben am größten. Da die Demonstrationszentren aufgebaut werden mußten, war in den meisten Zentren erst nach etwa zwei Jahren die vorgesehene Personalstärke erreicht, dabei bestanden insbesondere Schwierigkeiten, Fachhochschul-Ingenieure einzustellen, da diese in Unternehmen meist erheblich besser bezahlt werden, als es den Zentren im Rahmen des Bundesangestelltentarifs (BAT) möglich ist. Nach den Angaben der Demonstrationszentren wurden 1992/1993 aus Mitteln des Ministeriums insgesamt 29 Hoch- und Fachhochschulabsolventen (vorwiegend Diplom-Ingenieure von Hochschulen) sowie 16,5 Stellen für Techniker, Meister, Sekretärinnen und sonstiges Personal besetzt; hinzu kommt die Beschäftigung von Studenten in mehreren Demonstrationszentren.

Während die Personalausgaben eine ansteigende Tendenz aufweisen, wurden die ursprünglich geplanten Investitionsmittel des BMFT in Höhe von etwa 14 Mill. DM vorwiegend in den ersten Jahren abgerufen. Aus diesen Mitteln wurden für die Demonstrationszentren u.a. angeschafft: Autoklaven, Wickelanlagen, CNC-Schleif- und -Drehmaschinen, Pressen, Pultrusionsanlage, Hydrographen, Bedampfer, Diamantdrahtsäge, RTM-Anlage, Heizplatten sowie Labor- und Seminarraumausstattungen.

Die für sächliche Verwaltungsausgaben vom BMFT zur Verfügung gestellten Mittel betrugen nach Angaben der Demonstrationszentren ursprünglich etwa 13 Mill. DM. Davon werden Vergabe von Aufträgen, Sachmittel für Labor und Schulungsräume, Dienstreisen, Gemeinkosten usw. finanziert.

Zusätzlich zu den Mitteln des BMFT erhalten fünf Demonstrationszentren finanzielle Zuwendungen der Bundesländer; der überwiegende Anteil der Mittel wird für die Errichtung und Miete von Gebäuden für die Demonstrationszentren bereitgestellt - aber auch für zusätzliche Personalausgaben und Ausrüstungsinvestitionen der Zentren stellten die Länder Gelder zur Verfügung. Die Demonstrationszentren haben zum Teil von den Ländern für den Erhalt der Mittel Auflagen erhalten; im wesentlichen mußten sie sich verpflichten, auch nach Ablaufen der BMFT-Förderung bestimmte Leistungen zur Verfügung zu stellen.

6.1.2. Demonstrationszentren im einzelnen

6.1.2.1. Demonstrationszentrum Aachen

Das Demonstrationszentrum Aachen besteht aus zwei voneinander getrennten Teilzentren, die verschiedenen Basisinstitutionen angeschlossen sind, die jeweils vom BMFT finanziell unterstützt werden.

Das eine Teilzentrum ist dem Institut für Kunststoffverarbeitung an der Rheinisch-Westfälischen Technischen Hochschule Aachen (IKV) angegliedert. Es befaßt sich mit allen wesentlichen Themenbereichen der Verarbeitungstechnologie von Kunststoffen. Dazu gehören die Optimierung von Maschinen und Verarbeitungsprozessen, die Qualitätssicherung und die Entwicklung von Software zur rechnergestützten Werkzeugauslegung, aber auch betriebswirtschaftliche Untersuchungen. Das IKV ist mit etwa 80 wissenschaftlichen

Mitarbeitern das größte Einzelinstitut an der Technischen Hochschule Aachen. Ziel der am Institut betriebenen praxisnahen Forschung ist es, das erarbeitete Know-how und modernste Technologien an die Industrie weiterzuleiten; dazu dient auch das Demonstrationszentrum.

Das dem IKV angegliederte Teilzentrum ist am 01.04.1989 gegründet worden. Das BMFT hat dem Teilzentrum bis Ende 1993 finanzielle Mittel in Höhe von 7,9 Mill. DM bewilligt, die zum Teil noch auf das Jahr 1994 übertragen werden können. Von den Mitteln werden seit dem Ausbau des Teilzentrums vier Diplom-Ingenieure von Hochschulen und Fachhochschulen, fünf weitere Mitarbeiter und studentische Hilfskräfte bezahlt. Darüber hinaus finanziert das Land Nordrhein-Westfalen den Neubau eines Gebäudes mit einer Halle von 1 000 m^2 und Büroräumen für das IKV mit 8 Mill. DM, in das die Abteilung Faserverbundwerkstoffe einschließlich des Demonstrationszentrums einziehen sollen. Die Fertigstellung des Gebäudes hat sich erheblich verzögert, es konnte erst im Herbst 1993 bezogen werden. Da wegen der gestiegenen Baupreise die vom Land zugesagte Summe nicht mehr ausreicht, unterstützt die Fördervereinigung des IKV den Neubau. Das Teilzentrum war bis zum Umzug in den Neubau im Gebäude des IKV untergebracht.

Das andere Teilzentrum ist dem Fraunhofer-Institut für Produktionstechnologie (IPT) angegliedert. Das 1986 gegründete Institut beschäftigt etwa 60 wissenschaftliche Angestellte in vier Abteilungen (Prozeßtechnologie, Produktionsmaschinen, Meßtechnik, Planung/Organisation). Der überwiegende Teil der Tätigkeit ist Auftragsforschung, bei der wiederum die Industrieprojekte im Vordergrund stehen. Das IPT verfolgt die Neuentwicklung und Verbesserung von Fertigungsverfahren für die industrielle Produktion. Dabei wird praxisnahe Forschung betrieben; das erarbeitete Know-how und modernste Technologien werden an die Industrie weitergegeben.

Das dem IPT angegliederte Teilzentrum ist am 01.07.1989 gegründet worden. Das BMFT hat dem Teilzentrum bis Ende 1993 finanzielle Mittel in Höhe von 4,4 Mill. DM bewilligt. Davon werden seit dem Ausbau des Teilzentrums zwei Diplom-Ingenieure bezahlt. Das Teilzentrum ist im Gebäude des IPT untergebracht.

Zwischen beiden Teilzentren in Aachen besteht eine enge Kooperation; sie bestand auch schon vor Gründung des Demonstrationszentrums zwischen den beiden Basisinstituten. Dem Demonstrationszentrum Aachen sind mit insgesamt 12,3 Mill. DM die meisten finanziellen Mittel vom BMFT bewilligt worden. Als Arbeitsschwerpunkte gibt das Zentrum Bauteildimensionierung, Bauteilfertigung von Prototypen, Produktionstechnik/Maschinenauslegung, Bauteilbearbeitung und Technologieuntersuchung und auch Konstruktionsrichtlinien, Einsatzgebiete/Material- und Produktionskosten sowie Arbeitsschutz/Recycling an.

6.1.2.2. Demonstrationszentrum Berlin

Das Demonstrationszentrum Berlin ist dem Institut für Werkzeugmaschinen und Fertigungstechnik (IWF) an der Technischen Universität Berlin, das mit dem Institut für

Produktionsanlagen und Konstruktionstechnik (IPK) der Fraunhofer-Gesellschaft das Produktionstechnische Zentrum Berlin bildet, angegliedert und gehört zum Bereich Faserverbundkunststoffe Technologie-Transfer. Die Aufgaben des Doppelinstituts im Produktionstechnischen Zentrum basieren auf der im Universitätsinstitut geleisteten Grundlagenforschung und der im Fraunhofer-Institut durchgeführten angewandten Forschung. Das IWF hat etwa 80 wissenschaftliche Mitarbeiter und ist in die Bereiche Werkzeugmaschinen, Fertigungstechnik, Montagetechnik, Informationstechnik, Steuertechnik und Qualitätswissenschaft gegliedert. Das IWF widmet sich vornehmlich den Aufgaben der Grundlagenforschung und der Lehre. Die produktionstechnischen Erfahrungen des IWF werden im Demonstrationszentrum durch die Kooperation mit der Firma HMS Antriebssysteme GmbH auf dem Gebiet der Composite-Technologie verknüpft. Die HMS GmbH ist im Bereich der Produkt- und Verfahrensentwicklung - insbesondere für den Maschinenbau - tätig. Die beiden vom BMFT finanzierten Ingenieure und sonstigen Mitarbeiter des Unternehmens arbeiteten insbesondere in der ersten Zeit nach Gründung des Demonstrationszentrums am IWF.

Das Demonstrationszentrum ist am 01.06.1989 gegründet worden. Das BMFT hat dem Zentrum bis Ende 1993 finanzielle Mittel in Höhe von 9,8 Mill. DM bewilligt, davon dem IWF 7,9 Mill. DM und der Firma HMS GmbH 1,8 Mill. DM. Insgesamt werden seit dem Ausbau des Demonstrationszentrums 8 Diplom-Ingenieure von Hochschulen und Fachhochschulen, ein sonstiger Mitarbeiter und studentische Hilfskräfte bezahlt. Als Arbeitsschwerpunkte gibt das Zentrum Bauteilfertigung von Prototypen und Bauteilbearbeitung und auch Produktionstechnik/Maschinenauslegung sowie Einsatzgebiete/Material- und Produktionskosten an.

6.1.2.3. Demonstrationszentrum Braunschweig

Das Demonstrationszentrum Braunschweig ist dem Institut für Strukturmechanik des Forschungsbereichs Werkstoffe und Bauweise der Deutschen Forschungsanstalt für Luft- und Raumfahrt e.V. (DLR) angegliedert. Neben dem Demonstrationszentrum ist der Bereich Strukturmechanik in fünf weitere Abteilungen gegliedert. Schwerpunkte der Forschung im Bereich sind Schadenserkennung, Berechnungen, Verbundtechnik und zerstörungsfreie Werkstoffprüfung; auf dem Gebiet der Verbundwerkstoffe wird seit 30 Jahren geforscht. Der Bereich ist überwiegend grundlagenfinanziert; beschäftigt sind etwa 35 wissenschaftliche Mitarbeiter.

Das Demonstrationszentrum ist am 01.06.1989 gegründet worden. Das BMFT hat für das Zentrum bis Ende 1993 finanzielle Mittel in Höhe von 8,8 Mill. DM bewilligt. Davon werden seit dem Ausbau des Demonstrationszentrums drei Diplom-Ingenieure von Hochschulen und Fachhochschulen und vier weitere Mitarbeiter bezahlt; hinzu kommen noch studentische Mitarbeiter. Außerdem sind dem Zentrum vom Land Niedersachsen noch 4 Mill. DM für einen Neubau bewilligt worden. Der Bau wurde mit einer Nutzfläche von 1 000 m^2 im Mai 1992 dem Demonstrationszentrum übergeben. Bis dahin war das Zentrum in den Räumen des Bereichs Strukturmechanik untergebracht. Als Arbeitsschwerpunkte gibt das Zentrum Bauteildimensionierung, Bauteilfertigung von Prototypen und auch Werkstoffprüfung/Bauteilprüfung an.

6.1.2.4. Demonstrationszentrum Bremen

Das Demonstrationszentrum Bremen ist der Abteilung Klebtechnik des Fraunhofer-Instituts für angewandte Materialforschung (IFAM) angegliedert. Die Abteilung besteht aus den Arbeitsbereichen Allgemeine Klebtechnik, Faserverbundkunststoffe, Polymerverbindungen in der Mikrosystemtechnik, Polymere nach Maß, Demonstrationszentrum sowie Theorie der Adhäsion und beschäftigt sich seit über 20 Jahren mit Fragestellungen zu Fügeverfahren, insbesondere zur Klebtechnik. Neben fertigungstechnischen Problemen des industriellen Alltags stehen Arbeitsschwerpunkte wie Adhäsion, Härtungsmechanismen, Langzeitstabilität und Versagensmechanismen von Klebverbunden im Mittelpunkt; dazu gehört auch das Kleben von FVK untereinander und mit anderen Werkstoffen. Etwa 60 Mitarbeiter sind in der Abteilung Klebtechnik an drei Standorte (zwei in Bremen und einem in Teltow/Brandenburg) beschäftigt. Der überwiegende Teil der Abteilung ist auftragsfinanziert; ein erheblicher Teil der Drittmittel kommt aus dem Militärbereich. Etwa 1996 soll die Abteilung der Universität Bremen als "An-Institut" angegliedert werden.

Das Demonstrationszentrum ist am 01.06.1989 gegründet worden. Das BMFT hat für das Zentrum bis Ende 1993 finanzielle Mittel in Höhe von 1,9 Mill. DM bewilligt. Davon werden seit dem Ausbau des Demonstrationszentrums ein Diplom-Chemiker und ein weiterer Mitarbeiter bezahlt. Das Zentrum ist ein spezielles Demonstrationszentrum für Fügeverfahren und Reparaturtechniken und gibt als Arbeitsschwerpunkte deshalb auch Konstruktionsrichtlinien (Verbindungstechnik) und Werkstoffprüfung/Bauteilprüfung an. Neben diesem Demonstrationszentrum sind dem IFAM noch zwei weitere Demonstrationszentren angegliedert. Das Demonstrationszentrum für allgemeine Klebtechnik ist allgemein für das Kleben zuständig und im Demonstrationszentrum Kleben in der Mikrosystemtechnik steht Kleben in kleinen Dimensionen im Vordergrund.

In Abstimmung mit dem BMFT baut das Demonstrationszentrum für FVK in Bremen ein Qualifizierungssystem in der Bundesrepublik auf, das anschließend europaweit eingeführt werden soll. Praktiker, Facharbeiter und Ingenieure sollen im Kleben qualifiziert werden.

6.1.2.5. Demonstrationszentrum Darmstadt

Das Demonstrationszentrum Darmstadt ist der Abteilung Lebensdauervorhersage und Bruchmechanik des Fraunhofer-Instituts für Betriebsfertigkeit (LBF) angegliedert. Insgesamt arbeiten im LBF in den Abteilungen Belastungsmechanik und Rechenverfahren, Spannungsanalyse und Fertigkeitsbeurteilung, bauteilbezogenes Werkstoffverhalten sowie Lebensdauervorhersage und Bruchmechanik (mit dem Demonstrationszentrum) etwa 100 Mitarbeiter. In der letztgenannten Abteilung sind etwa 20 Mitarbeiter tätig - davon etwa zwei Drittel im Bereich langfaserverstärkte Werkstoffe. Das LBF befaßt sich seit etwa 20 Jahren mit FVK. Überwiegend wird der Umsatz mit Industrieaufträgen erzielt.

Das Demonstrationszentrum wird seit dem 01.01.1990 vom BMFT finanziert. Das BMFT hat für das Zentrum bis Ende 1993 finanzielle Mittel in Höhe von 6,5 Mill. DM bewilligt; davon werden seit dem Ausbau des Demonstrationszentrums vier Diplom-Ingenieure von Hochschulen und Fachhochschulen und zwei weitere Mitarbeiter bezahlt. Mit der Technischen Hochschule in Kassel ist das Institut für drei Jahre eine Kooperation eingegangen. Das Demonstrationszentrum nutzt dort die Wickelmaschine und finanziert Personalkosten. Außerdem finanzierte das Land Hessen in der Vergangenheit 1,5 Personalstellen und hat Mittel zur Beschaffung von Maschinen und Geräten zur Verfügung gestellt. Aus Landesmitteln und mit Unterstützung der Fraunhofer-Gesellschaft wurde für das Demonstrationszentrum eine Halle mit 1 350 m^2 Nutzfläche errichtet. Als Arbeitsschwerpunkte gibt das Zentrum Datenbank, Werkstoffkennwerte/Werkstoffverhalten, Bauteildimensionierung und Werkstoffprüfung/Bauteilprüfung an.

6.1.2.6. Demonstrationszentrum Stuttgart

Das Demonstrationszentrum Stuttgart ist dem Institut für Bauweisen- und Konstruktionsforschung des Forschungsbereichs Werkstoffe und Bauweisen der DLR angegliedert. Die Forschungs- und Entwicklungsarbeiten des Instituts konzentrieren sich auf drei Hauptarbeitsgebiete: Werkstoffgerechter Einsatz von Faserverbundwerkstoffen in hoch belastbaren Bauteilen, Entwicklung von Bauweisen für den Einsatz keramischer Werkstoffe in thermisch und mechanisch belasteten Bauelementen von Antriebsaggregaten sowie Nutzung der Windenergie. Das Institut besteht aus den Abteilungen Bauteilgestaltung, Windturbinentechnologie, Komponentenmeßtechnik, Composite-Technologie sowie Crash-Struktur. Die DLR beschäftigt in Stuttgart etwa 80 Mitarbeiter zuzüglich studentische Hilfskräfte. Die Auftragsforschung hat ein beträchtliches Gewicht, aber überwiegend ist die Forschungsanstalt grundfinanziert. Das Demonstrationszentrum hat mit der Beratungsstelle auf dem Gebiet der Technologie der Faserverbundwerkstoffe einen Vorläufer. Die Beratungsstelle wurde 1984 eingerichtet und vom Land Baden-Württemberg unterstützt; der Anspruch war aber geringer als bei den Demonstrationszentren für FVK.

Das Demonstrationszentrum wird seit dem 01.01.1990 vom BMFT finanziert. Das BMFT hat für das Zentrum bis Ende 1993 finanzielle Mittel in Höhe von 4 Mill. DM bewilligt. Davon werden seit dem Ausbau des Demonstrationszentrums vier Diplom-Ingenieure von Hochschulen und Fachhochschulen sowie ein weiterer Mitarbeiter bezahlt. Das Land Baden-Württemberg hat außerdem noch 0,7 Mill. DM für die Anschaffung einer Presse zur Verfügung gestellt. Als Arbeitsschwerpunkte gibt das Zentrum Bauteildimensionierung, Bauteilfertigung von Prototypen sowie Werkstoffprüfung/Bauteilprüfung an.

6.1.2.7. Demonstrationszentrum Erlangen/Würzburg

Das Demonstrationszentrum Erlangen/Würzburg ist dem Lehrstuhl für Kunststofftechnik und Verbundwerkstoffe der Friedrich-Alexander-Universität Erlangen/Nürnberg sowie dem Süddeutschen Kunststoffzentrum (SKZ) in Würzburg angegliedert. Beide Institutionen werden in Personalunion geleitet. Der Lehrstuhl, dessen Forschungsschwerpunkte die Bereiche Faserverbundkunststoffe, Thermoplastverarbeitung, Schweißen, Sonderwerkstoffe, Fügen, Konstruktion und Recycling sind, wurde Ende 1989 eingerichtet; beschäftigt sind insgesamt etwa 20 wissenschaftliche Mitarbeiter. Das SKZ ist das größte Aus- und Weiterbildungsinstitut auf dem Kunststoffgebiet in der Bundesrepublik Deutschland. Von der handwerklichen und industriellen Lehrlingsausbildung bis hin zur qualifizierten Weiterbildungsveranstaltung im High-Tech-Bereich mit wissenschaftlicher Unterstützung reicht das angebotene Spektrum. Getragen wird das SKZ von einer Fördergemeinschaft, die ausschließlich gemeinnützige Zwecke verfolgt. Das SKZ ist überwiegend auftragsfinanziert und beschäftigt etwa 100 Mitarbeiter. Die Trägerschaft des Demonstrationszentrums ist am 01.04.1991 auf die Universität Erlangen/Nürnberg übergegangen; vorher lag sie beim SKZ.

Das Demonstrationszentrum ist am 01.09.1989 gegründet worden. Das BMFT hat für das Zentrum bis Ende 1993 finanzielle Mittel in Höhe von 7,6 Mill. DM bewilligt, die zum Teil noch auf das Jahr 1994 übertragen werden können. Von den Mitteln werden seit einigen Jahren vier Diplom-Ingenieure und 4,5 weitere Mitarbeiterstellen sowie studentische Mitarbeiter bezahlt. Die Raumsituation wird erst 1994 befriedigend gelöst sein, wenn der Lehrstuhl in ein von einem privaten Bauträger erstelltes Gebäude einziehen kann, in dem das Demonstrationszentrum eine Nutzungsfläche von etwa 900 m^2 erhält. Die Mietkosten von 250 000 DM jährlich übernimmt der Freistaat Bayern. Augenblicklich wird eine 15 km von den Büro- und Laborräumen des Lehrstuhls entfernte Halle genutzt, für die das Land auch die Mietkosten übernimmt. Das Demonstrationszentrum ist bis zum Umzug unter erschwerten Bedingungen eingeschränkt arbeitsfähig, denn die vom BMFT finanzierten Maschinen und Geräte konnten noch nicht alle installiert werden. Das Land stellt außerdem Investitionsmittel in Höhe von 2,5 Mill. DM zur Verfügung. Als Arbeitsschwerpunkte gibt das Zentrum Datenbank: Werkstoffkennwerte/Werkstoffverhalten, Konstruktionsrichtlinien, Bauteildimensionierung, Werkstoffprüfung/Bauteilprüfung, Arbeitsschutz/ Recycling sowie Richtlinien/Verfahren an.

6.2. Aktivitäten der Demonstrationszentren

Zur laufenden Erfassung der Aktivitäten der Demonstrationszentren hat das DIW halbjährliche Erhebungen bei den Zentren durchgeführt, die sich auf folgende Sachverhalte beziehen:

- Öffentlichkeitsarbeit (Teilnahme an Messen und Ausstellungen, Fachvorträge, Aufsätze, sonstige Öffentlichkeitsarbeit),
- Seminare (geplante Seminare, durchgeführte Seminare, Teilnehmerstruktur),

- Anfragen,
- Beratungen sowie
- Projekte (Projektplanung, Projektverlauf und -ergebnisse).

Die Erhebungsbögen der meisten Demonstrationszentren liegen für den Zeitraum vom 1. Halbjahr 1991 bis einschließlich 2. Halbjahr 1992 vor. Außerdem stehen die Anträge an das BMFT zur Errichtung der Demonstrationszentren sowie die Bewilligungsbescheide zur Errichtung der Zentren vom BMFT sowie die Zwischenberichte der Zentren an das BMFT zur Verfügung. Darüber hinaus wurden Gespräche mit leitenden Mitarbeitern der Demonstrationszentren geführt. Das DIW war außerdem bei den letzten Halbjahrestreffen der Leiter der Demonstrationszentren vertreten.

Außer den im folgenden aufgeführten Aktivitäten ist zu erwähnen, daß - wenn auch nur vereinzelt - Mitarbeiter aus Unternehmen für einige Zeit in Demonstrationszentren gearbeitet haben. Eine Firma schickte für zwei Wochen 20 Mitarbeiter zur Weiterbildung in ein Demonstrationszentrum. Dieses ist sicherlich eine gute Möglichkeit des Technologietransfers, birgt aber für die Demonstrationszentren die Gefahr, daß interne Informationen über andere Unternehmen, die dem Demonstrationszentrum aufgrund der Zusammenarbeit zugänglich sind, nicht geheim gehalten werden können, und wird deshalb von den Demonstrationszentren im allgemeinen nicht forciert.

Die Demonstrationszentren haben eine Reihe von Softwareprogrammen zur Anwendung von FVK entwickelt, die vermarktet werden. In diesem Zusammenhang fanden zwischen Mitarbeitern der Demonstrationszentren interne Seminarveranstaltungen für Softwareentwickler und -anwender in den Zentren statt. Ein Beispiel für ein Softwareprogramm ist "LAMTECH" des Demonstrationszentrums Braunschweig. Es ist ein modular aufgebautes Programmsystem zur Auslegung von Faserverbundstrukturen mit dem PC (vgl. Abschnitt 4.3).

Vom Aachener Demonstrationszentrum wurde ein Rechenschieber "Compact Disk" entwickelt, der es auch dem ungeübten Konstrukteur erlauben soll, einfach und schnell einen Überblick über bestimmte Laminateigenschaften zu bekommen (vgl. Abschnitt 4.3). Wenn auch Patentanmeldungen für die Demonstrationszentren eine eher untergeordnete Bedeutung haben, so erwähnt das Demonstrationszentrum Braunschweig in seinem 6. Zwischenbericht vom 27.08.1992 vier Patente.

6.2.1. Öffentlichkeitsarbeit

6.2.1.1. Maßnahmen zur Verbesserung ihres Bekanntheitsgrades

Die Demonstrationszentren mußten sich bei ihrer Gründung in den Jahren 1989/1990 bei Unternehmen bekannt machen. Die Basisinstitutionen waren aber zu diesem Zeitpunkt weitgehend bekannt, und in den meisten Fällen hatten sie bereits Industrieaufträge durchgeführt; dabei handelte es sich aber vorwiegend um die Zusammenarbeit mit der Großindustrie. In Erlangen waren die Schwierigkeiten besonders groß, da der als Basisinstitution fungierende Lehrstuhl erst Ende 1989 eingerichtet wurde und nur der Lehrstuhlinhaber über Kontakte mit der Industrie verfügte. Aber auch in Berlin war die Situation kaum besser, da das IWF zur Zeit der Gründung des Demonstrationszentrums kaum über Erfahrungen auf dem Gebiet der Faserverbundkunststoffe verfügte und diese nur beim Partner, dem Unternehmen HMS GmbH, vorhanden waren.

Einige Zentren haben den Namen des Basisinstituts in den Vordergrund gestellt, so daß auch die Nutzer der Demonstrationszentren die Zentren nur unter dem Namen des Trägers kennen. Dies entspricht auch den Interessen der Basisinstitute, die über die Demonstrationszentren zusätzliche Praxiskontakte und dabei vorrangig potentielle Projektpartner suchen. Außerdem bleibt man auch bekannt, falls das Demonstrationszentrum in Zukunft seine Tätigkeiten einstellen sollte. Unter förderungspolitischen Wirkungsaspekten wäre es aber vorteilhaft, wenn sich die Demonstrationszentren stärker von den Basisinstituten nach außen abheben würden.

Neben ihrer eigentlichen Tätigkeit des Beratens, der Projektarbeit und der Veranstaltung von Seminaren versuchen die Demonstrationszentren auf Messen und Ausstellungen, durch Vorträge, durch Veröffentlichungen und Broschüren sowie durch Symposien und Workshops auf sich aufmerksam zu machen; diese Aktivitäten dienen auch dem Wissenstransfer. Außerdem haben die Demonstrationszentren ein gemeinsames Faltblatt über ihre Tätigkeiten herausgegeben. Einzelne Zentren haben eigene Broschüren erstellt oder in Broschüren des Basisinstituts auf die Arbeiten des Demonstrationszentrums hingewiesen. Hinzu kommt bei allen Demonstrationszentren die Werbung für Seminare. Bei besonderen Anlässen (z.B. Gründung der Demonstrationszentren, Grundsteinlegung und Einweihungen) wurden Pressekonferenzen gegeben, damit die Tagespresse über die Zentren und ihre Arbeit berichtet. Auch zu den Fachverbänden, den Industrie- und Handelskammern sowie den Handwerkskammern wurden Kontakte geknüpft und in Zusammenhang mit ihnen Einführungsseminare zu den Anwendungsmöglichkeiten von FVK gehalten.

Die Demonstrationszentren haben sich im allgemeinen bemüht, bei den KMU bekannt zu werden. Sie haben durch ihre Aktivitäten nicht nur versucht ihre Zielgruppe - die KMU - anzusprechen, sondern sich in Pressekonferenzen und in der Tagespresse allgemein bekannt zu machen. Schwierig ist aber gerade in KMU, die Kenntnis über die Demonstrationszentren im Unternehmen gezielt weiter zu geben und sie längerfristig "abrufbereit" zu halten.

6.2.1.2. Messen und Ausstellungen

Die Demonstrationszentren sind mit unterschiedlicher Intensität auf Messen und Ausstellungen vertreten. Diese Präsentationen dienen dazu, die Demonstrationszentren und ihre Tätigkeiten allgemein bekannt zu machen und Kontakte zu knüpfen, die im günstigen Falle zu gemeinsamen Projektarbeiten führen. Nach Angaben der Demonstrationszentren waren sie 1991 und 1992 insgesamt mehr als 40 mal auf Ausstellungen und Messen vertreten. Seit dem 2. Halbjahr 1991 haben sich pro Halbjahr die Demonstrationszentren jeweils 12 bis 15 mal an Ausstellungen und Messen beteiligt. Vertreten waren die Zentren auf Einzelständen, gemeinsam mit anderen Demonstrationszentren und mit Industrieunternehmen oder auf sonstigen Gemeinschaftsständen. Das Spektrum der besuchten Messen und Ausstellungen reicht von allgemeinen Industriemessen wie z.B. der Hannover Messe Industrie, speziellen Kunststoffmessen, wie z.B. der Verbundwerk und der K-Messe, bis hin zu sonstigen Spezialmessen, wie der Internationalen Fahrrad- und Motorrad-Ausstellung, den Windenergietagen der AERO und Handwerksmessen. Dabei handelt es sich sowohl um internationale, nationale als auch regionale Messen und Ausstellungen.

Der Aufwand der Demonstrationszentren für die Beteiligung richtet sich nach der Präsentation; bei einer Posterschau halten sich die Kosten in Grenzen, bei einer umfangreichen Darstellung der Arbeiten des Demonstrationszentrums können die Kosten für Standmiete, Aufstellung von Maschinen und Geräten sowie die Personalkosten für Vorbereitung und Beratung auf der Messe 50 000 DM und mehr betragen.

Die Resonanz auf die Ausstellungen und Messen wird von den Demonstrationszentren sehr unterschiedlich bewertet; dabei werden die gleichen Ausstellungen bzw. Messen vom selben Zentrum für verschiedene Jahre auch unterschiedlich beurteilt, denn für die Wirksamkeit spielt auch eine Rolle, in welcher Umgebung und an welchem Ort sich der Messestand befindet. Von einigen Demonstrationszentren wird explizit darauf hingewiesen, daß für die Resonanz wichtig ist, Demonstrationsobjekte - wie z.B. ein aus FVK gefertigtes Fahrrad - auf dem Stand vorführen zu können; diese Objekte locken die Besucher an den Stand, so daß Kontakte geknüpft werden können. Zu den allgemeinen Messen kommen in großem Umfang Vertreter der Geschäftsleitungen. Sind diese Personen interessiert, kommt es auch zu Kontakten mit den Fachleuten der Unternehmen, und die Mittel für etwaige Projekte stehen oft leichter zur Verfügung, als wenn die Initiative von den Fachleuten ausgeht. Bei den Fachmessen muß man zwischen den "Insider"-Messen und -Ausstellungen unterscheiden, bei denen die Demonstrationszentren bekannt sind, sich aber durch ihre Präsenz in Erinnerung rufen müssen, und den "Outsider"-Messen und -Ausstellungen, wie z.B. Metall-Messen und -Ausstellungen, bei denen Outsider auf den Werkstoff aufmerksam gemacht werden können; dabei ergibt sich ggf. die Möglichkeit, neue FVK-Anwender zu gewinnen. Insgesamt haben die Messen und Ausstellungen zu einer Reihe neuer Kontakte geführt, die aber nur in relativ wenigen Fällen und dann oft erst nach längerer Zeit zu Projekten führen. Bei einem direkten Vergleich von Aufwand für die Präsentation auf Messen und Ausstellungen und den daraus letztendlich sich ergebenden gemeinsamen Projekten von Demonstrationszentren und Unternehmen, dürfte die Beteiligung der Zentren nicht rentabel sein. Die Demonstrationszentren beraten aber sowohl dort als auch ggf. später die Unternehmen über die Anwendung von FVK. Diese positiven Wirkungen dürfen nicht unterschätzt werden; sie entziehen sich aber einer quantitativen Bewertung.

6.2.1.3. Fachvorträge

Die Mitarbeiter der Demonstrationszentren und der Basisinstitute halten bei verschiedenen Anlässen eine Reihe von Fachvorträgen über den Werkstoff und seine Anwendung sowie über die Tätigkeiten der Zentren. Die Referate werden vor unterschiedlichem Publikum gehalten, um eine große Breitenwirkung zu erzielen. Die Fachvorträge werden anläßlich von Messen und Ausstellungen, auf Kongressen, sonstigen Tagungen und Veranstaltungen sowie in Unternehmen vor Personen, die FVK anwenden als auch solchen, die diesen Werkstoff bisher noch nicht angewendet haben, gehalten. Diese Referate dienen sowohl der Kontaktaufnahme zu Unternehmen als auch dem Renommee der wissenschaftlichen Mitarbeiter.

Eine Zurechnung der Fachvorträge auf die Mitarbeiter der Demonstrationszentren ist kaum möglich, da die personelle Anbindung an die Basisinstitute im allgemeinen sehr eng ist. Nach den dem DIW zur Verfügung stehende Angaben, dürften 1992 insgesamt fast 100 Fachvorträge gehalten worden sein, während es 1991 etwa halb so viel waren; insgesamt fand etwa jeder sechste Vortrag im Ausland statt. Die dort Anwesenden gehörten nicht zur Zielgruppe der Demonstrationszentren, so daß der Beweggrund für die Vorträge wohl eher die Stärkung des Renommees der Referenten sein dürfte. Die Zahl der Referate von Mitarbeitern der Demonstrationszentren war sehr unterschiedlich. Besonders auffällig sind die vielen Fachvorträge von Mitarbeitern des Demonstrationszentrums Bremen insbesondere im Jahr 1992, die sich fast durchweg mit der Fügetechnik befassen und weitgehend mit der Ausbildung von Fachpersonal für Klebtechnik in Zusammenhang stehen dürften. Die Fachreferate wurden zum Teil in ähnlicher Weise mehrmals vorgetragen und waren in einigen Fällen Basis für Veröffentlichungen.

6.2.1.4. Veröffentlichungen

Die Mitarbeiter der Demonstrationszentren und Basisinstitute veröffentlichen in verschiedenen Publikationen über die FVK-Anwendung und die Demonstrationszentren. Dabei handelte es sich um wissenschaftliche Beiträge in Sammelbänden und Fachzeitschriften, um Aufsätze in allgemeinen Wirtschafts- und Ingenieurzeitschriften, in Fachpublikationen sowie in Broschüren der Demonstrationszentren. Besonders im letzten Jahr haben einige Demonstrationszentren bewußt in Publikationen veröffentlicht, die vorzugsweise von Mitarbeitern von KMU gelesen werden. Die Demonstrationszentren berichteten, daß einige Unternehmen sich speziell auf Veröffentlichungen der Zentren bei der Kontaktaufnahme berufen haben. Die Publikationen dienen wie die Fachvorträge auch dem Renommee der wissenschaftlichen Mitarbeiter.

Sowohl 1991 als auch 1992 wurden nach den dem DIW zur Verfügung stehenden Informationen jeweils 50 bis 60 Aufsätze - davon einige im Ausland - veröffentlicht; dabei ist eine Trennung zwischen Mitarbeitern des Demonstrationszentrums und des Basisinstituts auch hier nicht möglich. Wie bei den Referaten ergibt sich auch hier eine breite Streuung zwischen den einzelnen Demonstrationszentren.

In diesem Zusammenhang ist auch zu erwähnen, daß z.B. die Stabsstelle für Technologietransfer der DLR alle Industrie- und Handelskammern der Bundesrepublik regelmäßig anschreibt und im Rahmen des DLR-Know-how-Katalogs eine Reihe von speziellen Berichten über die FVK-Anwendung des Demonstrationszentrums Braunschweig anbietet.

6.2.2. Seminare und Schulungen

Die Durchführung von Seminaren und Schulungen zur Anwendung von FVK gehört zu den wichtigen Aufgaben der Demonstrationszentren; sie dienen der Schulung und Weiterbildung der Mitarbeiter der Unternehmen, zeigen die Kompetenz des Zentrums und bieten Anknüpfungspunkte zu den Unternehmen. Schon bald nach Gründung der Zentren wurden die ersten Seminare über FVK veranstaltet. Im Anfang wurden die Seminare von den Demonstrationszentren ohne Absprache mit den anderen Zentren angeboten. Seit einiger Zeit erfolgt wenigstens eine Abstimmung der Termine; es wäre aber sinnvoll, wenn auch eine inhaltliche Koordination durchgeführt würde. Die Seminare aller Demonstrationszentren werden seit dem 2. Halbjahr 1991 halbjährlich bzw. 1993 jährlich in einem Faltblatt, das vom Demonstrationszentrum Erlangen/Würzburg zusammengestellt wird, angekündigt. Einige Zentren führen gemeinsame Seminare oder Seminare in Kooperation mit anderen Trägern durch; auch in Unternehmen werden Seminare abgehalten.

Seminare erfordern für die Demonstrationszentren einen erheblichen Aufwand. Auch wenn ein Teil der Seminare der Zentren wiederholt wird, so müssen sie immer wieder aktualisiert werden. Aufwendig ist auch die Werbung für die Seminare. Die Demonstrationszentren müssen Unternehmen und Personen anschreiben. Durch die Kooperation mit Trägern wie z.B. dem SKZ, technischen Akademien und dem Verband Deutscher Ingenieure (VDI) können die Adressenkarteien dieser Institutionen genutzt werden. Auch die Adressenpools von Industrie- und Handelskammern sowie Handwerkskammern werden herangezogen. Die Zentren berichten, daß weniger als 1 vH der Einladung zum Erfolg führen. Auch in Fachzeitschriften und sogar in Tageszeitungen wird auf Seminare aufmerksam gemacht.

Zielgruppen können sowohl Personen mit als auch ohne FVK-Kenntnisse sein; auch Einschränkungen auf bestimmte Berufsgruppen - wie z.B. Handwerker - werden vorgenommen. Es werden Grundlagenseminare und Spezialseminare angeboten - zum Teil mit Übungen. Das Demonstrationszentrum Berlin bietet auch Fallstudien als Vertiefungsseminare an, in denen praktische Erfahrungen an konkreten Fällen individuell vermittelt werden und deren Teilnehmerzahl auf etwa sechs Personen begrenzt ist. Neben Einführungsseminaren zur FVK-Anwendung wird von den Demonstrationszentren ein weites Spektrum von Seminarthemen angeboten, so z.B. über Bauteilberechnungen und Dimensionsauslegen, Ermüdungsverhalten, Qualitätssicherung, Berechnung von Mehrschichtfaserverbundwerkstoffen und Bearbeitung.

Angekündigt wurden insgesamt von den Demonstrationszentren

- für das 2. Halbjahr 1991 13 Seminare,
- für das 1. Halbjahr 1992 11 Seminare,
- für das 2. Halbjahr 1992 13 Seminare und
- für das gesamte Jahr 1993 12 Seminare.

Da immer wieder Seminare wegen mangelnder Beteiligung ausfallen mußten, andererseits im Faltblatt nicht angekündigte Seminare durchgeführt wurden oder auch Seminare in

Unternehmen veranstaltet wurden, weichen die Zahlen der geplanten und realisierten Seminarveranstaltungen - insbesondere für 1991 - voneinander ab. Während im 1. Halbjahr 1991 nur sieben Seminare durchgeführt wurden, waren es im 2. Halbjahr desselben Jahres 20. Im Jahre 1992 wich die Zahl der Seminarveranstaltungen mit 11 bzw. 13 kaum voneinander ab. Insgesamt wurden von den Demonstrationszentren in den beiden Jahren 1991 und 1992, d.h. 12 bis 21 Monate nach ihrer Gründung, 51 Seminare veranstaltet (vgl. Tabelle 6.2/1). Die meisten Seminare wurden vom Demonstrationszentrum Aachen veranstaltet, gefolgt von den Zentren in Stuttgart, Braunschweig und Berlin. Das Ausfallen von Seminaren dürfte weitgehend daran gelegen haben, daß die Semi-nartermine und -inhalte zwischen den Demonstrationszentren nicht ausreichend koordiniert waren und daß es schwierig war, alle potentiellen Interessenten auf die Seminare aufmerksam zu machen, obwohl die Zentren sich zum Teil anderer Institutionen wie Akademien und dem SKZ bedienten. Insgesamt muß aber auch festgestellt werden, daß die eigentliche Klientel klein ist. Wenn nicht in erheblichem Umfang Mitarbeiter von Großunternehmen Seminare besuchen würden, hätte die Zahl der Seminare kleiner sein müssen. Für 1993 sind insgesamt nur noch 12 Seminare geplant. Diese Reduzierung ist auf die hohen Kosten der Seminarveranstaltungen, die Tatsache, daß in der Vergangenheit immer wieder Seminare mangels Interesse ausgefallen sind, sowie auf die gegenwärtige konjunkturelle Situation in Deutschland zurückzuführen, die Unternehmen veranlaßt, aus Kostengründen die Teilnahme der Mitarbeiter an Fortbildungsveranstaltungen einzuschränken. Auch ist es bei der gegebenen wirtschaftlichen Lage schwierig, Träger zu finden, die diese Seminare organisieren und das wirtschaftliche Risiko zumindest teilweise tragen. Schließlich denken die Demonstrationszentren auch an die Zeit nach Auslaufen der Förderung durch das BMFT Ende 1993. Sie wollen sich dann nur noch eingeschränkt mit den kostenintensiven Seminarveranstaltungen belasten, deren "Früchte" in Form von über diese Kontakte angebahnten Projekten sich erst später zeigen können, wenn die Zentren zum überwiegenden Teil ihre Aktivitäten einschränken werden.

Für etwa zwei Drittel der 51 Seminare haben die Demonstrationszentren spezielle Angaben gemacht. Danach dauerten die Seminare überwiegend ein bis zwei Tage - in zwei Drittel der Fälle zwei Tage - und es handelte sich bei gut jedem zweiten Fall um ein Seminar, das in gleicher oder ähnlicher Art schon einmal gehalten wurde. Die Seminare verteilen sich ziemlich gleichmäßig auf Grund- und Spezialseminare; in jedem zehnten Fall wurde angegeben, daß es sich sowohl um ein Grund- als auch um ein Spezialseminar handelte. Entsprechend wurden von den Demonstrationszentren als Zielgruppen für die Seminarveranstaltungen Personen ohne als auch mit FVK-Kenntnisse genannt.

Die Zahl der Dozenten war je Seminar im allgemeinen beträchtlich. Nur 7 vH der Seminarveranstaltungen hatten bis zu drei Referenten, etwa die Hälfte vier bis sechs und zwei Fünftel sieben und mehr Dozenten.

Die Demonstrationszentren haben auf verschiedene Weise versucht, für die Seminare zu werben, und es wurden oft mehrere Möglichkeiten der Bekanntmachung gewählt. In drei Fünftel der Fälle wurden Personen und Unternehmen angeschrieben, und in einem Drittel

Tabelle 6.2/1

Seminare und Schulungen der Demonstrationszentren für FVK für Mitarbeiter in Unternehmen 1991 und 1992

Zahl der Seminarveranstaltungen		
	1. Halbjahr 1991	7
	2. Halbjahr 1991	20
	1. Halbjahr 1992	11
	2. Halbjahr 1992	13
	1991 und 1992 insgesamt	51
Seminardauer, in vH		
	1 Tag	27
	2 Tage	65
	3 Tage und mehr	8
Wiederholungsseminare, in vH		57
Seminararten, in vH		
	Grundseminare	47
	Spezialseminare	43
	Grund- und Spezialseminare	10
Zielgruppe der Seminarteilnehmer, in vH		
	ohne FVK-Kenntnisse	48
	mit FVK-Kenntnissen	44
	ohne/mit FVK-Kenntnissen	8
Zahl der Dozenten, in vH		
	1 - 3 Lehrende	7
	4 - 6 Lehrende	52
	7 Lehrende und mehr	41
Bekanntmachung der Seminare, in vH (z.T. Mehrfachnennungen)		
	Anschreiben	59
	Anzeigen	33
	sonstige Art	33
Seminarteilnehmer, in vH		
	- 9 Personen	36
	10 - 15 Personen	20
	16 - 20 Personen	20
	mehr als 20 Personen	24
Seminargebühren, in vH		
	- 499 DM	43
	500 - 699 DM	33
	700 DM und mehr	24

Quellen: Schriftliche Angaben der Demonstrationszentren für FVK an das DIW.- Zwischenberichte der Demonstrationszentren für FVK an das BMFT.- Berechnungen des DIW.

der Fälle wurden Anzeigen in Fachzeitschriften und sogar in der Tagespresse aufgegeben bzw. auf sonstige Weise auf die Seminare aufmerksam gemacht. Dabei handelte es sich insbesondere um die Bekanntmachung der Seminare durch die Träger, mit denen die Demonstrationszentren die Seminare durchführten.

Die Zahl der Seminarteilnehmer lag im Durchschnitt, wenn man Seminare wie z.B. Fallstudien, bei denen die Teilnehmerzahl bewußt niedrig gehalten wird oder einige große Veranstaltungen außer acht läßt, im Durchschnitt bei etwa 15 Personen; das ist auch eine vernünftige Teilnehmerzahl, um intensiv arbeiten zu können.

Die Seminargebühren betragen für ein zweitägiges Seminar zwischen 380 und 860 DM; im Durchschnitt lagen sie für die 19 zweitägigen Seminare, für die die Demonstrationszentren Angaben gemacht haben, bei 600 DM. Insgesamt wurden für gut zwei Fünftel der Seminare Gebühren von weniger als 500 DM, für ein Drittel zwischen 500 und 699 DM und für ein Viertel 700 DM und mehr berechnet. Den Seminarteilnehmern wurden dafür im allgemeinen Getränke und Verpflegung gereicht.

Die Demonstrationszentren berichteten übereinstimmend, daß die Seminargebühren nur einen Teil der Kosten decken. Im Durchschnitt betragen die Gebühren bei einem zweitägigen Seminar 600 DM. Bei einer Teilnahme von etwa 15 Personen liegen die Einnahmen damit pro Seminar bei 9 000 DM. Die Seminare werden von mehreren Personen durchgeführt, die Kosten für die Werbung sind nicht unerheblich, und weitere Kosten wie für Beköstigung und Getränke fallen meistens auch noch an. Die Kosten pro Seminar liegen bei 20 000 DM und darüber; die Gebühren decken weniger als die Hälfte der Kosten. Das entspricht auch Aussagen von Demonstrationszentren, die einen Deckungsbeitrag von der Hälfte bis zu zwei Drittel angeben.

Von den Demonstrationszentren Aachen und Darmstadt liegen für zehn Seminare Angaben der Seminarteilnehmer zu verschiedenen Merkmalen der Person und des Unternehmens, in dem sie beschäftigt sind, vor. Insgesamt haben 132 Personen die Fragebögen ausgefüllt und auch die meisten Fragen beantwortet (vgl. Tabelle 6.2/2).

Vier Fünftel der Seminarteilnehmer besuchten ein zweitägiges Seminar und 70 vH der Teilnehmer nahmen erstmals an einem Seminar über FVK teil. Die Seminarteilnehmer waren überwiegend Diplom-Ingenieure (62 vH) und zu etwa einem Viertel Techniker/ Meister. Mehr als die Hälfte der Teilnehmer war im Unternehmen im Bereich Entwicklung/Konstruktion tätig, während Personen, die in den Unternehmen mit Produktions- und Qualitätssicherungsaufgaben betraut waren, zusammen ein Drittel der Teilnehmer ausmachten.

Die Seminarteilnehmer kamen zu gut einem Fünftel aus der Kunststoffverarbeitung und zu einem Sechstel aus dem Maschinenbau. Etwa jeder zehnte Teilnehmer war jeweils im Straßenfahrzeugbau, in der chemischen Industrie, im "sonstigen" produzierenden Gewerbe, im Luft- und Raumfahrzeugbau, in Hochschulen/Forschungsinstituten sowie in "sonstigen" Bereichen tätig. Nur 3 vH der Seminarteilnehmer war in der Elektrotechnik beschäftigt.

Insgesamt arbeiteten etwa vier Fünftel der Teilnehmer in Unternehmen des produzierenden Gewerbes.

Von den Teilnehmern aus dem produzierenden Gewerbe kamen knapp die Hälfte aus Großunternehmen mit 1 000 und mehr Beschäftigten und jeweils etwa ein Fünftel aus Kleinunternehmen mit weniger als 50 Beschäftigten sowie mittleren Unternehmen mit 100 bis 499 Mitarbeitern. Der Anteil der Teilnehmer aus den Kleinunternehmen ist überzeichnet, da die Hälfte aller Seminarteilnehmer aus Kleinunternehmen mit weniger als 50 Beschäftigten an einem speziell für das Handwerk ausgerichteten Seminar teilgenommen haben. Etwa drei Viertel der Teilnehmer waren aus Unternehmen des produzierenden Gewerbes, die FVK verarbeiteten (ein Teil von ihnen bezog zusätzlich FVK-Teile), und ein Fünftel hatte bis dato keine FVK-Anwendung; unbedeutend war die Teilnehmerzahl aus Unternehmen, die lediglich FVK-Bauteile bezogen.

Überwiegend nahmen die Teilnehmer an den Seminaren teil, um sich allgemein zu informieren, aber immerhin fast jeder zweite Besucher der Veranstaltung war in einem FVK-Projekt tätig oder sollte damit beginnen. Einige Teilnehmer begründeten ihr Interesse am Seminar sowohl durch allgemeines Interesse als auch durch Projektarbeit.

Die weit überwiegende Mehrzahl der Teilnehmer zeigte an einem weiteren Seminar Interesse; nur jeder zehnte Teilnehmer schloß das aus. Die Mehrheit war an einem Seminar zu einem anderen Thema interessiert; aber auch eine nicht unbeträchtliche Zahl von Teilnehmern wollte noch einmal ein Seminar zum gleichen Thema besuchen. Insbesondere Teilnehmer an Grundseminaren wollten an Seminaren mit gleichem Thema teilnehmen; diese waren aber im gleichen Maße wie Besucher von Spezialseminaren auch an anderen Themen interessiert.

Zusammenfassend ist also festzustellen, daß die Seminartätigkeit eine wichtige Aufgabe der Demonstrationszentren ist, da sie der Wissensvermittlung über FVK dient und Anknüpfungspunkt für zukünftige Zusammenarbeit ist. Teilnehmer der Seminare waren in erheblichem Umfang aber Mitarbeiter von Großunternehmen, die eigentlich nicht zum Klientel der Demonstrationszentren rechnen. Es mußten in der Vergangenheit wegen mangelnder Beteiligung immer wieder Seminarveranstaltungen ausfallen, obwohl die Seminarteilnehmer weit überwiegend angeben, daß sie auch zukünftig Seminare über FVK besuchen wollen. Zwar werden seit dem 2. Halbjahr 1991 die Seminare der Demonstrationszentren zentral zusammengestellt, aber eine wirkliche Koordination, etwa über die Inhalte der Seminare, findet nicht statt; vielleicht wäre manche Absage dann nicht notwendig gewesen. Die hohen Kosten, die Absagen von Seminaren und das Auslaufen des Förderungsprogramms durch das BMFT führten schon 1993 zu einer Ankündigung von etwa halb so viel Seminaren wie 1992; nach Auslaufen der Förderung werden nach Auskunft der Demonstrationszentren die Seminarveranstaltungen noch weiter reduziert werden. Gut akzeptiert scheinen die in der letzten Zeit vom Demonstrationszentrum Berlin durchgeführten Fallstudien als Vertiefungsseminare zu sein. In ihnen werden praktische Erfahrungen an konkreten Fällen individuell vermittelt. Durch die geringe Teilnehmerzahl dürfte der Deckungsbeitrag aber besonders klein sein.

Tabelle 6.2/2

Angaben von Teilnehmern an Seminaren und Schulungen der Demonstrationszentren für FVK 1991 und 1992

Zahl der Seminare mit ausgefüllten Seminarteilnehmerbögen		10
Fragebögen von Seminarteilnehmern		132
Seminardauer, in vH	1 Tag	20
	2 Tage	80
Frühere eigene Teilnahme der Seminarteilnehmer an FVK-Seminaren, in vH	ja	30
	nein	70
Frühere Teilnahme von Kollegen der Seminarteilnehmer im Unternehmen an FVK-Seminaren, in vH	ja	58
	nein	33
	unbekannt	9
Ausbildung der Seminarteilnehmer, in vH	Dipl.-Ing. o.ä. (Hochschule, FH)	62
	Techniker/Meister	24
	sonstige	14
Funktion der Seminarteilnehmer im Unternehmen, in vH (z.T. Mehrfachnennungen)	Entwicklung/Konstruktion	54
	Produktion	20
	Qualitätssicherung	15
	sonstiges	25
Branchenzugehörigkeit der Unternehmen der Seminarteilnehmer, in vH	Kunststoffverarbeitung	22
	Maschinenbau	17
	Straßenfahrzeugbau	11
	Chemische Industrie	10
	Luft- und Raumfahrzeugbau	9
	Elektrotechnik	3
	sonstiges produzierendes Gewerbe	10
	Hochschule/Forschung	9
	sonstige	9
Beschäftigte der Unternehmen[1)] der Seminarteilnehmer, in vH	- 49 Personen	19
	50 - 99 Personen	8
	100 - 499 Personen	22
	500 - 999 Personen	6
	1000 Personen und mehr	45
FVK-Anwendung im Unternehmen[1)] der Seminarteilnehmer, in vH	Verarbeitung	47
	Bezug	4
	Verarbeitung und Bezug	29
	keine FVK-Anwendung	20
Grund für Seminarteilnahme der Seminarteilnehmer, in vH (z.T. Mehrfachnennungen)	Allgemeine Information	71
	Projektarbeit	45
Mögliche zukünftige Seminarteilnahme über FVK, in vH	ja	86
	zum gleichen Thema[2)]	37
	zu einem anderen Thema[2)]	57
	ja, eventuell	5
	nein	9

1) Unternehmen des produzierenden Gewerbes.- 2) Teilnehmer interessieren sich z.T. für Seminare zum gleichen und anderen Themen.

Quellen: Schriftliche Angaben von Teilnehmern von 10 Seminaren der Demonstrationszentren für FVK Aachen und Darmstadt.- Berechnungen des DIW.

6.2.3. Anfragen und Beratungen

Der Wissenstransfer findet in großem Umfang durch umfangreiche Beratung der Unternehmen über FVK statt. Davon zu unterscheiden sind Anfragen, die sich auf gezielte Einzelfragen beziehen, die schnell zu beantworten sind, dennoch auch der Wissensvermittlung dienen.

6.2.3.1. Anfragen

Die Erfassung von Anfragen diente dem Zweck, einen Eindruck zu gewinnen, wie rege von der Möglichkeit der Kontaktaufnahme Gebrauch gemacht wird und ob sich Veränderungen dieses "ersten" Interesses im Zeitablauf feststellen lassen. Es handelt sich dabei um einen sehr groben Indikator für das Interesse an FVK, ohne daß der Anspruch erhoben wird, zu Aussagen über Intensität und Erfolg zu gelangen.

Die Demonstrationszentren verstehen wohl nicht in allen Fällen dasselbe unter einer Anfrage. Manche registrieren jede Kontaktaufnahme im Demonstrationszentrum auf Messen und anderswo als Anfrage, andere Demonstrationszentren grenzen dagegen Anfragen von unverbindlichen kurzen Gesprächen ab. Gegenüber Beratungen sind Anfragen auch nicht in allen Fällen gleich abgegrenzt. Soweit es ersichtlich war, wurden deshalb die dem DIW von den Demonstrationszentren gegebenen Informationen "bereinigt".

An die Mitarbeiter der Demonstrationszentren werden regelmäßig eine Fülle von Anfragen gerichtet. Insgesamt dürften es sowohl 1991 als auch 1992 mehr als 1 000 Anfragen gewesen sein.[50] Im Durchschnitt sind das drei bis vier Anfragen bei jedem einzelnen Demonstrationszentrum in der Woche. Die meisten Anfragen erhielten die Demonstrationszentren Braunschweig und Aachen mit im Durchschnitt mindestens einer Anfrage täglich. Gut die Hälfte der Anfragen war fernmündlich, knapp ein Drittel der Anfragen wurde persönlich gestellt, und etwa ein Sechstel der Anfragen wurde schriftlich beantwortet. Manche Anfragen bezogen sich auf verschiedene Punkte. In der Hälfte der Anfragen wurden 1991 und 1992 technische Fragen angeschnitten und zu knapp einem Viertel Fragen der Beratung. Weiterhin bezog sich etwa jede zehnte Frage auf Projektzusammenarbeit. Fragen zu Seminaren, Literatur zu FVK und Vermittlung spielen eine geringe Rolle. Von 1991 zu 1992 haben sich die Anfragen zu Beratungen erhöht, während sonst die Unterschiede des Inhalts der Anfragen nicht sehr gravierend zwischen beiden Jahren waren. Knapp zwei Fünftel der Anfragenden waren in der Kartei des Demonstrationszentrums bereits erfaßt, aber noch mehr wurden in die Kartei neu aufgenommen. Die Anfragen führen des öfteren zu intensiveren Beratungen, die dann in einigen Fällen in gemeinsame Projekte münden.

---

[50] Da nicht alle Demonstrationszentren während des gesamten Betrachtungszeitraums Angaben dazu gemacht haben, mußten diese z.T. durch Schätzungen ergänzt werden.

6.2.3.2. Beratungen

Beratungen grenzen sich von den Anfragen durch gezielte intensive Wissensvermittlung ab, die im allgemeinen mindestens eine halbe Stunde in Anspruch nimmt. Im Einzelfall sind die Grenzen aber fließend, und die Zuordnung durch die Demonstrationszentren scheint nicht in jedem Fall einheitlich zu sein. Gegenüber Projektarbeiten ist die Grenze auch nicht in jedem einzelnen Fall einheitlich, besonders dann, wenn es sich um Projektvorbereitungen handelt. Soweit diese als solche ausgewiesen waren, wurden sie wie beim Demonstrationszentrum Berlin den Beratungen zugerechnet, auch wenn es sich um mehrtägige Arbeiten handelt. Denn zu den Beratungen gehört auch, festzustellen, ob angedachte Projekte durchführbar sind. Dieses sind dann Arbeiten, die zusätzlich zum Beratungsgespräch anfallen.

Beratungen dienen in erheblichem Umfang dem Wissenstransfer und sind fundamentale Aufgaben der Demonstrationszentren. Grundsätzlich lassen sich die Beratungen folgendermaßen klassifizieren:

- Beratungen helfen den Unternehmen, selbständig die FVK-Anwendung aufzunehmen bzw. voranzubringen.
- Beratungen bewahren die Unternehmen vor falschen Entscheidungen bei der FVK-Anwendung, entweder, daß andere als vorgesehene Wege beschritten werden oder, daß die FVK-Anwendung nicht weiter verfolgt wird.
- Beratungen führen zu gemeinsamen Projekten von Demonstrationszentren und Unternehmen.

Wenn die Demonstrationszentren in dieser Weise beraten, führt das zur Steigerung des Wettbewerbs der Unternehmen und dadurch bedingt der Volkswirtschaft. Einige Ratsuchende ließen sich von mehreren Demonstrationszentren beraten. Im Zusammenhang mit der gegenwärtigen wirtschaftlichen Rezession ist nach Informationen der Demonstrationszentren auch FuE-Personal entlassen worden. Die Demonstrationszentren beraten in letzter Zeit deshalb auch Unternehmen, bei denen durch diese Unternehmenspolitik eine FuE-Lücke entstanden ist.

Aus den Informationen der Demonstrationszentren und aus den Zwischenberichten der Zentren an das BMFT kann - bei einigen Schätzungen - auf eine Verdopplung der Zahl der Beratungen vom 1. Halbjahr 1991 bis zum 2. Halbjahr 1992 in allen Demonstrationszentren geschlossen werden (vgl. Tabelle 6.2/3). Von 1991 bis 1992 ist die Zahl der Beratungen um die Hälfte auf 461 im Jahr gestiegen. Im Durchschnitt hat sich ist die Zahl der Beratungen je Demonstrationszentrum im Monat von etwa drei im 1. Halbjahr 1991 auf rund sechs im 2. Halbjahr 1992 erhöht. Wie bei den Anfragen wurden sowohl 1991 als auch 1992 die meisten Beratungen von den Demonstrationszentren Aachen und Braunschweig mit im Durchschnitt 1992 jeweils etwa elf bzw. acht Beratungen im Monat. Die Zahl der Beratungen der Demonstrationszentren Darmstadt, Berlin und Stuttgart entsprach 1992 in etwa dem Durchschnitt.

Tabelle 6.2/3

Beratungen der Demonstrationszentren für FVK
- jeweilige Merkmale in vH[1) -]

	Halbjahre				Jahre		
	1991		1992		1991	1992	Insgesamt
	1. Halbjahr	2. Halbjahr	1. Halbjahr	2. Halbjahr			
Zahl der Beratungen	(130)	(180)	(217)	(244)	(310)	(461)	(771)
Beratungen	(130)	(179)	(211)	(217)	(309)	(428)	(737)
bis 2 Stunden	16	37	10	31	28	21	24
etwa 1/2 Tag	42	40	48	38	41	43	42
1 Tag und mehr	42	23	42	31	31	36	34
Ort der Beratung	(128)	(165)	(215)	(221)	(293)	(436)	(729)
Demonstrationszentrum	74	68	68	62	71	65	68
Betrieb	17	14	23	18	15	21	18
anderer Ort	6	17	2	15	12	8	10
mehrere Orte [2)]	3	1	7	5	2	6	4
Thema der Beratung [3)]	(126)	(175)	(212)	(224)	(301)	(436)	(737)
Konstruktion/Auslegung	72	58	69	65	64	67	66
Fertigung	33	39	32	45	36	39	38
Material	56	42	37	50	48	44	45
Abrechnung der Beratung [3)]	(114)	(160)	(210)	(220)	(274)	(430)	(704)
darunter:							
kostenlose Beratung	99	98	98	91	99	94	96
Perspektiven der Beratung [3)]	(119)	(161)	(217)	(221)	(280)	(438)	(718)
abgeschlossen für DZ	27	24	28	33	25	31	29
weitere Beratung vorgesehen	47	57	49	48	54	49	51
ohne Termin	40	47	35	32	44	33	37
mit Termin	7	10	14	16	10	15	13
Forschungsprojekt	51	47	42	41	49	42	44
vage angedacht	30	29	23	21	30	22	25
vorgesehen	21	17	19	20	19	20	19
weiter vermittelt	4	9	8	11	7	9	8
Einschätzung der Beratung durch das Demonstrationszentrum	(103)	(131)	(168)	(152)	(234)	(320)	(554)
positiv	81	86	81	70	84	76	80
unentschieden	14	12	15	28	13	21	17
negativ	5	2	4	2	3	3	3

1) Angaben in Klammern: Zahl der Nennungen.- 2) Betrieb und Demonstrationszentrum, Demonstrationszentrum und anderer Ort.- 3) Z.T. Mehrfachnennungen.

Quellen: Schriftliche Angaben der Demonstrationszentren für FVK an das DIW.- Zwischenberichte der Demonstrationszentren für FVK an das BMFT.- Berechnungen des DIW.

Die Beratungsdauer betrug bei gut zwei Fünftel der Fälle in etwa einen halben Tag und in etwa knapp einem Viertel der Fälle bis zu zwei Stunden; jede dritte Beratung dauerte einen Tag und länger. Die durchschnittliche Beratungsdauer hat von 1991 zu 1992 leicht zugenommen. Für die einzelnen Halbjahre ergeben sich größere Unterschiede in der Beratungsdauer; sie scheinen vorwiegend auf Beratungen auf Messen zurückzuführen zu sein, bei denen diese meistens kürzer sind. Zwei Drittel der Beratungen wurden im Demonstrationszentrum und etwa ein Fünftel im Betrieb durchgeführt. In beiden Jahren wurde etwa jede zehnte Beratung an anderen Orten - insbesondere dürften das Messen gewesen sein - vorgenommen.

Die Themen der Beratungen waren sehr vielfältig. Sie reichten von Bauteilberechnungen, Auslegungen, Leichtbau, Bearbeitungsverfahren, Beschichtungen, Kleben, Schadstoffemissionen bei der Bearbeitung bis zum Einsatz der optimalen Fasern, Harze, Matrixwerkstoffe und Formmassen. In vielen Fällen spielten bei der Beratung mehrere Punkte eine Rolle. Die Demonstrationszentren haben bei ihren Informationen für das DIW eine Zurechnung nach Konstruktion/Auslegung, Fertigung sowie Material vorgenommen. Im allgemeinen betraf die Beratung zu etwa zwei Dritteln Konstruktion/Auslegung, zu mehr als zwei Fünfteln das Material und zu knapp zwei Fünfteln die Fertigung.

Die Beratung wurde fast ausschließlich kostenlos gewährt; nur in einigen wenigen Fällen wurden Teilkosten in Form von Reisekosten berechnet, wenn die Beratung im Betrieb erfolgte; vereinzelt wurden auch Vollkosten berechnet. Im 2. Halbjahr 1992 haben einige Demonstrationszentren - insbesondere Braunschweig und Aachen - auch Teilkosten und sogar Vollkosten für die Beratung berechnet. Hier scheint der Gesichtspunkt, daß Beratungen relativ teuer sind, immer stärker ins Bewußtsein zu rücken, denn zur eigentlichen Beratungszeit kommt noch die Zeit der Informationsaufbereitung und ggf. Projektvorbereitung hinzu. Mit dem Näherrücken des Ablaufs der finanziellen Förderung der Demonstrationszentren durch das BMFT wird dieses Problem immer gewichtiger.

Die Demonstrationszentren haben auch Angaben zu den Perspektiven der Beratung gemacht, dabei waren Mehrfachnennungen möglich. In drei Zehntel der Fälle wurden die Unternehmen so beraten, daß der Fall für das Demonstrationszentrum als abgeschlossen betrachtet werden konnte. In knapp einem Zehntel der gesamten Fälle wurden die Beratenden weiter vermittelt, das sind u.a. Rohstoffhersteller, Verarbeiter von FVK oder auch - wenn auch selten - andere Demonstrationszentren. Bei der Hälfte der Beratung wurde eine weitere Beratung ins Auge gefaßt, dabei wurde in jedem vierten Fall sofort ein Termin festgelegt. Die Verbindlichkeit einer weiteren Beratung ist im Zeitverlauf gestiegen, da der Anteil der weiteren Beratungen mit festem Termin gestiegen ist. Bei 44 vH der Beratungen wurde von den Demonstrationszentren erwartet, daß sich aus der Beratung ein Forschungsprojekt entwickeln könnte. Während aber 1991 in 49 vH der Fälle angenommen wurde, daß sich aus der Beratung ein Forschungsprojekt mit dem Unternehmen ergeben würde, ist der Anteil 1992 auf 42 vH zurückgegangen. Dabei ist der Anteil, in denen ein Forschungsprojekt konkret vorgesehen war, mit einem Fünftel der Fälle ziemlich konstant geblieben. Bei den vage angedachten Forschungsprojekten hat wohl eine realistischere Auffassung Platz gemacht; der Anteil ist von 30 vH im Jahre 1991 auf 22 vH im Jahre 1992 gesunken. Geht man insgesamt davon aus, daß etwa zwei Beratungen notwendig sind, um sich auf ein gemeinsames Forschungsprojekt mit den Unternehmen zu einigen, so ist die Einschätzung der Demonstrationszentren - bezogen auf die akquirierten Forschungsprojekte - realistisch.

Überwiegend haben die Demonstrationszentren eine verbale Einschätzung des Beratungsergebnisses gegeben. Dabei wurde u.a. angegeben: Interessantes Anwendungsgebiet, aber keine Finanzmittel und Perspektiven; positiv; negativ; wir haben geholfen, Kunde war sehr zufrieden und kommt nochmal auf uns zu; nur Literatur wird gewünscht; sehr konstruktiv; Lieferanten konnten benannt werden; es konnten für den Einsatzbereich geeignete Programme empfohlen werden; Unternehmen sehr interessiert an FVK - eventuell gemeinsames Vorhaben; Werkstoff zu teuer; Demonstrationszentrum erstellt Angebot. Die weit überwiegende Zahl der Einschätzungen kann positiv bewertet werden und nur wenige Beratungen werden negativ beurteilt.

Sowohl 1991 als auch 1992 kamen 84 vH der Ratsuchenden aus dem produzierenden Gewerbe, d.h. jeder sechste kam nicht aus dem produzierenden Gewerbe zuzurechnenden Bereichen (vgl. Tabelle 6.2/4). Knapp die Hälfte der Beratenen konzentrierte sich auf den Maschinenbau, die Kunststoffverarbeitung und den Straßenfahrzeugbau; neben der Automobilindustrie und Kraftfahrzeugzulieferanten waren darunter auch etliche Fahrradhersteller. Die Konzentration auf diese drei Branchen war 1992 etwas geringer als 1991, da der Anteil der Unternehmen der Kunststoffverarbeitung und des Maschinenbaus bei gleichzeitiger Zunahme des Straßenfahrzeugbaus abgenommen hat. Neben diesen drei Branchen mit Anteilssätzen von 21, 17 und 11 vH in den beiden Jahren 1991 und 1992 sind der Luft- und Raumfahrzeugbau und die Elektrotechnik noch mit Anteilssätzen von jeweils 8 vH in erheblichem Maße vertreten. Danach folgen in der Beratungshäufigkeit die Branchen des produzierenden Gewerbes, die chemische Industrie, der Schiffbau sowie die Herstellung von Musikinstrumenten und Sportartikeln (insbesondere Sportartikelhersteller) mit Anteilen von 5 bis 3 vH. Unter den nicht dem produzierenden Gewerbe zuzurechnenden Ratsuchenden sind insbesondere Hoch- und Fachhochschulen, Forschungsinstitute sowie Ingenieurbüros mit Anteilssätzen von je 3 vH zu erwähnen.

Aus den Unternehmen des produzierenden Gewerbes kamen 1991 und 1992 insgesamt ein Drittel aus Kleinunternehmen mit weniger als 100 Beschäftigten, gut ein Viertel aus mittleren Unternehmen mit 100 bis 999 Beschäftigten und etwa zwei Fünftel aus Großunternehmen mit 1000 und mehr Beschäftigten. Von 1991 zu 1992 hat sich der Anteil bei den Kleinunternehmen von 38 auf 30 vH reduziert, der Anteil der mittleren Unternehmen ist etwa konstant geblieben und derjenige der Großunternehmen ist von 35 auf 41 vH gestiegen. Auffallend ist der relativ geringe Anteil der Unternehmen mit 300 bis 999 Beschäftigten, der genau so groß ist wie derjenige von Unternehmen mit 100 bis 299 Beschäftigten. Der Anstieg der um Rat suchenden Unternehmen immerhin um rund 50 vH von 1991 zu 1992 ist zur Hälfte auf die Zunahme der Beratung von Großunternehmen, zu einem Drittel auf mittlere Unternehmen und nur zu etwa einem Siebentel auf Kleinunternehmen zurückzuführen.

Die Demonstrationszentren haben schon 1992 aktiv versucht, ihre Klientel verstärkt bei den Großunternehmen zu suchen, die im allgemeinen finanzkräftiger als kleinere Unter-

Tabelle 6.2/4

Von Demonstrationszentren für FVK beratene Unternehmen
- jeweilige Merkmale in vH[1] -

	Halbjahre				Jahre		
	1991		1992				
	1. Halbjahr	2. Halbjahr	1. Halbjahr	2. Halbjahr	1991	1992	Insgesamt
Zahl der Beratungen	(130)	(180)	(217)	(244)	(310)	(461)	(771)
Branche	(120)	(159)	(214)	(218)	(279)	(432)	(711)
Maschinenbau	25	22	24	12	25	18	20
Kunststoffverarbeitung	17	21	13	19	19	16	17
Straßenfahrzeugbau	8	10	9	13	9	11	11
Luft- und Raumfahrzeugbau	8	9	6	7	10	6	8
Elektrotechnik	13	3	7	7	7	8	8
Chemische Industrie	2	3	6	9	2	7	5
Schiffbau	3	4	3	3	4	3	4
Herst. v. Mustikinstrumenten, Sportwaren	-	4	3	4	2	3	3
Stahlbau	-	0	1	1	0	1	1
Feinmechanik, Optik	2	1	1	2	1	2	1
Textilindustrie	2	1	2	-	1	1	1
EBM	1	1	1	1	1	1	1
Glasgewerbe	1	-	1	1	0	1	1
Baugewerbe	-	1	1	1	0	1	1
Sonst. produzierendes Gewerbe	1	3	4	2	2	3	2
Hoch- und Fachhochschulen	3	6	2	4	5	3	3
Forschungsinstitute	6	1	5	3	3	4	3
Staat	2	-	3	1	1	2	1
Verbände	1	2	0	1	1	1	1
Ingenieurbüros u.ä.	3	1	3	4	2	3	3
Softwarehäuser	-	3	1	1	2	1	1
Sonstige [2]	2	4	4	4	3	4	4
Beschäftigte der Unternehmen des produzierenden Gewerbes	(83)	(100)	(144)	(145)	(183)	(289)	(472)
- 19	17	19	11	12	19	11	14
20 - 99	21	20	19	18	19	19	19
100 - 299	19	10	17	13	13	15	14
300 - 499	-	7	7	11	4	9	7
500 - 999	13	6	3	7	10	5	7
1000 und mehr	30	38	43	39	35	41	39
Anwendung von FVK bei Unternehmen des prod. Gewerbes	(105)	(129)	(162)	(175)	(233)	(337)	(570)
Verarbeiter	42	40	34	39	41	37	39
Bezieher	7	3	8	8	5	8	7
Verarbeiter und Bezieher	17	28	22	21	23	21	21
Kein Anwender	34	29	36	32	31	34	33
Entfernung des Unternehmens des produzierenden Gewerbes zum Demonstrationszentrum	(98)	(104)	(141)	(155)	(202)	(296)	(498)
- 99 km	35	29	30	30	32	29	30
100 - 199 km	30	41	31	25	34	28	31
300 - 499 km	24	19	13	21	22	18	19
500 km und mehr	11	13	26	24	12	25	20

1) Angaben in Klammern: Zahl der Nennungen.- 2) U.a. Designer, Technologieförderer, TÜV, Verlage, Studenten, sonstige Dienstleistungen.
Quellen: Schriftliche Angaben der Demonstrationszentren für FVK an das DIW.- Zwischenberichte der Demonstrationszentren für FVK an das BMFT.- Berechnungen des DIW.

nehmen sind und bei denen folglich das Finanzierungsproblem bei Forschungsprojekten auch geringer ist. In einer Untersuchung der Prognos AG und des FhG-ISI vom August 1991 zur Arbeit der Zentren zur Information und Beratung in verschiedenen Technologiebereichen wurde damals schon festgestellt, daß KMU mit weniger als 500 Beschäftigten durchschnittlich zwei Drittel der Besucher stellen, aber in die Demonstrationszentren für FVK überdurchschnittlich viele Besucher aus Unternehmen mit 500 und mehr Beschäftigten kommen.[51] Dieses deckt sich auch mit den Untersuchungen des DIW, wobei sich die Entwicklung von 1991 bis 1992 noch verstärkt hat. Möglicherweise sind Großunternehmen auch bessere Ansprechpartner für eine wissenschaftlich-technische Beratung. Auch dürften sie in Anbetracht der durchschnittlich hohen Projektkosten für spezifisch kooperative Vorhaben eher in Frage kommen als KMU.

Vorwiegend wurden Verarbeiter von FVK beraten. Von den Unternehmen des produzierenden Gewerbes waren 1991 und 1992 insgesamt drei Fünftel Verarbeiter von FVK, unter ihnen war gut ein Drittel auch Bezieher. Insgesamt war ein Drittel der Ratsuchenden zum Zeitpunkt der Beratung kein Anwender von FVK; unbedeutend war der Anteil der Unternehmen, die nur Bezieher von FVK waren. Im Zeitverlauf von 1991 bis 1992 hat der Anteil der Verarbeiter sowie Verarbeiter und Bezieher von FVK abgenommen und derjenige der Nichtanwender und -bezieher von FVK zugenommen.

Die von den Demonstrationszentren beratenen Unternehmen des produzierenden Gewerbes kamen 1991 und 1992 insgesamt zu je drei Zehntel aus der näheren Umgebung der Zentren, aus einer Entfernung von weniger als 100 km und aus der mittleren Entfernung von 100 bis 299 km. Je ein Fünftel der von den Demonstrationszentren Beratenen kam aus einer Entfernung von 300 bis 499 km sowie von 500 und mehr km. Wie auch aus den Gesprächen bei den Demonstrationszentren und den Unternehmen zu erfahren war, ist es für die Unternehmen im allgemeinen relativ bequem, Rat bei einem nicht zu weit entfernt liegenden Zentrum zu suchen; wenn der Beratungsdruck groß ist, hat die Entfernung aber eine untergeordnete Bedeutung. Nur wenn die Leistungsfähigkeit der Demonstrationszentren noch unbekannt ist, mag für eine erste Kontaktaufnahme die Entfernung von größerer Bedeutung sein.

6.2.4. Projekte

Die intensivste Form des Technologietransfers aus den Demonstrationszentren in die Unternehmen sind gemeinsame FuE-Projekte. Diese Projekte werden in vielen Fällen nicht nur von den Mitarbeitern der Demonstrationszentren durchgeführt, sondern es wird auch auf Mitarbeiter der Basisinstitute zurückgegriffen. Für die Demonstrationszentren sind die Projektarbeiten die wichtigste Quelle für Drittmittel.

Die Projektarbeit war sehr vielfältig. Zu nennen sind beispielhaft: Optimierung der Bearbeitung eines Bauteils aus kohlenstoffaserverstärktem Kunststoff, Laserstrahlschneiden

[51] Vgl. Wolff, H. et al., a.a.O.

von aramidfaserverstärkten Bauteilen; Überprüfung und Dimensionierung eines Heizöltanks in GFK-Bauweise; Entwicklung eines CFK-Schiffes; Belastungsversuche an einer Querschneidemesserwelle; Auslegung eines FVK-Tragflügels für ein Ultraleicht-Flugzeug; Entwicklung und Charakterisierung von Recycling-Bauteilen aus SMC und GMT.

In der folgenden Analyse wird sowohl auf die Zahl der Projekte als auch auf die Projektkosten und -erträge eingegangen. Die Zahl der Projekte gibt einen Hinweis auf die Zahl der Unternehmen, mit denen die Demonstrationszentren zusammengearbeitet haben. Angaben über die Projektkosten und -erträge ermöglichen Aussagen über die Kapazitätsauslastung und die Einnahmen aus Projekttätigkeit der Demonstrationszentren.

Insgesamt sind 1991 und 1992 nach Schätzung des DIW etwa 160 Projekte akquiriert worden. Die Projektdauer betrug in drei Fünftel der Fälle bis zu einem Viertel Jahr. Die Kosten für knapp die Hälfte der Projekte betrugen weniger als 10 000 DM. Fünf Sechstel der Projekte wurde mit Unternehmen des produzierenden Gewerbes durchgeführt, von denen etwa zwei Drittel KMU waren. Insgesamt lagen die Projektkosten in beiden Jahren bei 6,4 Mill. DM mit einem durchschnittlichen Deckungsgrad von gut drei Fünftel. Die Erträge der Demonstrationszentren aus Projektarbeiten betrugen 1991 und 1992 mithin etwa 4,0 Mill. DM.

6.2.4.1. Projektarbeit

Zur Bewertung der Projektarbeit liegen für die Jahre 1991 und 1992 insgesamt 139 Berichtsbögen der Demonstrationszentren über FVK-Projekte vor; hinzu kommen noch 13 Projekte für das 2. Halbjahr 1991 und das 1. Halbjahr 1992 des Demonstrationszentrums Braunschweig, die den Zwischenberichten des Zentrums an das BMFT entnommen werden konnten. Da die Namen der Firmen in den Zwischenberichten angegeben sind, konnte mit Hilfe des Handbuchs der Großunternehmen[52] die Beschäftigungszahl und die Branche der Firmen ermittelt werden. Damit wurden für die Jahre 1991 und 1992 insgesamt 152 Projekte erfaßt. Werden für das 2. Halbjahr 1992 für das Demonstrationszentrum Braunschweig acht akquirierte Projekte angenommen, so dürften es in beiden Jahren etwa 160 Projekte gewesen sein; davon 71 im Jahre 1991 und 89 im Jahre 1992. Die Zahl der Projekte lag in den ersten drei Halbjahren des betrachteten Zeitraums bei 34 bis 39 und stieg im 2. Halbjahr 1992 auf etwa 50; dieser Anstieg beruht auf der Zunahme von Projekten in nur einem Demonstrationszentrum. Von den etwa 160 Projekten, die 1991 und 1992 akquiriert wurden, entfielen auf die einzelnen Demonstrationszentren 5 bis 48 Projekte. Zwei Zentren haben in diesen Jahren jeweils weniger als 10 Projekte mit Projektkosten von etwa 0,1 Mill. DM bzw. 0,6 Mill. DM (Demonstrationszentrum Bremen und Erlangen/Würzburg) und ein Zentrum nahezu 50 Projekte mit Projektkosten von etwa 1,8 Mill. DM (Demonstrationszentrum Aachen) akquiriert. Die anderen fünf Demonstra-

[52] Vgl. Hoppenstedt: Handbuch der Großunternehmen 1989, Band 1 und 2, 36. Ausgabe, Verlag Hoppenstedt & Co., Darmstadt 1989.

tionszentren (einschließlich der Schätzungen für das Demonstrationszentrum Braunschweig) haben in derselben Zeit 19 bis 29 Projekte mit Projektkosten von 0,8 bis 1,9 Mill. DM angeworben (vgl. Tabelle 6.2/5).

Ein Drittel der erfaßten Projekte hatte eine Laufzeit von bis zu einem Monat, je ein Viertel von zwei bis drei Monaten bzw. länger als 6 Monate und ein Fünftel 4 bis 6 Monate. Der Anteil der Kurzprojekte von bis zu einem Monat war relativ groß im 1. Halbjahr 1991; gleiches gilt für Projekte mit einer Laufzeit von vier bis sechs Monaten in beiden Halbjahren 1991. Gegenüber 1991 ist der Anteil der Projekte mit einer Laufzeit von mehr als sechs Monaten im Jahre 1992 gestiegen.

Überdurchschnittlich hoch war bei den Kurzprojekten mit einer Dauer von maximal einem Monat der Anteil des Maschinenbaus (36 vH), während Langzeitprojekte von mehr als einem Jahr überproportional oft mit Unternehmen des Luft- und Raumfahrzeugbaus (29 vH) durchgeführt wurden. Bei den Kurzprojekten handelte es sich zu einem relativ großen Teil (53 vH) um Kleinunternehmen mit weniger als 100 Beschäftigten. Bei diesen Kurzprojekten mit relativ geringen Kosten war der Anteil der zu 100 vH von den Unternehmen getragenen Kosten mit vier Fünftel verhältnismäßig hoch. Aber nur zwei Drittel dieser Projekte wurden von den Demonstrationszentren positiv bewertet. Die Langzeitprojekte wurden vorwiegend mit mittelgroßen Unternehmen mit 100 bis 999 Beschäftigten durchgeführt, die zu 70 vH Verarbeiter bzw. Verarbeiter und Bezieher waren. Aber in etwa der Hälfte der Fälle wurden die Projektkosten der Langzeitprojekte zu 100 vH den Unternehmen angerechnet.

In den Jahren 1991 und 1992 hatte etwa jedes vierte Projekt Kosten von weniger als 5 000 DM, in jeweils einem Fünftel der Fälle betrugen die Kosten 10 000 DM bis 24 999 DM bzw. von 100 000 DM und mehr, während jeweils jedes zehnte Projekt mit Kosten von 25 000 DM bis 49 999 DM bzw. 50 000 DM bis 99 999 DM kalkuliert wurde. Sehr gravierende Unterschiede zeigen sich zwischen beiden Jahren nicht; zwischen den Halbjahren sind die Abweichungen aber größer. Im allgemeinen sind Abhängigkeiten zwischen Projektdauer und Projektkosten signifikant.

Bei der Hälfte der mit Unternehmen des Maschinenbaus durchgeführten Projekte betrugen die Kosten weniger als 10 000 DM. Jedes zweite dieser Kleinprojekte wurde mit Unternehmen mit weniger als 100 Beschäftigten durchgeführt. Die teuren Projekte mit Kosten von 150 000 DM und mehr wurden fast ausschließlich mit Unternehmen mit 100 bis 999 Beschäftigten bearbeitet; diese Projektkosten wurden aber nur zu einem geringen Teil von den Unternehmen zu 100 vH getragen.

Insgesamt wurden 1991 und 1992 etwa zwei Drittel der Projektkosten von den Unternehmen zu 100 vH getragen; bei jedem sechsten Projekt wurden die Unternehmen zur Hälfte mit den Kosten belastet und in jeweils jedem zehnten Fall zu mehr als 50 vH aber weniger als 100 vH bzw. weniger als 50 vH. Der Anteil der zu 100 vH von den Unternehmen getragenen Projektkosten ist von 1991 zu 1992 zurückgegangen, während gleichzeitig der Anteil der Projekte, die nur zu 50 vH oder weniger als 50 vH von den Unternehmen getragen wurden, sich erhöht hat. Das spricht dafür, daß die Demonstrationszen-

Tabelle 6.2/5

Projekte der Demonstrationszentren für FVK/I
- jeweilige Merkmale in vH[1] -

	Halbjahre				Jahre		
	1991		1992[2]		1991	1992[2]	Insgesamt
	1. Halbjahr	2. Halbjahr	1. Halbjahr	2. Halbjahr			
Zahl der Projekte	(38)	(33)	(42)	(39)	(71)	(81)	(152)
Projektdauer	(35)	(26)	(34)	(37)	(61)	(71)	(132)
bis 1 Monat	43	31	29	30	38	30	33
2 bis 3 Monate	17	27	26	30	21	28	25
4 bis 6 Monate	23	23	15	16	23	15	19
7 bis 12 Monate	11	8	18	11	10	14	12
13 Monate und mehr	6	11	12	13	8	13	11
Projektkosten, 1000 DM	(29)	(23)	(34)	(36)	(52)	(70)	(122)
- < 5	21	31	38	22	25	30	28
5 - < 10	21	17	9	22	19	16	17
10 - < 25	24	17	9	25	21	17	19
25 - < 50	10	4	12	11	8	11	10
50 - < 100	14	9	14	3	12	9	10
100 - < 200	10	13	9	11	11	10	10
200 und mehr	-	9	9	6	4	7	6
Kostenübernahme der Kunden	(37)	(26)	(34)	(36)	(63)	(70)	(133)
100 vH	76	69	56	58	73	56	64
80 - 90 vH	8	8	3	-	8	1	5
60 - 70 vH	3	-	11	3	1	7	5
50 vH	8	19	12	28	13	20	16
30 - 45 vH	5	4	12	8	5	10	8
weniger als 30 vH	-	-	6	3	-	6	2
Einschätzung der Projektarbeit durch das Demonstrationszentrum	(23)	(12)	(12)	(16)	(35)	(28)	(63)
positiv	70	83	67	75	74	71	73
unentschieden	17	17	25	25	17	25	21
negativ	13	-	8	-	9	4	6

1) Angaben in Klammern: Zahl der Nennungen.- 2) Ohne Angaben für das 2. Halbjahr 1992 des Demonstrationszentrums Braunschweig.

Quellen: Schriftliche Angaben der Demonstrationszentren für FVK an das DIW.- Zwischenberichte der Demonstrationszentren für FVK an das BMFT.- Handbuch der Großunternehmen 1989, Band 1 und 2, 36. Ausgabe, Verlag Hoppenstedt & Co, Darmstadt 1989.- Berechnungen des DIW.

tren insgesamt zu ihrer Auslastung verstärkt auch Projekte akquiriert haben, ohne auf den Kostengesichtspunkt zu achten, obwohl sie wußten, daß nach Auslaufen der Förderung durch das BMFT die Möglichkeiten der internen Subventionierung sehr eingeschränkt sein werden.

Nur etwa die Hälfte der Kosten der Projekte mit der Kunststoff verarbeitenden Industrie wurden zu 100 vH von den Unternehmen getragen; dagegen wurden vier Fünftel der mit dem Luft- und Raumfahrzeugbau getätigten Projekte von diesen Unternehmen vollständig bezahlt, von Unternehmen des Maschinenbaus wurden die Kosten leicht unterdurchschnittlich oft und von denen des Straßenfahrzeugbaus leicht überdurchschnittlich oft vollständig getragen.

Die Demonstrationszentren wurden gebeten, nach Ablauf der Projektarbeiten eine Beurteilung über die Zusammenarbeit und die Projekte zu geben. Als Beispiele für die Beurteilung seien beispielhaft genannt: Projektziel wurde erreicht - weitere Zusammenarbeit wurde angedacht; Schalldämpfung unerwartet hoch - Projektziel erreicht; Auslegung wurde kostenlos durchgeführt, da mit einem großen Anschlußprojekt gerechnet wurde - die Firma zog sich aber nach einer Kostenanalyse zurück; Informationsarbeit für das Unternehmen ohne weiterführende Arbeit, Projektziel wurde erreicht - Folgeprojekt in Arbeit; aufgrund der DSC-Messung wurde festgestellt, daß das ausgewählte Harzsystem die Anforderungen nicht erfüllt; Verfahren wurde vom Demonstrationszentrum zum Patent angemeldet; Projektziel wurde erreicht - Literaturauswertung ist über Demonstrationszentren für alle zugänglich. Vom DIW wurde versucht, diese verbalen Beurteilungen in drei Kategorien einzuteilen.

Knapp drei Viertel der Projekte wurden danach von den Unternehmen als positiv und nur 6 vH negativ bewertet. Insgesamt ergibt sich zwischen beiden Jahren keine grundlegende Änderung der Bewertung der Projekte: Gegenüber 1991 ist der Anteil der positiv und negativ bewerteten Projekte 1992 leicht zurückgegangen und der Anteil der unentschieden beurteilten Projekte ist auf 25 vH gestiegen.

Relativ schlecht wurden im Durchschnitt die Projekte mit Unternehmen des Maschinenbaus und gut die mit Unternehmen des Luft- und Raumfahrzeugbaus bewertet. Positiv wurden im allgemeinen auch die Projekte mit mittelgroßen Unternehmen mit 100 bis 999 Beschäftigten bewertet. Gut wurden überdurchschnittlich oft die Projekte mit FVK-Anwendern beurteilt. Die Bewertung von Nichtnutzern von FVK gestaltete sich verhältnismäßig oft schwierig und wurde deshalb in drei von fünf Fällen nicht positiv bewertet.

Die Projekte der Jahre 1991 und 1992 wurden zu 85 vH mit Unternehmen des produzierenden Gewerbes durchgeführt (vgl. Tabelle 6.2/6). Fast jedes vierte Projekt wurde mit Unternehmen des Maschinenbaus und jeweils zwischen 11 und 15 vH der Projekte mit Unternehmen der Kunststoffverarbeitung, des Straßenfahrzeugbaus und des Luft- und Raumfahrzeugbaus durchgeführt, d.h. mehr als drei Fünftel der Projekte wurde mit Unternehmen aus den genannten vier Branchen bearbeitet. Unternehmen aus der Elek-

Tabelle 6.2/6

Projekte der Demonstrationszentren für FVK/II
- jeweilige Merkmale in vH[1] -

	Halbjahre				Jahre		
	1991		1992[2]		1991	1992[2]	Insgesamt
	1. Halbjahr	2. Halbjahr	1. Halbjahr	2. Halbjahr			
Zahl der Projekte	(38)	(33)	(42)	(39)	(71)	(81)	(152)
Branche	(34)	(30)	(36)	(39)	(64)	(75)	(139)
Maschinenbau	35	7	22	26	22	24	23
Kunststoffverarbeitung	3	24	30	5	12	17	15
Straßenfahrzeugbau	20	7	8	15	14	12	13
Luftfahrzeugbau	6	13	8	15	9	12	11
Elektrotechnik	12	14	3	5	12	4	8
Chemische Industrie	9	7	3	5	8	4	6
EBM	6	-	-	5	3	3	3
Stahlbau	3	3	-	3	3	1	2
Feinmechanik, Optik	3	3	-	-	3	-	1
Herst. v. Mustikinstrumenten, Sportwaren	-	3	-	3	2	1	1
Sonst. produzierendes Gewerbe	-	3	3	3	2	3	2
Hoch- und Fachhochschulen	3	7	6	2	5	4	4
Forschungsinstitute	-	3	8	5	2	7	4
Staat	-	-	-	8	-	4	2
Softwarehäuser	-	3	3	-	2	1	2
Zulassungsbehörden	-	-	6	-	-	3	2
Kunsthandwerk	-	3	-	-	1	-	1
Beschäftigte der Unternehmen des produzierenden Gewerbes	(25)	(19)	(28)	(30)	(44)	(58)	(102)
- 19	12	16	29	7	14	17	16
20 - 99	16	21	18	10	18	14	15
100 - 299	-	5	3	7	2	5	4
300 - 499	16	5	11	20	11	16	14
500 - 999	8	11	18	23	9	21	16
1000 und mehr	48	42	21	33	46	28	35
Anwendung von FVK bei Unternehmen des prod. Gewerbes	(34)	(20)	(24)	(31)	(54)	(55)	(109)
Verarbeiter	21	40	38	22	28	29	29
Bezieher	9	5	8	13	7	11	9
Verarbeiter und Bezieher	26	25	21	23	26	22	23
Kein Anwender	44	30	33	42	39	38	39
Entfernung des Unternehmens des produzierenden Gewerbes zum Demonstrationszentrum	(33)	(24)	(27)	(31)	(57)	(58)	(115)
- 99 km	40	33	33	32	37	33	35
100 - 199 km	18	8	19	26	14	22	18
300 - 499 km	30	33	33	26	32	29	31
500 km und mehr	12	25	15	16	17	16	16

1) Angaben in Klammern: Zahl der Nennungen.- 2) Ohne Angaben für das 2. Halbjahr 1992 des Demonstrationszentrums Braunschweig.

Quellen: Schriftliche Angaben der Demonstrationszentren für FVK an das DIW.- Zwischenberichte der Demonstrationszentren für FVK an das BMFT.- Handbuch der Großunternehmen 1989, Band 1 und 2, 36. Ausgabe, Verlag Hoppenstedt & Co, Darmstadt 1989.- Berechnungen des DIW.

trotechnik und der chemischen Industrie[53] hatten einen Anteil von 8 vH bzw. 6 vH. Außerdem wurden Projekte mit Unternehmen des Stahlbaus (Schienenfahrzeugbau), der Feinmechanik und Optik sowie der Herstellung von Musikinstrumenten und Sportgeräten (Sportartikelhersteller) durchgeführt. Als Projektpartner außerhalb des produzierenden Gewerbes sind zu nennen: Hoch- und Fachhochschulen, Forschungsinstitute, staatliche Stellen, Softwarehäuser und Zulassungsbehörden. Der Anteil der Projekte mit Unternehmen des produzierenden Gewerbes ist von 90 vH im Jahre 1991 auf 81 vH im Jahre 1992 zurückgegangen.

Die unterschiedlichen Größen der Unternehmen in den verschiedenen Branchen zeigen sich auch hier. Bei den Unternehmen des Maschinenbaus dominierten die kleinen und mittleren Unternehmen, bei Unternehmen des Straßenbaus und der chemischen Industrie handelte es sich vorwiegend um größere Unternehmen mit 1 000 und mehr Beschäftigten; bei Unternehmen der Kunststoffverarbeitung und der Elektrotechnik waren ziemlich gleichmäßig kleinere, mittlere und größere Unternehmen vertreten und beim Luftfahrzeugbau handelte es sich vorwiegend um mittelgroße Unternehmen.

Zwei Drittel der Unternehmen des Maschinenbaus, mit denen die Demonstrationszentren Projekte durchgeführt haben, waren Nichtnutzer von FVK. Die Unternehmen der Kunststoffverarbeitung und der chemischen Industrie waren alle FVK-Verarbeiter bzw. Verarbeiter und Bezieher von FVK. Bei Unternehmen des Straßenfahrzeugbaus dominierten FVK-Verarbeiter bzw. Verarbeiter und Bezieher von FVK. Je die Hälfte der Unternehmen des Luft- und Raumfahrzeugbaus waren FVK-Verarbeiter (einschließlich Bezieher) und Nichtnutzer von FVK.

Von den Demonstrationszentren wurde - sofern dazu Aussagen gemacht wurden - die Zusammenarbeit mit Unternehmen der Elektrotechnik sowie der Luft- und Raumfahrtindustrie und auch mit Institutionen außerhalb des produzierenden Gewerbes fast durchweg positiv beurteilt. Die Projektarbeit für Unternehmen des Maschinenbaus wurde dagegen nur bei etwas mehr als der Hälfte als gut bewertet. Allgemein wurde die Zusammenarbeit mit Nichtnutzern von FVK, die zum großen Teil Maschinenbauunternehmen waren, relativ schlecht beurteilt.

Wie bei den Ratsuchenden lag der Anteil der Projekte mit Unternehmen des produzierenden Gewerbes 1991 und 1992 bei fünf Sechstel; bei den Seminarteilnehmern war der Anteil etwas höher. Die Quote bei Projekten lag für Unternehmen des Maschinenbaus etwas höher als bei Beratungen und insbesondere bei den Seminarteilnehmern; ähnliches gilt für Unternehmen des Luft- und Raumfahrzeugbaus. Bei der Kunststoffverarbeitung und bei der chemischen Industrie war der Anteil bei den Teilnehmern an Seminaren erheblich höher als diese Branchen bei Projektarbeiten und Beratungen vertreten waren. Mitarbeiter von Unternehmen der Elektrotechnik haben verhältnismäßig wenig an Seminaren teilgenommen.

---

[53] Es ist nicht auszuschließen, daß es sich bei den hier als Unternehmen der chemischen Industrie ausgewiesenen Unternehmen um Unternehmen der Kunststoffverarbeitung handelt, da von den Demonstrationszentren unter Kunststoffindustrie ggf. auch Kunststoffverarbeitung verstanden wurde.

Von den Projekten mit Unternehmen des produzierenden Gewerbes erfolgte 1991 und 1992 etwa jedes dritte Projekt mit Großunternehmen mit 1 000 und mehr Beschäftigten und jeweils jedes sechste Projekt mit Kleinstunternehmen mit weniger als 20 Beschäftigten, mit Kleinunternehmen mit 20 bis 99 Beschäftigten, mittelgroßen Unternehmen mit 300 bis 499 Beschäftigten und größeren mittleren Unternehmen mit 500 bis 999 Beschäftigten; es wurden kaum Projekte mit Unternehmen mit 100 bis 299 Beschäftigten durchgeführt. Von 1991 bis 1992 ist der Anteil der Projekte mit Großunternehmen - anders als bei den Beratungen - deutlich zurückgegangen und derjenige mit Unternehmen mit 500 bis 999 Beschäftigten gestiegen. Absolut sind die aquirierten Projekte mit Großunternehmen von 1991 zu 1992 von 20 auf 16 Projekte zurückgegangen, während die Zahl der Projekte mit Unternehmen mit 500 bis 999 Beschäftigten von vier auf zwölf gestiegen ist. Die Kosten für Projekte mit Großunternehmen sind im betrachteten Zeitraum von etwa 470 Mill. DM auf 400 Mill. DM gesunken und die Erträge aus Projekten mit Großunternehmen von etwa 410 Mill. DM auf 350 Mill. DM zurückgegangen.

Die Demonstrationszentren sollen die FVK-Anwendung in kleineren und mittleren Unternehmen unterstützen. In den Jahren 1991 und 1992 wurden 35 vH der Projektarbeiten mit Unternehmen des produzierenden Gewerbes mit Großunternehmen durchgeführt; jedes sechste Projekt wurde mit Institutionen außerhalb des produzierenden Gewerbes bearbeitet. Insgesamt betrafen nur 55 vH der aquirierten Projekte kleine und mittlere Unternehmen des produzierenden Gewerbes. Der Anteil der mit kleinen und mittleren Unternehmen des produzierenden Gewerbes durchgeführten Projekte ist aber von 1991 zu 1992 von etwa 50 vH auf etwa 60 vH gestiegen.

Auffallend ist, daß nur etwa jedes zweite mit Großunternehmen durchgeführte Projekt positiv bewertet wurde, während die Zusammenarbeit mit größeren mittleren Unternehmen durchweg als positiv angesehen wurde. Die Größe der Unternehmen spielte kaum eine Rolle bei den Fragen, ob die Projektkosten zu 100 vH oder zu einem geringeren Teil von den Unternehmen getragen wurden.

Die Großindustrie mit 1 000 und mehr Beschäftigten hatte 1991 und 1992 an den Projekten mit Unternehmen des produzierenden Gewerbes einen Anteil von 35 vH, während diese Quote bei Beratungen bei 39 vH und bei den Seminarteilnehmern sogar bei 45 vH lag. Werden auch die Institutionen außerhalb des produzierenden Gewerbes berücksichtigt, wurden nur gut die Hälfte der Projekte und die Hälfte der Beratungen mit KMU des produzierenden Gewerbes durchgeführt; unter den Seminarteilnehmern waren sogar nur knapp die Hälfte aus KMU. Zahlenmäßig bezog sich damit insgesamt etwa jeder zweite Technologietransfer der Demonstrationszentren auf KMU. Da der durch die Projektkosten zum Ausdruck kommende Projektaufwand für Großunternehmen und für Institutionen außerhalb des produzierenden Gewerbes aber geringer als im Durchschnitt war (vgl. Abschnitt 6.2.4.2), kann alles in allem etwa davon ausgegangen werden, daß 1991 und 1992 vom Aufwand her etwa zwei Drittel des Technologietransfers der Demonstrationszentren den KMU zugute kamen.

Von den Unternehmen des produzierenden Gewerbes, mit denen die Demonstrationszentren Projekte durchgeführt haben, waren 1991 und 1992 etwa die Hälfte FVK-Verarbeiter (bzw. Verarbeiter und Bezieher) zwei Fünftel Nichtanwender von FVK und ein Zehntel FVK-Bezieher. Gravierende Änderungen haben sich von 1991 zu 1992 nicht ergeben.

Bei den Verarbeitern und Beziehern von FVK handelt es sich überdurchschnittlich oft (etwa 50 vH) um Großunternehmen. Die Zusammenarbeit wurde von den Demonstrationszentren bei den Nichtnutzern von FVK relativ oft als nicht positiv bewertet.

Die Entfernung zwischen Unternehmen des produzierenden Gewerbes und Demonstrationszentrum betrug bei je der Hälfte der Fälle weniger als 300 km bzw. 300 km und mehr. Wie auch bei den Unternehmensbefragungen zeigt sich, daß für die Projektarbeit im allgemeinen die Entfernung zum Demonstrationszentrum eher von untergeordneter Bedeutung ist. Bei der ersten Kontaktaufnahme zu einem Demonstrationszentrum wird sich das Unternehmen im allgemeinen an das nächste Demonstrationszentrum wenden. Am ehesten mag die Entfernung bei Kleinunternehmen noch eine Rolle spielen; sie waren bei der Entfernung von weniger als 100 km relativ stärker vertreten als in den anderen Entfernungsstufen. In dieser Entfernungsstufe liegt der Anteil der Unternehmen, die die Projektkosten zu 100 vH zahlten, leicht unter dem Durchschnitt, während die Unternehmen in der nächstfolgenden Entfernungsstufe von 100 bis 299 km relativ oft die Projektkosten vollständig zahlten.

6.2.4.2. Projektkosten und -einnahmen

In den Berichtsbögen der Demonstrationszentren sind für die Jahre 1991 und 1992 die Kosten für akquirierte Projekte in Höhe von insgesamt 5,6 Mill. DM angegeben. Da die Demonstrationszentren nicht für alle Projekte die Kosten ausgewiesen haben, mußten diese zum Teil vom DIW geschätzt werden. Insgesamt sind Projektkosten in Höhe von etwa 6,4 Mill.DM für 1991 und 1992 angefallen (vgl. Tabelle 6.2/7).

Da nach Angaben der Demonstrationszentren nur drei Viertel der Projektkosten vollständig von den Unternehmen getragen wurden, liegen die geschätzten Erträge der Demonstrationszentren für Projektarbeiten für 1991 und 1992 bei 4,0 Mill. DM, d.h. im Durchschnitt wurden nur 63 vH der Projektkosten von den Unternehmen bezahlt.

Die gesamten geschätzten Projektkosten sind 1992 gegenüber 1991 um gut zwei Drittel gestiegen, aber die gesamten geschätzten Einnahmen nur um gut ein Drittel. Der Ertragsanteil an den gesamten Projektkosten ist nämlich von 71 vH im Jahre 1991 auf 58 vH im Jahre 1992 zurückgegangen. Dieser Ertragsanteil lag mit 45 vH im 1. Halbjahr 1992 extrem niedrig.

Die Projekteinnahmen für 1991 und 1992 bei von den Demonstrationszentren angegebenen Bruttokosten von 160 000 DM bis 220 000 DM je wissenschaftlicher Mitarbeiter reichten zur Begleichung der Bruttokosten von gerade 18 bis 25 Personenmonaten. Hinzu kommen aber noch Aquisitionskosten, die von den Demonstrationszentren mit 10 vH bis 20 vH der eigentlichen Projektkosten veranschlagt werden, da im allgemeinen nur jedes

Tabelle 6.2/7
Geschätzte Projektkosten und -einnahmen der Demonstrationszentren für FVK

	Halbjahre				Jahre		
	1991		1992		1991	1992	Insgesamt
	1. Halbjahr	2. Halbjahr	1. Halbjahr	2. Halbjahr			
Gesamte geschätzte Projektkosten, Mill. DM	1,1	1,3	2,2	1,8	2,4	4,0	6,4
Gesamte geschätzte Einnahmen der Demonstrationszentren aus Projekten, Mill. DM	0,6	1,1	1,0	1,3	1,7	2,3	4,0
Anteil der Projekteinnahmen an den Projektkosten, in vH	59	81	45	72	71	58	63

Quellen: Schriftliche Angaben der Demonstrationszentren für FVK an das DIW.- Zwischenberichte der Demonstrationszentren für FVK an das BMFT.- Schätzungen des DIW.

zweite bis vierte vom Demonstrationszentrum angebotene Projekt zum Abschluß kommt.

Etwa die Hälfte der Projektkosten fielen 1991 und 1992 mit Projekten in der Größenordnung von 200 000 DM und mehr an; das sind auch fast ausschließlich die Projekte, die länger als ein Jahr dauerten. Ein Fünftel der Projekte verursachte Projektkosten in Höhe von 100 000 DM bis 149 999 DM. Projekte in Höhe von weniger als 10 000 DM verursachten dagegen nur 4 vH der gesamten Projektkosten. Die Kosten der umfangreichen Projekte mit Kosten in Höhe von 200 000 DM und mehr wurden im Durchschnitt aber nur zu gut der Hälfte von den Projektpartnern getragen, da nur in einem Fall das Projekt vom Unternehmen zu 100 vH bezahlt wurde. Sonst wurden im Durchschnitt 78 vH bis 90 vH der Projektkosten von den Projektnehmern bezahlt. Auch wenn zu berücksichtigen ist, daß die Akquisitionskosten bei kleinen Projekten überdurchschnittlich hoch sein dürften, so ist der Ertragsanteil bei den großen Projekten im allgemeinen doch relativ niedrig. Trotzdem sind die Großprojekte bei den Demonstrationszentren beliebt, da sie eine stabile Auslastung des Zentrums über einen längeren Zeitraum gewährleisten.

Von den in den Berichtsbögen der Demonstrationszentren ausgewiesenen Projekten entfielen 1991 und 1992 etwa 95 vH der Kosten auf Projekte mit Unternehmen des produzierenden Gewerbes. Etwa zwei Drittel der gesamten genannten Projektkosten bezogen sich 1991 und 1992 auf Projekte mit Unternehmen des Maschinenbaus, des Luft- und Raumfahrzeugbaus, der Kunststoffverarbeitung sowie des Straßenfahrzeugbaus. Die Ertragsquote war für diese vier Branchen insgesamt etwa durchschnittlich; im einzelnen lag sie bei Unternehmen der Kunststoffverarbeitung unter und bei Unternehmen des Straßenfahrzeugbaus sowie des Luft- und Raumfahrzeugbaus über dem Durchschnitt. Mit über 90 vH liegt die Ertragsquote bei Institutionen außerhalb des produzierenden Gewerbes vergleichsweise hoch.

Etwa ein Drittel der Projekte wurde 1991 und 1992 mit Kleinunternehmen mit weniger als 100 Beschäftigten durchgeführt; dabei handelt es sich überwiegend um Kleinprojekte mit Kosten von weniger als 10 000 DM. Je ein Drittel der Projekte wurde in beiden Jahren außerdem mit mittleren Unternehmen mit 100 bis 999 Beschäftigten und Großunternehmen mit 1 000 und mehr Beschäftigten durchgeführt; dabei zeigt sich von 1991 auf 1992 eine Verschiebung zu Projekten mit mittleren Unternehmen, während der Anteil der Projekte mit Großunternehmen rückläufig war (vgl. Tabelle 6.2/8).

Knapp die Hälfte der von den Demonstrationszentren im Berichtssystem ausgewiesenen Projekte wurde mit Unternehmen durchgeführt, die die Kosten zu 100 vH tragen; bei einem Fünftel der Projektkosten tragen die Unternehmen nur 50 vH der Kosten. Bei den Erträgen aus Projektarbeit sieht es natürlich anders aus: Knapp zwei Drittel der Erträge stammen aus Projekten, bei denen die Unternehmen die Kosten zu 100 vH tragen und ein Siebtel der Erträge stammt aus Projekten, bei denen die Unternehmen die Kosten zu 50 vH tragen.

Nach den Auswertungen des Berichtssystems der Demonstrationszentren wurde etwa ein Viertel der Projektkosten von Projekten mit Unternehmen mit 300 bis 499 Beschäftigten verursacht. Nur ein Achtel der Projektkosten beruht auf der Zusammenarbeit mit Kleinunternehmen mit weniger als 100 Beschäftigten. Der Ertragsanteil ist bei Großunternehmen mit 87 vH sehr hoch, während er bei den Unternehmen mit 100 bis 299 Beschäftigten extrem niedrig lag; dieses liegt an dem oben erwähnten Projekt von 740 000 DM Kosten, die von dem Unternehmen nur zu 25 vH getragen werden. Die Großunternehmen verursachten etwa ein Fünftel der Projektkosten, obwohl sie bezüglich der Zahl der Projekte einen deutlich höheren Anteil hatten; d.h. die Kosten je Projekt lagen für Großunternehmen im allgemeinen unter dem Durchschnitt. Berücksichtigt man die Kosten für Projekte mit Institutionen außerhalb des produzierenden Gewerbes, so dürften 1991 und 1992 etwa drei Viertel der Projektkosten auf KMU entfallen sein. Wegen des größeren Ertragsanteils bei Projekten mit Großunternehmen und Institutionen außerhalb des produzierenden Gewerbes entfielen aber nur etwa zwei Drittel der Einnahmen auf Projekte mit KMU.

Die höchsten Projektkosten traten mit Anteilssätzen von 49 vH bzw. 35 vH insgesamt bei Projekten mit Unternehmen, die Nichtnutzer von FVK bzw. FVK-Verarbeiter waren, auf. Die relativ höchsten Ertragsquoten ergaben sich bei Projekten mit Unternehmen, die gleichzeitig Verarbeiter und Bezieher von FVK sind, und die relativ geringsten mit Unternehmen, die nur FVK-Verarbeiter sind.

Die gesamten Projektkosten der sechs Demonstrationszentren, für die Berichtsbögen vorliegen, beliefen sich unter Berücksichtigung einiger Schätzungen für 1991 und 1992 auf Beträge zwischen etwa 0,1 und 2,0 Mill. DM je Demonstrationszentrum, wobei Zentren, die die größten Zuschüsse vom BMFT erhalten, im allgemeinen auch das größte Projektvolumen aquirieren konnten. Der Ertragsanteil varierte bei den einzelnen Demonstrationszentren doch erheblich; er lag bei drei Demonstrationszentren knapp über der Hälfte und bei einem Zentrum bei knapp 100 vH.

Tabelle 6.2/8

Zusammenhang zwischen Projektkosten der Demonstrationszentren für FVK und Unternehmensgröße

Unternehmensgrößenklasse	Anteil der Projekte[1] in vH mit Projektkosten von				
	<10 000 DM	10 000 DM - <50 000 DM	50 000 DM - <200 000 DM	200 000 DM und mehr	insgesamt
			- 1991 -		
weniger als 100 Beschäftigte	14	17	-	-	31
100 - 499 Beschäftigte	6	-	6	3	14
500 - 999 Beschäftigte	-	3	3	-	6
1000 Beschäftigte und mehr	19	22	8	-	50
insgesamt	39	42	17	3	100
			- 1992 -		
weniger als 100 Beschäftigte	21	11	-	2	34
100 - 499 Beschäftigte	2	7	4	5	18
500 - 999 Beschäftigte	5	7	4	5	21
1000 Beschäftigte und mehr	13	7	7	-	27
insgesamt	41	32	14	13	100
			- 1991 und 1992 -		
weniger als 100 Beschäftigte	18	13	-	1	33
100 - 499 Beschäftigte	3	4	4	4	16
500 - 999 Beschäftigte	3	5	3	3	15
1000 Beschäftigte und mehr	15	13	8	-	36
insgesamt	40	36	15	9	100

1) Basis: 1991 36 und 1992 56 aquirierte Projekte mit Unternehmen des produzierenden Gewerbes.

Quellen: Schriftliche Angaben der Demonstrationszentren für FVK an das DIW.- Zwischenberichte der Demonstrationszentren für FVK an das BMFT.- Handbuch der Großunternehmen 1989, Band 1 und 2, 36. Ausgabe, Verlag Hoppenstedt & Co, Darmstadt 1989.- Berechnungen des DIW.

Etwa die Hälfte der Projektkosten der in den Jahren 1991 und 1992 akquirierten Projekte betraf Großprojekte mit Kosten von 200 000 DM und mehr; dabei ist eine erhebliche Zunahme von 1991 auf 1992 festzustellen. Die Projektkosten von Kleinprojekten mit Kosten von weniger als 10 000 DM betrugen dagegen in beiden Jahren zusammen lediglich 4 vH. Anders sieht es dagegen bei den Projekterträgen aus: Für Großprojekte machten sie 1991 und 1992 ein Drittel aus; aber etwa drei Fünftel der Erträge erfolgte mit Projekten, deren Kosten 20 000 DM bis weniger als 200 000 DM betrugen. Der Anteil der Erträge mit Kleinprojekten mit Kosten von weniger als 10 000 DM betrug 5 vH. Es zeigt sich beim Vergleich der Projektkosten und -erträge eindeutig, daß der Deckungsgrad bei Großprojekten im allgemeinen weit geringer ist als bei kleinen und mittleren Projekten (vgl. Tabelle 6.2/9).

Werden die Projektkosten und -erträge auf Unternehmen unterschiedlicher Größe bezogen, so zeigt sich, daß in beiden Jahren bei den Projektkosten die Hälfte bei Projekten mit Unternehmen von 100 bis 499 Beschäftigten anfiel; dabei ist eine Zunahme von 1991 auf 1992 zu verzeichnen. Der Anteil bei Großunternehmen betrug ein Fünftel; der Anteil war von 1991 auf 1992 rückläufig. Von den gesamten Projektkosten wurden darüber hinaus ein Sechstel durch Zusammenarbeit mit Unternehmen mit 500 bis 999 Beschäftigten und ein Sechstel durch Projekte mit Kleinunternehmen mit weniger als 100 Beschäftigten verursacht. Bei den Erträgen ist der Anteil bei Unternehmen mit 100 bis 499 Beschäftigten mit 39 vH deutlich geringer als bei den Kosten; bei den Großunternehmen ist der Ertragsanteil mit 27 vH dagegen deutlich höher als die Kosten. Die Demonstrationszentren erzielen in der Zusammenarbeit mit Großunternehmen also einen höheren Deckungsgrad als bei Projekten mit KMU (vgl. Tabelle 6.2/10).

Im Durchschnitt betrugen die Kosten je Projekt für alle Demonstrationszentren 1991 und 1992 etwa 40 000 DM, und die Erträge je Projekt beliefen sich auf 25 000 DM. Für die einzelnen Demonstrationszentren lagen die Kosten je Projekt im Durchschnitt bei 13 000 DM bis 76 000 DM und die Erträge je Projekt bei 10 000 DM bis 39 000 DM. In den einzelnen Halbjahren betrugen die Durchschnittskosten je Projekt für alle Demonstrationszentren 30 000 DM bis 57 000 DM und die Durchschnittserträge 17 000 DM bis 31 000 DM. Ein Trend läßt sich aus den Angaben über Durchschnittskosten und -erträge nicht ableiten.

6.3. Beispiele des Technologietransfers - Auswertung von Fallstudien

6.3.1. Ziel, Untersuchungsmethode

Ziel der Fallstudien war es, die Wirkungen der Fördermaßnahmen des BMFT "Einrichtung und Anschubfinanzierung von Demonstrationszentren für FVK" bei den Nutzern zu erfassen und zu beurteilen. Im Sommer 1992 - also etwa 3 Jahre nach Beginn der Förderung - wurden deshalb in zehn Unternehmen Gespräche zur Nutzung der Demonstrationszentren für Faserverbundkunststoffe durchgeführt. In Interviews befragten jeweils ein Volkswirt und ein Ingenieur des Evaluierungsteams die Projektverantwortlichen in den Unternehmen. Dazu hatten sechs der sieben Demonstrationszentren insgesamt 16 Projekte vorgeschlagen, bei denen die beteiligten Unternehmen zur Auskunft bereit waren.

Die Auswahl der zehn Fallbeispiele aus den 16 Vorschlägen erfolgte so, daß die sechs Demonstrationszentren mindestens mit einem Projekt vertreten waren, inhaltliche Kriterien wurden nicht verwendet. Als Vergleichsgruppe dienten Unternehmen, die die Demonstrationszentren nicht in Anspruch genommen hatten. Bei diesen sind bereits Ende 1991 ebenfalls zehn Fallstudien durchgeführt worden.

Tabelle 6.2/9

Struktur der Projektkosten und -erträge der Demonstrationszentren für FVK differenziert nach Projektkosten

Projektkosten	Anteil der Projektkosten in vH			Anteil der Projekterträge in vH		
	1991	1992	1991/1992	1991	1992	1991/1992
weniger als 10 000 DM	6	3	4	6	4	5
10 000 DM - <50 000 DM	23	14	16	26	18	21
50 000 DM - <200 000 DM	49	23	31	53	34	41
200 000 DM und mehr	22	61	49	15	45	34
Insgesamt	100	100	100	100	100	100

1) Basis: 1991 36 und 1992 56 aquirierte Projekte mit Unternehmen des produzierenden Gewerbes.

Quellen: Schriftliche Angaben der Demonstrationszentren für FVK an das DIW.- Zwischenberichte der Demonstrationszentren für FVK an das BMFT.- Handbuch der Großunternehmen 1989, Band 1 und 2, 36. Ausgabe, Verlag Hoppenstedt & Co, Darmstadt 1989.- Berechnungen des DIW.

Tabelle 6.2/10

Struktur der Projektkosten und -erträge der Demonstrationszentren für FVK differenziert nach Unternehmensgröße[1)]

Unternehmensgrößenklasse	Anteil der Projektkosten in vH			Anteil der Projekterträge in vH		
	1991	1992	1991/1992	1991	1992	1991/1992
weniger als 100 Beschäftigte	15	14	14	16	16	16
100 - 499 Beschäftigte	37	54	49	33	42	39
500 - 999 Beschäftigte	13	18	17	11	22	18
1000 Beschäftigte und mehr	35	13	20	40	20	27
Insgesamt	100	100	100	100	100	100

1) Basis: 1991 36 und 1992 56 aquirierte Projekte mit Unternehmen des produzierenden Gewerbes.

Quellen: Schriftliche Angaben der Demonstrationszentren für FVK an das DIW.- Zwischenberichte der Demonstrationszentren für FVK an das BMFT.- Handbuch der Großunternehmen 1989, Band 1 und 2, 36. Ausgabe, Verlag Hoppenstedt & Co, Darmstadt 1989.- Berechnungen des DIW.

Die Nichtnutzer wurden aus den auf die schriftliche Befragung zur Anwendung von FVK von 1990 antwortenden kleinen und mittleren Unternehmen ausgewählt (vgl. Kapitel 5). Dabei wurden diejenigen herausgefiltert, die eine ausspruchsvolle FVK-Anwendung hatten bzw. planten und die zwar schon von Externen beraten worden waren, bis dahin aber keine Demonstrationszentren für FVK nutzten, obwohl sie bedeutsame Schwierigkeiten mit FVK hatten.

Die für die Fallstudien ausgewählten 20 Unternehmen sind nicht repräsentativ für alle FVK-Anwender, da es sich vorwiegend um Firmen handelt, die sich relativ intensiv mit FVK befassen und dabei auf Schwierigkeiten gestoßen sind. Die Auswahl erfolgte also nach Kriterien, die für die potentielle Nutzung von Demonstrationszentren sprachen. In den Nichtnutzer-Fallstudien standen die Schwierigkeiten der FVK-Anwender und ihre Überwindung ohne Unterstützung der Demonstrationszentren im Mittelpunkt. Außerdem wurde der Frage nachgegangen, weshalb diese Unternehmen die Demonstrationszentren nicht genutzt haben bzw. nicht in Anspruch nehmen wollten. Die Nutzer-Fallstudien sollten vor allem die Wirkungen der Unterstützung durch Demonstrationszentren auf kleine und mittlere Unternehmen deutlich machen. Die Gegenüberstellung der Fallstudien ermöglicht es, Vor- und Nachteile der Beratung durch die Demonstrationszentren im Vergleich zu anderen Einrichtungen zu erkennen und Voraussetzungen für einen erfolgreichen Technologietransfer von den Demonstrationszentren in die Unternehmen zu bestimmen, die anspruchsvolle Nutzer von FVK sind.

6.3.2. FVK-Anwendung in den ausgewählten Unternehmen

Die für die Fallstudien ausgewählten Unternehmen gehören vor allem den Branchen an, die sich auch in der schriftlichen Befragung als die Hauptanwenderbranchen von FVK erwiesen haben: Maschinenbau, Elektrotechnik, Kunststoffverarbeitung und Straßenfahrzeugbau (vgl. Tabelle 6.3/1). Hinsichtlich der Beschäftigtengrößenklassen fällt auf, daß von zehn Nichtnutzern sieben weniger als 200 Beschäftigte hatten und unter den von den Demonstrationszentren vorgeschlagenen Nutzern relativ viele Unternehmen mit mehr als 1 000 Beschäftigten sind. Sieben von zehn der für die Nutzer-Fallstudien ausgewählten Unternehmen sind Mehrbetriebsunternehmen oder Teile von Unternehmensverbänden und nur drei Einbetriebsunternehmen. Bei allen schriftlich befragten FVK-Anwendern lag der Anteil der Einbetriebsunternehmen bei über 40 vH. Die Einbetriebsunternehmen hatten auch an den Unternehmen, die FVK für bedeutsam oder unverzichtbar für ihre Firma hielten, einen Anteil von gut 40 vH.[54] Der geringere Anteil der Einbetriebsunternehmen in den Nutzer-Fallstudien deutet darauf hin, daß sich Mehrbetriebsunternehmen und verbundene Unternehmen eher extern beraten lassen als Einbetriebsunternehmen. Diese Vermutung wird durch die schriftliche Befragung von KMU bestätigt. Sowohl der Anteil

---

[54] Im verarbeitenden Gewerbe und in einzelnen relevanten Anwenderbranchen, wie Maschinenbau und Herstellung von Kunststoffwaren, liegt der Anteil der Einbetriebsunternehmen bei etwa 90 vH.

der Unternehmen, die sich bezüglich FVK bereits beraten ließen, als auch der Anteil der Unternehmen, die FuE-Aufträge zu FVK an Dritte vergeben haben, ist bei verbundenen und Mehrbetriebsunternehmen höher als bei Einbetriebsunternehmen. Dies kann auch dahingehend interpretiert werden, daß insbesondere die Unternehmen, bei denen die innere Arbeitsteilung zwischen verbundenen Betrieben oder Unternehmen ausgeprägter ist und die häufig über FuE-Gruppen bzw. Abteilungen verfügen, zu den Projektpartnern der Demonstrationszentren zählen.

Tabelle 6.3/1

Branchen und Beschäftigtengrößenklassen der Unternehmen in den Fallstudien

	Nutzer von Demonstrations-zentren	Nichtnutzer von Demonstrations-zentren	Insgesamt
Branchen			
Maschinenbau	2	3	5
Elektrotechnik	3	1	4
Kunststoffverarbeitung	1	2	3
Straßenfahrzeugbau (Zulieferer)	1	2	3
Schienenfahrzeugbau	1	-	1
Feinmechanik	1	-	1
Schiffbau	-	1	1
Steine, Erden	1	-	1
Herstellung von Sportgeräten	-	1	1
Insgesamt	10	10	20
Beschäftigtengrößenklassen			
bis zu 99 Beschäftigte	3	4	7
100 - 199 Beschäftigte	1	3	4
200 und mehr Beschäftigte	6	3	9
davon:			
mehr als 1000 Beschäftigte	3	1	4
Insgesamt	10	10	20

Quelle: Fallstudien des DIW/IKV/IVW, 1991/1992.

In den Fallstudien dominieren sowohl bei den Nutzern als auch bei den Nichtnutzern der Demonstrationszentren die Verarbeiter von FVK vor den Beziehern von FVK-Bauteilen. Bei den Nutzern von Demonstrationszentren war dies auch zu erwarten. Die Nichtnutzer wurden nach dem Niveau der FVK-Anwendung und dem Schwierigkeitsgrad der Probleme ausgewählt, was auch zu einem relativ hohen Anteil der Verarbeiter (vgl. Tabelle 6.3/2) führte. In der schriftlichen Befragung kleiner und mittlerer Unternehmen überwiegen unter den Anwendern von FVK jedoch die Bezieher (vgl. Kapitel 5).

Tabelle 6.3/2

Verarbeitung und Bezug von FVK-Bauteilen bzw. deren Planung in den Unternehmen der Fallstudien

	Nutzer von Demonstrations-zentren	Nichtnutzer von Demonstrations-zentren	Insgesamt
Verarbeiter	5	5	10
Bezieher	4	3	7
Verarbeiter und Bezieher	1	2	3
Insgesamt	10	10	20
Quelle: Fallstudien des DIW/IKV/IVW, 1991/1992.			

Nach der Art der Erzeugnisse lassen sich 'statische' Produkte und 'dynamische' Produkte aus FVK unterscheiden. Bei statischen Erzeugnissen treten zwischen verschiedenen Teilen des Produktes keine Bewegungen auf. Diese Erzeugnisse können sicherheitsrelevante oder nicht sicherheitsrelevante Funktionen haben. Zu den nicht sicherheitsrelevanten statischen Produkten zählen z.B. Spoiler, Türverkleidungen von Pkw, Gehäuse ohne sicherheitsrelevante Funktionen, Angelgeräte etc. Sicherheitsrelevante statische Produkte sind z.B. Schaltgeräte, Gehäuse und Behälter mit sicherheitsrelevanten Funktionen sowie Sitzschalen. Für einen Teil dieser Produkte gibt es Auflagen der Physikalisch Technischen Bundesanstalt (PTB) und vorgeschriebene Prüfungen durch den Technischen Überwachungsverein (TÜV). Gründe für den Einsatz von FVK sind bei diesen Teilen vor allem die günstigen Formgebungsmöglichkeiten, die spezifische Festigkeit, Steifigkeit sowie die Beständigkeit gegen Umwelteinflüsse und Korrosion. Bei dynamischen Produkten werden die FVK-Teile bewegt. Dazu gehören z.B. rotierende Teile von Maschinen und Teile von Handhabungsgeräten. Auch diese Produkte müssen zum Teil Auflagen der PTB erfüllen und werden durch den TÜV geprüft. Hierbei sind für die Anwendung von FVK oft Gründe wie Gewichtsersparnis und die spezifische Festigkeit/Steifigkeit maßgeblich.

In den Fallstudien entwickelten die Nutzer der Demonstrationszentren deutlich mehr sicherheitsrelevante statische und dynamische Bauteile als die Nichtnutzer, die überwiegend nicht sicherheitsrelevante statische Teile fertigten (vgl. Tabelle 6.3/3). Dies deutet auf ein höheres technologisches Anspruchsniveau der Nutzer von Demonstrationszentren gegenüber den Nichtnutzern hin.

Viele Nichtnutzer hatten zwar Erfahrungen mit der Verarbeitung von FVK, konnten aber ein relativ geringes technologisches Niveau der bearbeiteten Teile und der eingesetzten Verfahren (vor allem Handlaminieren, Pressen, Pultrusion) nicht überschreiten. Von keinem Nichtnutzer wurde das Wickelverfahren eingesetzt, während bei vier von zehn Bauteilen der Nutzer von Demonstrationszentren dieses Verfahren Anwendung fand. Dabei sei hier nochmals darauf hingewiesen, daß bei der Auswahl der Nichtnutzer versucht wurde, die Unternehmen zu identifizieren, die FVK technisch anspruchsvoll einsetzen bzw. FVK-Bauteile herstellen.

Tabelle 6.3/3

Art der FVK-Bauteile der Unternehmen in den Fallstudien

	Nutzer von Demonstrations-zentren	Nichtnutzer von Demonstrations-zentren	Insgesamt
statisch, nicht sicherheitsrelevant	1	6	7
statisch, sicherheitsrelevant	5	1	6
dynamisch	4	3	7
Insgesamt	10	10	20

Quelle: Fallstudien des DIW/IKV/IVW, 1991/1992.

6.3.3. Die Beratung der Nichtnutzer von Demonstrationszentren

Die befragten Nichtnutzer wurden danach ausgewählt, ob sie bedeutsame Schwierigkeiten bei der FVK-Anwendung artikulierten und demnach davon ausgegangen werden konnte, daß sie Beratungsbedarf hatten.

Schwierigkeiten können Unternehmen grundsätzlich intern oder extern beheben. Intern lassen sie sich weitgehend lösen, indem das betriebliche Know-how durch die Einstellung von Experten oder durch die Verbesserung der Qualifikation der Mitarbeiter erweitert wird. Das erscheint aber nur sinnvoll, wenn dieses erworbene Know-how im Betrieb kontinuierlich genutzt werden kann. Extern lassen sich Schwierigkeiten durch Inanspruchnahme von Beratungen oder Auftragsvergaben für die Durchführung von Entwicklungsarbeiten beheben. Dies wird im allgemeinen dann sinnvoll sein, wenn die Probleme bei der FVK-Anwendung nicht kontinuierlich auftreten, so daß sich ein Vorhalten des Know-hows aus Kostengründen nicht anbietet oder wenn es sich um Spezialprobleme handelt, die intern nicht gelöst werden können. Das Vorhalten von Know-how kann aus betrieblicher Sicht nur dann sinnvoll sein, wenn man sich aus Konkurrenzgesichtspunkten einen erheblichen Vorteil verspricht, der die reinen Kostengesichtspunkte in den Hintergrund rücken läßt.

Als Schwierigkeiten wurden von den zehn Nichtnutzer-Unternehmen bei der schriftlichen Befragung insbesondere genannt:

- das Preis-/Leistungsverhältnis sowohl bei der Fertigung als auch bei Rohstoffen,
- Umwelt- und Arbeitsschutzprobleme (Entsorgung von Produktionsabfällen und Einhaltung von Schadstoffemissionswerten in der Fertigung) sowie
- das notwendige Investitionsvolumen.

Genannt wurden außerdem nichtausreichende Qualifikation der Mitarbeiter, das Fehlen von Standardverfahren und -anlagen zur Serienfertigung sowie Schwierigkeiten bei der Schadenserkennung mit einfachen Hilfsmitteln.

Ein Jahr nach der schriftlichen Befragung zeigten sich in den Fallstudien bei Nichtnutzern diese und weitere Schwierigkeiten, aber es schienen auch Schwierigkeiten im Laufe des Jahres gelöst worden zu sein. Häufiger erwähnt wurden auch Probleme im Zusammenhang mit Umweltschutzauflagen bei der Fertigung und der Herstellung von Produkten, die keiner Nachbesserung bedürfen. Schwierigkeiten bereiten außerdem die Garantieleistungen, die Einhaltung geforderter Toleranzen, die Verbindung mit anderen Werkstoffen, Chargenschwankungen des Rohmaterials, die Serienfertigung, Berechnungen der FVK-Bauteile sowie die Einführung anspruchsvollerer Fertigungsverfahren (z.B. RTM- und Autoklavtechnik). Dabei rechnen zu den wirtschaftlichen Schwierigkeiten das ungünstige Preis-/Leistungsverhältnis beim Vergleich bisher genutzter Werkstoffe mit FVK, die lohnintensivere Fertigung und das nicht ausreichende Angebot an FVK-Halbzeugen.

Die externe Beratung zur Lösung von Schwierigkeiten erfolgt bei den Nichtnutzern in erster Linie durch die Rohstoffhersteller, denen sie große Kompetenz im FVK-Bereich bescheinigen; in der schriftlichen Befragung wurden daneben insbesondere Zulieferer genannt (vgl. Abschnitt 5.9). Unternehmen, die den Rohstoffherstellern erhebliche Mengen über voraussichtlich längere Zeit abnehmen, können Forschungs- und Entwicklungsarbeiten teilweise sogar auf diese verlagern.

Wird nach der Art der Produkte, nach der Fertigung sowie nach dem technologischen Know-how im Unternehmen unterschieden, so läßt sich auch anhand der Fallstudien bei den Nichtnutzern ein unterschiedlicher Beratungsbedarf und eine differenzierte Aufgeschlossenheit für Beratungen feststellen.

Der technische Beratungsbedarf ist bei den nicht sicherheitsrelevanten statischen Erzeugnissen im allgemeinen am geringsten; hier stehen die optimale Fertigung und Umweltaspekte als mögliche Beratungsfelder im Vordergrund. Bei den sicherheitsrelevanten statischen Produkten sind außerdem die Konstruktion/Auslegung, die Bauteilberechnung, die Bauteilprüfung und Garantieleistungen Beratungsschwerpunkte. Bei den dynamischen Produkten haben darüber hinaus die Einhaltung geforderter Toleranzen und die Verbindung von FVK mit anderen Werkstoffen große Bedeutung.

Wird nach standardisierten Produkten und individuell angepaßten FVK-Produkten unterschieden, so ist der technische Beratungsbedarf bei letzteren größer, da bei der Herstellung von jedem neuen Produkt Schwierigkeiten auftauchen können. Bei standardisierten Erzeugnissen sind die produktspezifischen Probleme irgendwann gelöst worden; Beratungsbedarf ist hierbei in erster Linie in Zusammenhang mit der Produktionsausweitung zu erwarten.

Wird nach Einzel- und Serienfertigung unterschieden, so besteht insbesondere bei der technologisch anspruchsvollen Verwendung langer, ausgerichteter Fasern in der Serienfertigung Beratungsbedarf. Hier fehlt es nicht selten an der dazu notwendigen Erfahrung, aber auch an theoretischem Wissen. Das gleiche gilt für die Berechnung und Prüfung von Bauteilen. Auch beim Übergang von einer einfachen zu einer anspruchsvolleren Technik, wie etwa zur RTM- oder Autoklavtechnik, besteht erhöhter Beratungsbedarf.

Nach dem vorhandenen technologischen Know-how im Unternehmen kann zwischen Autodidakten, professionellen Experten und Newcomern unterschieden werden. Autodidakten sind oft "Bastler", die die FVK-Anwendung eigenständig bzw. durch die Beratung von Rohstoffherstellern weit vorangetrieben haben. Ihnen fehlt oft aber das theoretische Wissen, das ihnen erlaubt, die FVK-Anwendung über eine bestimmte technologische Schwelle hinaus voranzutreiben. Die Autodidakten haben einen grundsätzlichen Beratungsbedarf, wenn es z.B. um Fragen der auch theoretisch fundierten Optimierung der Bauteilauslegung geht und/oder der rechnerische Nachweis über die Funktionstüchtigkeit des Produktes verlangt wird. Die Hemmschwelle, sich bei professionellen Institutionen wie wissenschaftlichen Instituten und Demonstrationszentren für FVK beraten zu lassen, ist aber groß. Der Autodidakt kennt oft die Praxis im Bereich seiner Tätigkeit besser als der meist theoretisch vorgebildete Berater. So besteht häufig eine Hemmschwelle, mit Akademikern aus Instituten und Demonstrationszentren zu kooperieren, die das Problem theoretisch angehen. Inwieweit in diesen Fällen eine Zusammenarbeit zwischen Praxis und Theorie überhaupt möglich und ausbaufähig ist, hängt nicht zuletzt in starkem Maße von den jeweiligen Personen ab. Für eine weitere Zusammenarbeit wirkt sich besonders negativ aus, wenn das Unternehmen nach Überwindung der Hemmschwelle schlechte Erfahrungen mit der ersten Beratung gemacht hat. Der Autodidakt läßt sich dann in der Regel für lange Zeit nicht mehr von Instituten und Demonstrationszentren beraten.

Experten mit akademischer Ausbildung haben aufgrund ihrer auch theoretischen Kenntnisse hingegen kaum Berührungsängste zu Instituten und Demonstrationszentren. Sie sprechen die "gleiche Sprache" und kennen sich meistens gut im Beratungsangebot aus; das gilt besonders für größere Unternehmen.

Newcomer unter den FVK-Anwendern sind oft Unternehmen, die FVK aufgrund spezifischer Vorteile gegenüber anderen Werkstoffen in ihren Bauteilen einsetzen wollen. Weitgehend handelt es sich um Unternehmen des Maschinenbaus und der Elektrotechnik. Die in Frage kommenden Mengen sind oft relativ gering, die Anforderungen an die FVK-Teile aber hoch. Die Rohstoffhersteller haben wegen der geringen Mengen kein großes Interesse an der Beratung, so daß diese ihren Beratungsbedarf anderweitig befriedigen müssen. Hier handelt es sich mithin um eine wichtige Klientel für die Institute und Demonstrationszentren.

Die Nichtnutzer hatten die Demonstrationszentren zum Zeitpunkt der Befragung aus mehreren Gründen nicht in Anspruch genommen:

Die meisten Unternehmen kannten die Demonstrationszentren nicht, obwohl ihnen im Jahr 1989 ein Informationsblatt über die Demonstrationszentren zugesandt wurde. Hier zeigt sich ein bei der Wirkungsforschung für Förderprogramme bekanntes Problem. Selbst einfache und breit gestreute Informationen über Fördermöglichkeiten werden von den Unternehmen häufig nicht wahrgenommen. In der Regel ist ein zusätzlicher Impuls erforderlich, um eine entsprechende Aufmerksamkeit zu erzeugen. Daraus läßt sich nur die Schlußfolgerung ableiten, daß auch die Demonstrationszentren weiter versuchen müssen, die potentiellen Nutzer auf sich aufmerksam zu machen.

Die Unternehmen fühlten sich durch Zulieferer gut beraten oder hatten keine gravierenden Schwierigkeiten bei der Anwendung von FVK, die Beratungsbedarf erzeugen konnten. Für "Autodidakten" und "Bastler" bestand oft eine Hemmschwelle zur Beratung durch "Akademiker". Auch die bisherigen Erfahrungen mit externen Beratern beeinflussen die Aufgeschlossenheit der Unternehmen gegenüber qualifizierter Beratung. Ein Unternehmen hatte mit externen Beratern schlechte Erfahrungen. Unternehmensinternes Wissen wurde von den Beratern an Konkurrenten weitergegeben. Allgemein waren aber mögliche Probleme mit der Geheimhaltung kein wichtiges Hindernis zur Nutzung externer Beratung.

Für die Beratung zur FVK-Anwendung wird den Rohstoffherstellern von einigen befragten Nichtnutzern große praktische Kompetenz bescheinigt. Diese Unternehmen sind zum großen Teil mit deren Beratungs- und Serviceleistungen zufrieden. Allerdings haben die Rohstoffhersteller in keinem der untersuchten Fälle die Unternehmen auf andere Beratungseinrichtungen wie z.B. die Demonstrationszentren für FVK verwiesen. Dahinter könnte sich auch eine Strategie verbergen, wonach die Rohstoffhersteller ihre Kunden auf diesem Wege an sich binden, da bei Beratungen auch durch andere Einrichtungen sich die bislang feste Verbindung zum Rohstoffhersteller lockern könnte.

Von den in die Fallstudien einbezogenen zehn Unternehmen können fünf als potentielle Kunden der Demonstrationszentren angesehen werden. Diese Unternehmen stellten anspruchsvollere Produkte her und waren nach der Vorstellung der Demonstrationszentren aufgeschlossen, über die bereits genutzte externe Beratung - überwiegend von Rohstoffherstellern - hinaus, auch bei den Demonstrationszentren Rat zu holen.

Bleibt als Fazit: Bei den mündlich befragten Nichtnutzern besteht teilweise eine erhebliche Hemmschwelle sowohl gegenüber Beratung im allgemeinen als auch gegenüber den Demonstrationszentren für FVK im besonderen. Diese Berührungsängste zwischen Praxis und Wissenschaft müssen die Demonstrationszentren abbauen, wenn sie ihre Klientel erweitern wollen.

6.3.4. Die Beratung der Unternehmen durch die Demonstrationszentren

Die Tabelle 6.3/4 gibt einen Überblick über die Projekte der besuchten Nutzer von Demonstrationszentren. Sechs der zehn Projekte betreffen "High-Tech"-Teile, die sich durch gezielte Anisotropie und einen Faservolumengehalt von über 50 vH auszeichnen.

Die technischen Ziele bei der Entwicklung der Teile lagen vor allem:
- in der Gewichtsreduzierung von Teilen bei gleicher Festigkeit im Vergleich zur Verwendung konventioneller Werkstoffe (z.B. im Schienen- und Kraftfahrzeugbau),
- in der Gewichtsreduzierung von dynamischen Teilen mit hoher Krafteinwirkung aus der Rotation (z.B. im Maschinen- und Motorenbau) und aus dem Wechsel von Beschleunigung und Bremsen sowie
- in hoher Festigkeit und Beständigkeit von Teilen, die in starken elektrischen Feldern eingesetzt werden.

In der Mehrheit der Projekte wurden die Bauteile u.a. nach Beratung durch die Demonstrationszentren optimiert. In vier Fällen beteiligte sich das Demonstrationszentrum von der Konzeptphase bis zur Prototypenherstellung. Ausnahmslos betrifft es "High-Tech"-Lösungen, die sehr intensiv optimiert wurden; drei davon betrafen die Wickeltechnik. In zwei Fällen wurde das Demonstrationszentrum beauftragt, eine Teilberechnung durchzuführen. Beide Unternehmen gehören zu den Anwendern mit vorheriger FVK-Erfahrung und benötigten keine vollständige Unterstützung.

In den übrigen Fällen lag der Schwerpunkt bei der Auslegung und Fertigung der Prototypen. In sechs Projekten wurden die Prototypen vom Demonstrationszentrum hergestellt, drei davon mit einem bekannten Verfahren (Wickeltechnik). In den anderen drei Fällen wurde die Verarbeitungstechnik mitentwickelt.

In fünf Fällen wurden von Unternehmen und Demonstrationszentren gemeinsam neue Teile für die Serienproduktion entwickelt und optimiert, die bereits marktwirksam sind oder in den nächsten zwei Jahren die Marktwirksamkeit erreichen werden. In einem weiteren Fall sollte bis zur Marktreife des Produkts noch etwa ein Jahr vergehen und erst dann über die Produktionseinführung entschieden werden. Wenn alle sechs für die Serienproduktion neu entwickelten Teile marktwirksam geworden sind, werden davon jeweils drei in den Unternehmen selbst verarbeitet und drei bezogen werden, wobei ein bezogenes Teil mechanisch nachbearbeitet wird. Zwei der drei Verarbeiter bauen die Fertigung von FVK-Teilen neu auf, bei einem wird bereits gefertigt. Diese Unternehmen fertigen auch deshalb selbst, weil sie sich von dem im Entwicklungsprozeß erworbenen Know-how einen Wettbewerbsvorteil erhoffen.

Die Zusammenarbeit zwischen Unternehmen und Demonstrationszentren dauerte in den Projekten von wenigen Monaten bis zu drei Jahren und in einem Fall fast fünf Jahre, wobei zum Teil schon vor der Einrichtung der Demonstrationszentren Beziehungen mit den Trägerinstituten bestanden. In fünf Fällen bestand bei den Unternehmen die Absicht, weiterhin engen Kontakt mit den Demonstrationszentren zu halten, Beratung in Anspruch zu nehmen oder neue Projekte gemeinsam zu bearbeiten.

Tabelle 6.3/4

Projekte der Nutzer von Demonstrationszentren

Unternehmen	FVK-Erfahrung	Bauteil	Klassifizierung			Aufgabe des DZ			Verfahren	Ergebnis	
			statisch	dynamisch	sicherheits-relevant	Konzept	Auslegung	Fertigung		High-Tech-Anwendung	optimiert
A	ja	Sitzschale	x		x		x		Pressen		x
B	nein	Rotorring		x		x	x	x	Wickeln	x	x
C	ja	Heizöltank	x		x		x		Wickeln	(x)	x
D	nein	Spindel		x	x	x	x	x	Wickeln	x	x
E	nein	Prüfschlitten		x			x	x	Handlaminieren	x	(x)
F	nein	Behindertensitz	x		x	x			Pultrusion		
G	ja	Abspannelement	x		x	x	x	x	Handwickeln	x	x
H	nein	Achsenlenker	x		x	x	x	x	Tapelegen	x	x
I	nein	Gleitlager	x			x		x	Wickeln	x	x
K	nein	Schleifscheibe		x	x	x			Handlaminieren		

Quelle: Fallstudien des DIW/IVW, 1992.

Die gesamten Entwicklungskosten liegen bei zwei Projekten, die bis zur Produktionsreife geführt werden, in der Größenordnung von 1 bis 2 Mill. DM. Bei diesen beiden Großprojekten wurden externe Forschungs- und Entwicklungsaufträge im Umfang von 300 000 DM und 600 000 DM vergeben, darunter auch an Demonstrationszentren. Bei anderen Projekten lagen die gesamten Kosten etwa zwischen 10 000 DM und 100 000 DM. In vier Fällen waren die Leistungen der Demonstrationszentren für die Unternehmen kostenlos, wobei der Wert der erbrachten Leistungen nach Einschätzung der Unternehmen zwischen 1 000 DM und 40 000 DM lag. Die Kriterien, nach denen die Demonstrationszentren in diesen Fällen gegenüber den Unternehmen auf eine Rechnungslegung für erbrachte Leistungen verzichteten, sind nicht erkennbar.

Acht untersuchte Unternehmen verfügen über eigene FuE-Kapazitäten. Ein sehr kleines Unternehmen ist als "Autodidakt" einzustufen. Ein ostdeutsches privatisiertes Unternehmen ist im Prozeß der Neuprofilierung und kann gegenwärtig aus Kostengründen keine eigene Entwicklung durchführen, verfügt aber noch über die Mitarbeiter der früheren FuE-Abteilung. Die Nutzer der Demonstrationszentren hatten bis auf eine Ausnahme FuE-Erfahrungen und externe FuE-Kontakte. Eine Hemmschwelle zur Kontaktaufnahme mit Forschungseinrichtungen bestand bei ihnen nicht.

Die Unternehmen suchten die Unterstützung der Demonstrationszentren und anderer Einrichtungen, um sich in ein oft für sie noch unbekanntes Gebiet vorzutasten und Wissen zu erwerben. Dabei hatten sie meist konkrete Problemstellungen, für deren Lösung sie FVK einsetzen wollten. Die Ideen zur FVK-Anwendung in den Unternehmen stammen häufig aus der Marktbeobachtung und aus der Erfahrung mit anderen Kunststoffen, deren Eigenschaften aber zur Lösung der speziellen Probleme nicht mehr ausreichten.

Bei FVK-Einsteigern bestanden die Leistungen der Demonstrationszentren vorwiegend in allgemeiner Beratung, Machbarkeitsuntersuchungen und der Rohstoffauswahl. Bei den erfahrenen FVK-Anwender kommen Aufgaben zur Prüfung, Berechnung, Optimierung von Teilen, zur Verbesserung der Qualität und zur Entwicklung eines Fertigungskonzeptes hinzu. Auch Probleme des Arbeits- und des Umweltschutzes spielen in vielen Projekten eine Rolle.

Die untersuchten Unternehmen waren gegenüber Beratung grundsätzlich aufgeschlossen und hatten damit zahlreiche Erfahrungen, so daß sie auch zu einer Einschätzung der Vor- und Nachteile der Zusammenarbeit mit den Demonstrationszentren im Vergleich zu anderen Beratungsanbietern in der Lage waren. Neben den Demonstrationszentren und ähnlichen öffentlich geförderten Forschungs- und Beratungseinrichtungen stehen den Unternehmen vor allem die Rohstoffhersteller und spezialisierte Kunststoffverarbeiter zur Beratung zur Verfügung. Die Beratung durch einen Kunststoffverarbeiter führt im Falle des Erfolgs zu einer Bindung an diesen Verarbeiter. Potentielle FVK-Anwender sehen darin die Gefahr der Abhängigkeit von einem Verarbeiter. Deshalb bevorzugten Unternehmen mit technisch anspruchsvollen und risikoreichen Projekten die Zusammenarbeit mit Demonstrationszentren und anderen öffentlich geförderten Forschungseinrichtungen. Der eigene Forschungs- und Entwicklungsaufwand der Unternehmen war in solchen innovativen Projekten relativ hoch. Damit und durch vertragliche Vereinbarungen mit den Forschungspartnern wurde die exklusive Nutzung des erarbeiteten Know-how's nach Angabe der Unternehmen ausreichend gesichert.

Der Sitz des Unternehmens befand sich in allen Fällen in einem weiteren räumlichen Bezug zum Sitz des Demonstrationszentrums. Die Nähe des Demonstrationszentrums wurde von den meisten Unternehmen als wünschenswert, aber nicht zwingend bezeichnet. In Fällen, bei denen zwischen zwei Beratungseinrichtungen ausgewählt wurde, waren inhaltliche Gesichtspunkte ausschlaggebend und nicht die Entfernung. Mit der Größe des Unternehmens und der erwarteten wirtschaftlichen Bedeutung des Forschungsprojekts nimmt die Bedeutung der räumlichen Nähe des Partners ab. In Unternehmen mit eigener Forschung und Entwicklung gibt es häufig mehr oder weniger regelmäßige Kontakte und Zusammenarbeit mit Universitäts- und Forschungseinrichtungen der weiteren Region.

Insgesamt haben die in den Unternehmen befragten Mitarbeiter die Zusammenarbeit mit den Demonstrationszentren überwiegend sehr positiv bewertet. Dies verwundert nicht. Obwohl die Demonstrationszentren aufgefordert worden waren, auch Unternehmen zu benennen, mit denen sie schlechte Kooperationserfahrungen gemacht haben, sei es, weil das Projekt sich technisch nicht realisieren ließ oder andere Gründe maßgebend waren, haben die Demonstrationszentren nur solche Unternehmen als Interviewpartner gewinnen können, die mit der Zusammenarbeit relativ zufrieden waren. Auffallend war, daß die meisten Demonstrationszentren von den Unternehmensvertretern in den Interviews mit dem Namen der Trägerinstitution bezeichnet wurden. Kritisch sahen einige Unternehmen die relativ geringen Fertigungserfahrungen der Demonstrationszentren, wobei in zwei Fällen die guten Erfahrungen in der Zusammenarbeit auf diesem Gebiet mit einer anderen Hochschule besonders hervorgehoben wurden. Bei einigen Unternehmen entstand der Eindruck, daß die Demonstrationszentren mit Industrieprojekten nicht ausgelastet sind. In einem Fall wurde berichtet, daß trotz hoher Motivation der Mitarbeiter des Demonstrationszentrums zeitliche Verzögerungen in der Projektbearbeitung auftraten, da Diplomanden und Doktoranden wechselten und Nachfolger zunächst einen Einarbeitungsaufwand hatten. Die Verbindung von Ausbildung, Forschung und industrienaher Beratung in den Demonstrationszentren und ihren Trägerinstituten erfordert offensichtlich ein besonderes Management.

6.3.5. Zusammenfassender Vergleich der Fallstudien von Nutzern und Nichtnutzern der Demonstrationszentren

Das technologische Niveau der Projekte liegt bei den befragten Nutzern von Demonstrationszentren im allgemeinen höher als bei den befragten Nichtnutzern. Die Nutzer-Fallstudien erfaßten mehrere Projekte, bei denen das Ziel der Förderung, neue marktwirksame Anwendungen von FVK in mittelständischen Unternehmen zu fördern, beispielhaft erreicht wurde, und für die andere Förderangebote, wie das Materialforschungsprogramm des BMFT und die Förderung von neuen Werkstofftechnologien durch die EG im Programm BRITE/EURAM sowie andere Beratungsangebote aus Sicht der Unternehmen keine Alternative waren. Diese beispielhafte Zielerreichung ohne Beratungsalternative kann aber durchaus nicht allen Projekten attestiert werden. Darüber hinaus kann sogar vermutet werden, daß diese erfolgreichen Projekte zum Teil auch ohne die Einrichtung von Demonstrationszentren im Rahmen der FuE-Kooperation der Unternehmen mit den Trägerinstitutionen durchgeführt worden wären. Aber auch in diesen Fällen war es günstig, daß die Aufgeschlossenheit der Demonstrationszentren für die Probleme der Unternehmen besonders groß war und eine umfangreiche Beratung der Demonstrationszentren zur Vorbereitung der Projekte erfolgen konnte.

Bei einem größeren Teil der Nichtnutzer bestanden erhebliche Hemmschwellen, mit dem akademisch ausgebildeten Personal der Demonstrationszentren in Kontakt zu treten. Dies gilt besonders für Praktiker und Autodidakten, die FVK z.T. in anspruchsvollen Feldern einsetzen, aber zur Weiterentwicklung ihrer Produkte und zur Expansion ihrer Produktion insbesondere theoretisches Wissen benötigen. Im Rahmen ihrer normalen Geschäftsbeziehungen lassen sie sich häufig von Rohstoffherstellern beraten; die Nutzer der Demonstrationszentren, die überwiegend selbst Forschung und Entwicklung betreiben, verfügen zumeist über umfangreiche Erfahrungen in der Zusammenarbeit mit Forschungseinrichtungen.

Bei den meisten Nichtnutzern der Demonstrationszentren waren diese Einrichtungen Ende 1991 noch unbekannt, obwohl allen diesen Unternehmen im Mai 1989 mit der Versendung der Kurzfassung der Ergebnisse der schriftlichen Befrgung von 1988 "Einsatz neuer Werkstoffe in der mittelständischen Industrie" ein Informationsblatt über die Demonstrationszentren zugesandt worden war. Dies macht deutlich, wie schwer es ist, den KMU Informationen über vorhandene Beratungs- und Förderungsangebote zu neuen Technologien nachhaltig zu vermitteln. Den Nutzern waren die Demonstrationszentren häufig nur unter dem Namen der Trägerinstitution bekannt - ein Indiz dafür, daß es nicht ausreichend gelungen ist, das Spezifische der Fördermaßnahme darzustellen.

Die Nichtnutzer waren mit den Beratungen der Rohstoffhersteller, wenn sie in Anspruch genommen wurden, zufrieden, was auf permanente Geschäftsbeziehungen, aber auch auf mangelnde Bereitschaft, neue Informationswege zu beschreiten, zurückzuführen sein könnte. Dagegen wollten die Nutzer überwiegend mit einer unabhängigen Forschungseinrichtung zusammenarbeiten, gerade um frühzeitige Bindungen an Rohstoffhersteller und Kunststoffverarbeiter zu vermeiden.

Wie die Analyse der Nutzer-Fallstudien aber auch der Projekte ergibt, sind die FVK-Anwender weniger an die räumliche Nähe der Beratungseinrichtungen gebunden, sondern eher an deren Kompetenz interessiert, obgleich es auch als wünschenswert angesehen wird, das Demonstrationszentrum bequem und schnell erreichen zu können. Auch in der Untersuchung von FhG-ISI und der Prognos AG wird darauf hingewiesen, daß die Demonstrationszentren im Vergleich zu anderen Informations- und Beratungszentren überdurchschnittlich viele überregionale Besucher aus Entfernungen von mehr als 200 km haben.[55] Letztendlich nimmt die Entfernung als Hemmnisfaktor für die Inanspruchnahme mit dem zu lösenden Schwierigkeitsgrad und dem damit verbundenen finanziellen Aufwand zur Problemlösung ab.

Die Fallstudien bei Nutzern von Demonstrationszentren zeigen, daß die Fördermaßnahme "Einrichtung von Demonstrationszentren für die Anwendung von FVK" vor allem die qualifizierten und forschungstreibenden Unternehmen der Zielgruppe erreicht hat. Ob der Aufwand für diese Fördermaßnahme in angemessenem Verhältnis zum Nutzen stand, kann über die Fallstudien nicht beurteilt werden. Die Nutzer-Fallstudien verstärken aber den Eindruck, daß sieben Demonstrationszentren in der Bundesrepublik Deutschland nur mit Projekten der mittelständischen Unternehmen nicht ausgelastet werden können.

6.4. Andere Einrichtungen für den FVK-Technologietransfer

Neben den Demonstrationszentren stehen den Unternehmen vor allem Rohstoffhersteller und spezialisierte Kunststoffverarbeiter zur Beratung zur Verfügung. Das Interesse der Hersteller von Rohstoffen an der Beratung hängt vor allem von den zu erwartenden Abnahmemengen der Unternehmen ab, die bei "FVK-Neueinsteigern" im Anfang meist relativ gering sind; gleiches gilt, wenn keine Serienproduktion zu erwarten ist, so daß die Abnahmemengen nicht sehr hoch sein werden, wie oft im Maschinenbau. Potentielle FVK-Anwender befürchten zum Teil auch durch die Bindung an Verarbeiter von FVK, von ihnen abhängig zu werden. Deshalb bevorzugen vor allem Unternehmen mit technisch anspruchsvollen und risikoreichen Projekten die Zusammenarbeit mit Demonstrationszentren und anderen unabhängigen, öffentlich geförderten Forschungseinrichtungen. Der eigene Forschungs- und Entwicklungsaufwand der Unternehmen war in innovativen Projekten jeweils relativ hoch.

Trotz der gegenüber den ursprünglichen Erwartungen verzögerten Diffusion von FVK und der beobachteten Schwierigkeiten der Demonstrationszentren, Kunden zu gewinnen, traten dennoch neue Anbieter in den Forschungs- und Beratungsmarkt ein. Andererseits hat die BASF sich 1992 aus dem Markt der Hochleistungsverbunde und Fertigteile zurückgezogen, da in diesem Geschäftsbereich über Jahre Verluste gemacht wurden. In dem Bereich waren in Ludwigshafen etwa 160 Mitarbeiter beschäftigt - davon 60 in der Forschung und Entwicklung. Es wurden vorwiegend Prepregs aus Kohlenstoffasern und Harzsysteme insbesondere für den Luft- und Raumfahrzeugbau, die Automobilindustrie sowie für die Sportartikelherstellung entwickelt. Kunden aus allen Teilen Europas wurden betreut. Alle Stufen der Zulassung wurden begleitet, Prüflaminate selbst gefertigt und Werkstoffeigenschaften geprüft. Auch ein Anwendungszentrum in Worms mit etwa 200 Mitarbeitern - davon 10 bis 15 Beschäftigte in der FuE - wurde von der BASF aufgegeben und verkauft. Das Zentrum diente als Zulieferer für den Automobilbau und stellte unter

[55] Vgl. Wolff, H. et al., a.a.O.

anderem Federn, Lenker und Kardanwellen her. Die Produkte wurden aber nur zum Teil aus FVK hergestellt.

Mitte 1992 hat Du Pont das European Composite Development Centre (ECDC) in Bad Homburg eröffnet. Im ECDC werden von einem international zusammengesetzten Team von 30 Mitarbeitern, von denen die Hälfte Hochschulabsolventen sind, für Europa Entwicklungsprojekte für Hochleistungs-Faserverbund-Bauteile aus Thermoplaste erstellt. In den USA wurde 1985 mit der Entwicklung von Composites begonnen, dort befindet sich das Forschungszentrum, zu dem ein enger Kontakt besteht. Es ist geplant, auch in Japan Entwicklungsleistungen im Bereich Composites anzubieten. Der Rohstoffhersteller Du Pont will im ECDC Bauteile entwickeln und möglichst bis zur Fertigung betreuen; dabei bildet die Entwicklung von Fertigungsverfahren einen Schwerpunkt. Das Ziel ist Bauteile zu verkaufen - zumindest aber Halbzeuge. Kunden sind insbesondere Unternehmen aus dem Luft- und Raumfahrzeugbau, dem Automobilbau sowie der Sportartikelherstellung. Wegen der hohen Werkzeugkosten ist Serienfertigung angestrebt. ECDC arbeitet mit anderen Spezialisten - auch mit Demonstrationszentren für FVK - zusammen.

Weitere "Konkurrenten" der Demonstrationszentren bzw. ihrer Trägereinrichtungen auf dem Forschungs- und Beratungsmarkt sind unter anderem ein Institut der Gesamthochschule Kassel und seit 1990 das Institut für Verbundwerkstoffe GmbH (IVW) an der Universität Kaiserslautern. Insbesondere das vom Land Rheinland-Pfalz eingerichtete und mit erheblichen Mitteln des Landes ausgestattete IVW verfügt über einen sehr modernen und leistungsfähigen Anlagebestand und dürfte schon von daher künftig in der Beratung von FVK-Interessenten ein Konkurrent für die etablierten Einrichtungen sein. Das Institut beschäftigte bereits Anfang 1993 etwa 50 Mitarbeiter und ist in die Abteilungen Berechnung und Konstruktion, Werkstoffwissenschaft sowie Verarbeitungstechnik untergliedert.

7. Bewertung der Fördermaßnahme

7.1. Voraussetzungen für den Technologietransfer

Die Förderung und Einrichtung von Demonstrationszentren durch das BMFT sollte den Technologietransfer bei Hochleistungs-FVK von der Forschung in die kleinen und mittleren Unternehmen des verarbeitenden Gewerbes über einen Zeitraum von fünf Jahren fördern und dadurch einen selbsttragenden Transferprozeß auslösen. Ende der achtziger Jahre wurde auch vom DIW aufgrund der vielfältigen Schwierigkeiten der kleinen und mittleren Unternehmen bei der Anwendung der neuen Technologie für Hochleistungs-FVK ein Beratungsbedarf identifiziert.

KMU betreiben vorwiegend marktnahe Forschung, können sich aufgrund der begrenzten finanziellen Möglichkeiten Forschung auf Vorrat nicht leisten und müssen die Ausgestaltung ihrer Forschungskapazitäten sehr sorgfältig planen. Für Forschungsaufgaben, die nur sporadisch anfallen, werden sie aus betriebswirtschaftlichen Effizienzkriterien auf den Technologietransfer setzen müssen und externes Wissen in das Unternehmen hereinholen. Technologietransfer wird in der Regel aber nur stattfinden können, wenn in den Unternehmen selbst genügend Basiswissen vorhanden ist, um externes Wissen aufzunehmen und zu verarbeiten. Insbesondere bei neuen Technologien sind diese Voraussetzungen oft nicht in ausreichendem Maße vorhanden, da KMU anders als Großunternehmen enger begrenzte Möglichkeiten haben, über eine entsprechende Personalpolitik zu reagieren. Zum einen sind in solchen Situationen entsprechend qualifizierte Personen auf dem Arbeitsmarkt nur schwer zu bekommen, zum anderen fehlen häufig auch schon die internen Voraussetzungen für eine solche strategische Personalpolitik. Um diese Schwachstellen von KMU abzubauen, sind für Technologien, deren Beherrschen als eine wichtige Voraussetzung angesehen wird, um im Wettbewerb zu bestehen, Maßnahmen konzipiert worden, die den Technologietransfer ermöglichen und fördern können. Diese haben grundsätzlich drei Ansatzpunkte: Sie können bei den Unternehmen (Technologienehmer) selbst ansetzen, um dort die technischen Fähigkeiten zu verbessern, sie können bei dem Technologiegeber ansetzen, um das Wissen so aufzubereiten, daß es von anderen aufgenommen werden kann und es können Maßnahmen ergriffen werden, die die Kommunikation zwischen Anbietern und Nachfragern verbessern. Grundvoraussetzungen für den Technologietransfer gleich welcher Art sind

a) auf Seiten des Nachfragers

- das Erkennen der Relevanz der Technologie für das Unternehmen,
- die Umsetzung dieser Erkenntnis in eine zielorientierte Nachfrage,
- innerbetriebliche Maßnahmen, um die Technologie aufnehmen und verarbeiten zu können.

b) auf Seiten des Anbieters

- die Nachfrage nach der von der Institution/dem Unternehmen beherrschten Technologie zu erkennen,
- Interesse zu haben, daß die Technologie an andere vermittelt wird,
- Maßnahmen zu ergreifen, um das Wissen so aufzubereiten, daß es transferfähig ist.

Sind diese Voraussetzungen geschaffen, dann wird der Technologietransfer zustandekommen, wenn

- Anbieter und Nachfrager zusammengebracht werden und auch
- auf beiden Seiten ein wissenschaftliches oder ökonomisches Interesse an dem Technologietransfer besteht.

Die diversen Forschungen über den Technologietransfer in KMU belegen, daß es vielfältige Hemmnisse gibt. So verfolgen Wissenschaft und Industrie häufig andere Ansätze zur Problemlösung. Die Wissenschaft ist an der Veröffentlichung grundsätzlich neuer Erkenntnisse, die KMU sind an eher pragmatischen Lösungen interessiert. Mit der Einrichtung von Demonstrationszentren wird versucht, dieses Schnittstellenproblem zu lösen. Diese tragen in vielfältiger Weise den hier angeführten Problemen Rechnung, indem sie

- die Möglichkeiten neuer Technologien demonstrieren und potentielle Anwender anregen, sich mit den Techologien auseinanderzusetzen,
- durch Maßnahmen wie Informationsveranstaltungen, Seminare bis hin zu konkreten Projekten Voraussetzungen schaffen, daß das Wissen in den Unternehmen aufgenommen werden kann und
- durch das förderbedingt günstige Angebot auch unter Kostengesichtspunkten den Technologietransfer attraktiv machen.

Grundvoraussetzung für den Technologietransfer in KMU ist ein hohen Reifegrad der Technologie. Wie eingangs dargestellt, forschen KMU vorwiegend marktnah, so daß Fördermaßnahmen, die vor allem der Diffusion dienen sollen, nur dann sinnvoll sind, wenn das Risiko ihres Einsatzes in den Unternehmen kalkulierbar ist und der dafür aufzuwendende Einsatz von Ressourcen sowie die Zeitspanne, die bis zur Innovation benötigt ist, die von KMU verfügbaren Kapazitäten nicht übersteigt. Die für FVK eingerichteten Demonstrationszentren wurden unter der Annahme geschaffen, daß

- die Einführung und Verbreitung dieses Werkstoffs im Bereich von KMU sich wettbewerbsfördernd bei diesen Unternehmen und damit positiv auf die Volkswirtschaft insgesamt auswirkt,
- ein Bedarf an dieser Technologie bei KMU besteht,
- der Technologietransfer bei FVK eines Impulses bedarf, um dann in einen marktgesteuerten Diffusionsprozeß zu münden.

Bei diesen Annahmen ging man also davon aus, daß FVK soweit einen Reifegrad erreicht haben, daß sie in KMU in eine breitere Anwendung gelangen können, aber die Marktmechanismen allein nicht ausreichen, um eine rasche Diffusion des Werkstoffs zu bewerkstelligen.

Die Legitimation der Förderung ergab sich aus einem Marktversagen, das durch die relativ hohen Einstiegsrisiken in die noch nicht markterprobte neue Technologie begründet ist und die kleinen und mittleren Unternehmen von der Nutzung der Innovationsmöglichkeiten weitgehend ausschloß. Die an Forschungseinrichtungen angegliederten Demonstrationszentren sollten das vorhandene technologische Wissen marktgerecht aufbereiten und den kleinen und mittleren Unternehmen anwendungsreife Lösungen zum Einsatz des Werkstoffs demonstrieren, um sie zu eigenen Innovationsanstrengungen anzuregen. Die Demonstrationszentren für FVK sollten als Mittler zwischen Forschung und Industrie wirken, d.h. zum einen den Unternehmen anwendungsbezogenes Wissen bereitstellen und zum anderen die Forschungseinrichtungen stärker mit den Anwendungsproblemen der neuen Technologie konfrontieren. Dies setzte eine relativ hohe Eigenständigkeit der Demonstrationszentren voraus, da sie andere Ziele zu verfolgen hatten als die wissenschaftlichen Trägerinstitute, indem sie Bindeglied zwischen der Forschung der Institute und den Unternehmen sein sollten. Ihre Aufgabe ist es, Forschungsergebnisse der Institute so aufzubereiten, daß sie in die praktische Anwendung überführt werden können. Erwartet wurde, daß der Prozeß, einmal durch staatliche Fördermittel angestoßen, selbsttragend würde und daß sich die Kooperationsfähigkeit in der Forschung und die Wettbewerbsfähigkeit vieler kleiner und mittlerer Unternehmen verbessert.

Grundvoraussetzung für den Eintritt dieser Wirkungen war allerdings die richtige Einschätzung des Reifegrades und Diffusionspotentials der Technologie. Die Realisierung dieser Annahme wird im Abschnitt 7.2 überprüft. Der Abschnitt 7.3 wendet sich den Einflußfaktoren, den Wirkungen und der Gestaltung der Demonstrationszentren im Technologietransfer zu kleinen und mittleren Unternehmen zu, damit dieses Förderinstrument in seinen Möglichkeiten und Grenzen bewertet werden kann.

7.2. Technologische Entwicklung und FVK-Diffusion in KMU

Ausgangspunkt der Bewertung der Fördermaßnahme ist die Diffusion von Hochleistungs-FVK vor dem Hintergrund der Entwicklung der Anwendung von allen FVK seit Beginn der Förderung im Jahr 1989. Hochleistungs-FVK haben nach wie vor einen sehr geringen Anteil an der Verarbeitung von FVK. Zur Analyse der Entwicklung der Produktion von FVK-Teilen steht die Statistik der Verarbeitung von glasfaserverstärkten Kunststoffen (GFK) der AVK e.V. zur Verfügung, die auf Schätzungen der wichtigsten Rohstoffhersteller und Verarbeiter in der Bundesrepublik Deutschland beruht. Dabei wird der Mengenverbrauch glasfaserverstärkter Kunststoffe mit Faserlängen ab 2 Millimeter in der Verarbeitung nach Anwendungsbereichen der Teile und nach den verwendeteten Verfahren erfaßt. An diesen Mengen haben die glasfaserverstärkten Hochleistungs-FVK nur einen sehr geringen Anteil. Die jährliche Wachstumsrate des Verbrauchs von GFK erreichte 1989 ihren Höhepunkt und ist danach gesunken (vgl. Tabelle 7.2/1). 1992 wurden insgesamt 190 000 Tonnen verarbeitet; auf Grund der Rezession erstmals weniger als im Vorjahr. Der Fahrzeugbau hatte in den letzten Jahren mit gut 30 vH den höchsten Anteil am

Tabelle 7.2/1

Jährliche Wachstumsraten des Mengenverbrauchs von glasfaserverstärkten Kunststoffen[1)] in Deutschland (1984-1992)

	1984	1985	1986	1987	1988	1989	1990	1991	1992
	- in vH -								
Mengenverbrauch insgesamt	1,3	0,0	7,8	8,0	11,2	12,9	10,7	9,3	-0,5
Fahrzeugbau	11,0	6,7	16,5	18,8	22,7	22,4	29,4	19,6	-9,5
Elektroindustrie	3,6	3,6	12,5	9,6	12,5	13,6	8,9	7,1	4,2
Industrie und Landwirtschaft	3,6	0,0	3,6	2,2	6,2	10,5	4,7	7,3	0,0
Bauwesen	2,1	-3,1	3,6	4,2	6,3	10,9	6,3	5,2	9,6
Sport und Freizeit	2,5	-2,5	7,5	10,0	7,5	7,5	-7,5	0,0	10,0
Konsum	5,5	-5,5	5,5	3,6	7,3	7,3	3,6	0,0	0,0
Verschiedenes	-46,6	-19,3	-9,1	0,0	4,5	1,1	3,4	11,4	0,0

1) Mit Langfasern nach DIN ab 2 mm Länge.

Quellen: Arbeitsgemeinschaft Verstärkte Kunststoffe e.V.; Berechnungen des DIW.

Tabelle 7.2/2

Struktur des Mengenverbrauchs glasfaserverstärkter Kunststoffe in Deutschland nach Wirtschaftsbereichen (1983 bis 1992)

	1983	1984	1985	1986	1987	1988	1989	1990	1991	1992
	- in Tonnen -									
Mengenverbrauch insgesamt	118 500	120 000	120 000	129 200	138 700	152 000	167 300	180 000	191 000	190 000
	- Anteile in vH -									
Fahrzeugbau	21,5	23,6	25,0	26,5	28,1	29,5	30,2	32,2	33,0	30,0
Elektroindustrie	23,6	24,2	25,0	25,9	26,1	26,1	26,0	25,6	25,1	26,3
Industrie und Landwirtschaft	23,2	23,8	23,8	22,8	21,7	20,9	20,7	20,0	19,9	20,0
Bauwesen	16,2	16,3	15,8	15,2	14,8	14,3	14,2	13,9	13,6	15,0
Sport und Freizeit	3,4	3,4	3,3	3,3	3,4	3,3	3,2	2,8	2,6	2,9
Konsum	4,6	4,8	4,6	4,5	4,3	4,2	4,1	3,9	3,7	3,7
Verschiedenes	7,4	3,9	2,5	1,7	1,6	1,7	1,6	1,7	2,1	2,1

Mengenverbrauch und bis 1991 die höchsten jährlichen Wachstumsraten, gefolgt von der Elektroindustrie mit einem Viertel des gesamten Mengenverbrauchs (vgl. Tabelle 7.2/2).

Ein Ausschnitt aus der FVK-Verarbeitung der westdeutschen Industrie wird in der Produktionsstatistik des Statistischen Bundesamtes in den sieben Güter-Positionen Rohre, Maschinenteile, Einzelteile für Straßenfahrzeuge, Außenwandelemente, Bauelemente, Brennstoffbehälter und -tanks sowie Behälter und Tanks für die chemische Industrie aus glasfaserverstärkten Verbundkunststoffen erfaßt. In Relation zum Mengenverbrauch in Tonnen nach Angaben der AVK e.V. wurden von der amtlichen Produktionsstatistik im Jahr 1983 18 vH und im Jahr 1992 bereits 45 vH erfaßt. Den größten Anteil an der Produktionsmenge hatten im Jahr 1992 mit 63 vH die Teile für Straßenfahrzeuge, gefolgt von Außenwand- und Bauelementen mit einem Anteil von zusammen 18 vH. Der Anteil der Brennstoffbehälter und -tanks betrug 9 vH, nur 6 vH Anteil hatten glasfaserverstärkte Maschinenteile, gefolgt von Rohren aus GFK mit einem Anteil von gut 4 vH.

Für Werkstoffe, bei denen die Leichtbaukennwerte ein Hauptgrund des Einsatzes sind, ist der Wert pro Tonne der produzierten Bauteile ein Indikator für den Technologiegehalt, weil in der Regel höhere Preise pro Tonne für im Vergleich technisch leistungsfähigere, leichtere Teile erzielt werden. Unter den in der Produktionsstatistik erfaßten Bauteilen haben Maschinenteile seit 1987 den höchsten Wert pro Tonne, der allerdings nach einem langjährigen überdurchschnittlichen Anstieg seit 1991 leicht zurückging. Der Wert pro Tonne aller sieben Güter-Positionen insgesamt, gemessen in laufenden Preisen, sank nach einem mehrjährigen Anstieg bis 1989 in den Jahren 1990 und 1991 trotz weiter steigender Mengenproduktion und stieg 1992 nur leicht (vgl. Schaubild 7.2/1). Dieser Bruch im langjährigen Trend ergibt sich auch, wenn man die Produktionswerte der Gesamtmenge glasfaserverstärkter Bauteile mit der Preisentwicklung für Glasfasern (aller Art) deflationiert und damit Effekte der Verteuerung dieses Rohstoffs eliminiert, die allerdings gering ausfiel. In herkömmliche GFK-Bauteile gehen Glasfasern und Harze als Vorprodukte ein, wobei die wertmäßige Relation im Durchschnitt mit 50 zu 50 angenommen werden kann. Der Preisindex für Kondensations-, Polykondensations- und Polyadditionsharze ist seit 1985 gesunken (vgl. Schaubild 7.2/2). Der Trendbruch des Wertes pro Tonne von GFK-Bauteilen im Jahr 1989 kann als Indikator des danach kaum gestiegenen Technologiegehalts der gesamten erfaßten Produktionsmenge von GFK, aber auch der glasfaserverstärkten Bauteile für Maschinen gedeutet werden. Dabei sind theoretisch zwei Entwicklungslinien möglich: Einmal kann über zunehmende Mengenproduktion und technische Reife die Technologie in der Anwendung preisgünstiger werden, zum anderen kann es aber auch sein, daß der Markt die Technologie geringer bewertet, sei es weil die technologiebedingten Lösungen nicht mehr im gleichen Maße nachgefragt werden oder mit anderen Technologien kostengünstigere Lösungen gefunden werden. Insgesamt ist im Betrachtungszeitraum die Bedeutung der technologischen Impulse für die Verarbeitung von FVK in den erfaßten Bereichen des verarbeitenden Gewerbes nach einer längeren Periode mit wachsendem Einfluß nach 1989 eher zurückgegangen. Es gibt aber auch Positionen mit steigenden Produktionswerten, z.B. Teile für Straßenfahrzeuge, für die der Wert pro Tonne seit 1984 wächst.

Schaubild 7.2/1

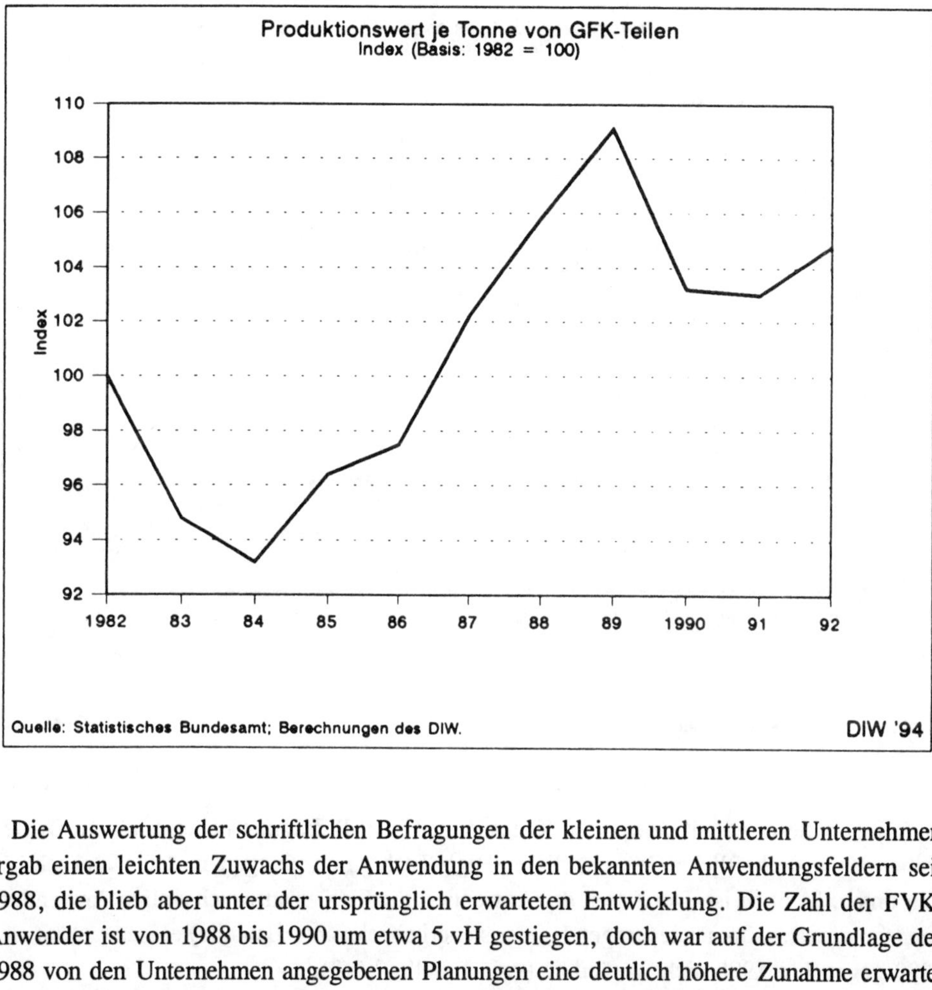

Die Auswertung der schriftlichen Befragungen der kleinen und mittleren Unternehmen ergab einen leichten Zuwachs der Anwendung in den bekannten Anwendungsfeldern seit 1988, die blieb aber unter der ursprünglich erwarteten Entwicklung. Die Zahl der FVK-Anwender ist von 1988 bis 1990 um etwa 5 vH gestiegen, doch war auf der Grundlage der 1988 von den Unternehmen angegebenen Planungen eine deutlich höhere Zunahme erwartet worden. Die Diffusion von FVK in kleinen und mittleren Unternehmen des verarbeitenden Gewerbes hat sich sowohl qualitativ (Verfahren, die Faserorientierung ermöglichen; sicherheitsrelevante, tragende funktionsbestimmende Teile) als auch quantitativ (Zahl der Anwendungsfälle mit Serienfertigung) nicht im erwarteten Maße vollzogen. Die Unternehmensgruppe der FVK-Anwender ist relativ stabil. Für den Einsatz von FVK sprechen aus Sicht der Anwender vor allem technische Gründe (vgl. Schaubild 7.2/3). Dabei treten auch technische Probleme auf, die für die Unternehmen allerdings nur selten besonders bedeutsam sind. Die Qualifikation der Mitarbeiter stellt ebenfalls nur für einen kleinen Teil der Unternehmen ein wesentliches Hindernis dar. Das Preis-/Leistungsverhältnis, aber auch die Umweltschutz- und Gesundheitsschutzerfordernisse für die Fertigung stellen die Unternehmen dagegen vor größere Schwierigkeiten.

Der Anteil der FVK-Anwender unter den kleinen und mittleren Unternehmen, die auch technologisch anspruchsvolle Verfahren und Bauteile einsetzen, liegt unter Anwendung der

Schaubild 7.2/2

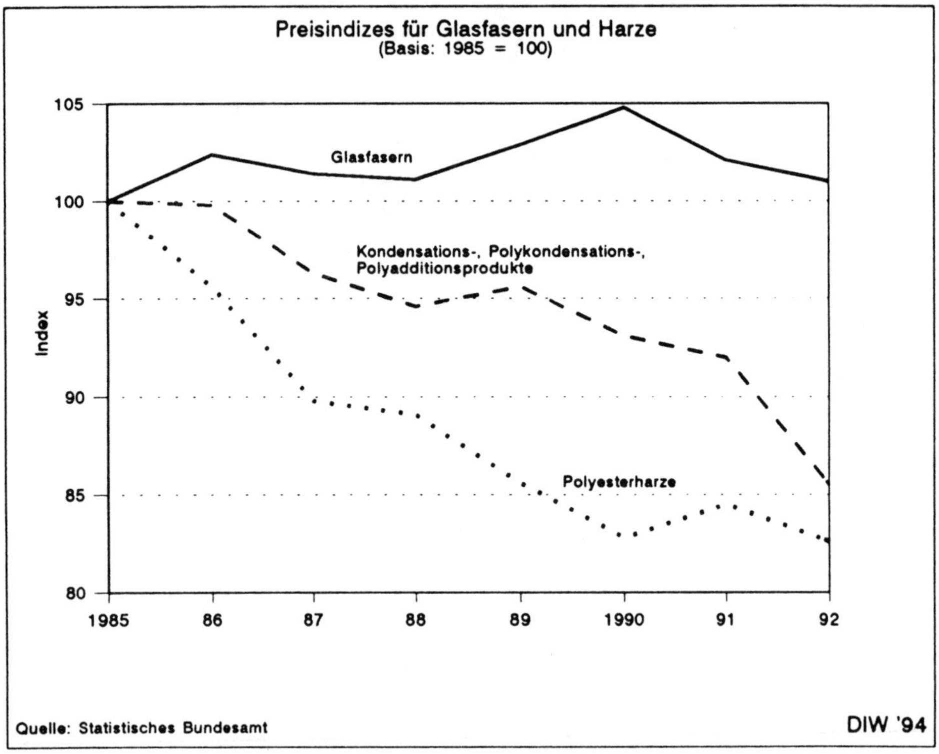

im Rahmen dieser Arbeit definierten Kriterien der DIW-Befragung bei etwa einem Drittel, wobei das wirtschaftliche Gewicht dieser High-Tech-Anwendungen in den Unternehmen sehr unterschiedlich ist. Der Anteil der Anwender, die FVK in anspruchsvollen Anwendungen (funktionsbestimmende, tragende oder sicherheitrelevante Bauteile) einsetzen, hat sich 1990 gegenüber 1988 nicht verändert (vgl. Tabelle 7.2/3).

Der Anteil der Unternehmen, die Verarbeitungsverfahren einsetzen, mit denen die Faserorientierung möglich ist, ist ebenfalls gleichgeblieben: So nutzten 1988 und 1990 etwa 40 vH der FVK-Verarbeiter das Handlaminierverfahren, etwa 12 vH die Wickeltechnik und knapp 5 vH die Pultrusion. Insgesamt setzten etwa 30 vH aller Verarbeiter verschiedene Preßverfahren mit und ohne Faserorientierung ein.

Im Jahr 1990 verwendeten die befragten Unternehmen ebenfalls überwiegend Glasfasern. Die aus den Planungen der Unternehmen von 1988 abgeleiteten Erwartungen, daß ein erheblicher Teil dieser Unternehmen das Spektrum der verwendeten Fasern mit dem Ziel der Realisierung technisch anspruchsvoller Lösungen um Kohlenstoff- und Aramidfasern erweitern würde, sind nicht eingetroffen.

Auch aus den Aktivitäten der Demonstrationszentren lassen sich Rückschlüsse auf die Diffusion von FVK in kleinen und mittleren Unternehmen ziehen. Nach den Berichten der

Schaubild 7.2/3

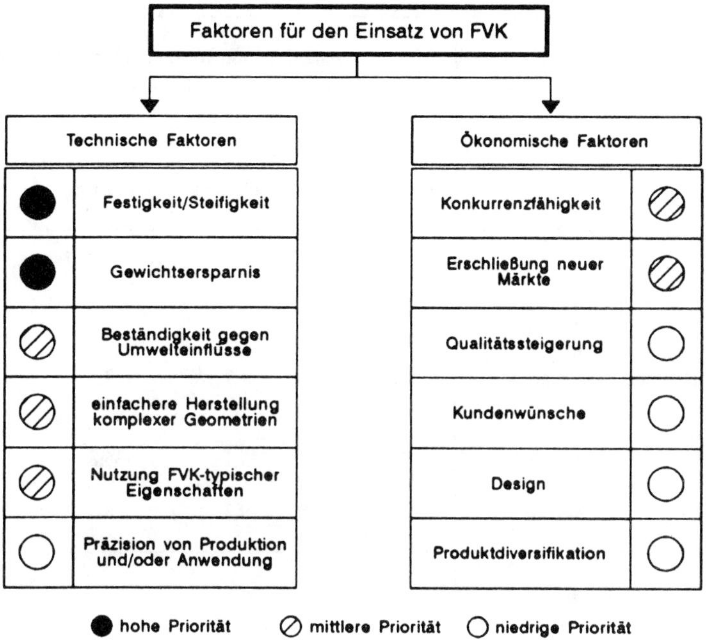

Quelle: DIW/IWF. DIW '94

Demonstrationszentren hat sich der Nutzungsgrad der Demonstrationszentren im Zeitraum 1991 und 1992 etwas erhöht. Die Struktur ist jedoch gleich geblieben. Kleine und mittlere Unternehmen mit weniger als 500 Beschäftigten hatten jeweils einen Anteil von etwa 50 vH an der Zahl der Nutzer der verschiedenen Leistungsarten (Seminare, Beratungen, Projekte).

Aus den Berichten der Demonstrationszentren über ihre Arbeit geht hervor, daß der Umfang der Beratungstätigkeit in den Jahren 1991 und 1992 erheblich gesteigert wurde, während bei der Zahl der Projekte keine wesentliche Zunahme eintrat (14,4 vH). Die Steigerung der Gesamtkosten für im Jahr 1992 begonnene Projekte um 85 vH gegenüber 1991 ging mit einer geringeren Kostenbeteiligung der Unternehmen, also einem höheren durchschnittlichen Förderanteil des Staates, einher.

Etwa die Hälfte der genutzten Kapazitäten zur Bearbeitung von 92 nachgewiesenen Projekten der Demonstrationszentren mit Unternehmen des produzierenden Gewerbes im Zeitraum 1991 und 1992 wurden von nur 7 Großprojekten mit Kosten von mindestens 200 000 DM beansprucht. In diesen Großprojekten wurden die Kosten im Durchschnitt nur zur Hälfte von den Unternehmen getragen. Daran wird deutlich, daß die Kapazitäten der Demonstrationszentren im Schwerpunkt von einigen wenigen Partnern genutzt werden. Für

Tabelle 7.2/3

In welchen Produkten setzen Sie FVK ein?

	Anteil der antwortenden Unternehmen - Mehrfachnennungen möglich -			
	1988		1990	
	Ursprung	Umrechnung 1)	Ursprung	Umrechnung 1)
	- in vH -			
1. Nichttragende, nicht funktionsbestimmende, nicht sicherheitsrelevante Bauteile/Baugruppen	65,2	71,7	47,6	68,7
2. Funktionsbestimmende oder tragende Bauteile/Baugruppen	50,1	55,1	36,8	53,1
3. Sicherheitsrelevante Bauteile	8,7	9,5	8,0	11,5
4. Sonstige	7,0	-	-	-
5. Nicht zuzuordnen	-	-	35,8	-
6. missing	2,1	-	4,9	-
Verwertbare Antworten (1.+2.+3.)	90,9	100,0	69,3	100,0

1) Ursprungswerte unter 1., 2. und 3. = 100.

Quellen: Umfrage zum Einsatz neuer Werkstoffe in der mittelständischen Industrie, 1988; Umfrage zu faserverstärkten Kunststoffen in der mittelständischen Industrie, 1990; DIW.

die Beurteilung der Diffusion von FVK läßt sich aus der Tätigkeit der Demonstrationszentren folgern, daß es im Zeitraum 1991 und 1992 trotz einer wachsenden Zahl von Beratungen nicht zu einer wesentlichen Ausweitung der Zahl der FVK-Anwender mit anspruchsvollen Anwendungsprojekten unter den kleinen und mittleren Unternehmen kam.

Der Zuwachs der Anwendungen in KMU war relativ gering. Experten führen das sowohl auf die Verbesserung alternativer Werkstoffe als auch darauf zurück, daß sich FVK nicht so entwickelt haben, daß ihre Anwendungsmöglichkeiten für KMU deutlich verbessert wurden. Die Untersuchungen des DIW bei kleinen und mittleren Unternehmen, die FVK anwenden, belegen, daß es in erster Linie die noch geringe Reife des Werkstoffsystems ist, die einer rascheren Diffusion entgegensteht. Unter der Reife des Werkstoffsystems wird dabei die Gesamtheit der ökonomischen, ökologischen und technisch-technologischen Leistungsparameter im Verhältnis zu den Anforderungen der (potentiellen) Anwender unter den jeweiligen Rahmenbedingungen verstanden. Die Schwierigkeiten mit FVK liegen dabei vor allem in der Wirtschaftlichkeit und im Umweltschutz und weniger in der technischen Lösbarkeit der Probleme; d.h., daß der Werkstoff zur Lösung spezieller Probleme bei der Gestaltung von Bauteilen/Produkten grundsätzlich geeignet ist, ohne aber bereits in vollem Umfang die Anforderungen an eine moderne, wirtschaftliche und ökologisch verträgliche Serienproduktion zu erfüllen. So besteht zum Beispiel aus der Sicht des Arbeitsschutzes das Problem der Schadstoffemission bei der Be- und Verarbeitung von Verbundwerkstoffen. Zwar nimmt mit steigendem technologischen Niveau des Fertigungsverfahrens die Schadstoffemission ab, der größte Teil der verbrauchten Halbzeugmengen wird jedoch in den kleinen und mittleren Unternehmen mit überwiegend handwerklich orientierten Methoden verarbeitet (z.B. Handlaminieren, Spritzgießen, Pressen).[56] Bei gleichem technischem Problemlösungspotential ist der Werkstoff gegenüber anderen offensichtlich ökonomisch nicht attraktiv genug. Ursachen dafür liegen u.a. im geringen Automatisierungsgrad der Fertigung und den sich daraus ergebenden relativ hohen Personalkosten sowie in den zum Teil hohen Kosten der Rohstoffe und Halbfabrikate. Nicht zuletzt beherrschen die Unternehmen die herkömmlichen Werkstoffe besser. Im Vergleich zu traditionellen Werkstoffen bereitet es den Unternehmen bei FVK noch Schwierigkeiten, die Anforderungen der Konstruktion, der Fertigung und des Recyclings zu erfüllen. Die Unternehmen werden ihnen nicht vertraute Werkstoffe in der Regel erst dann einsetzen, wenn diese entweder eine deutlich bessere Rentabilität versprechen oder aber - was bei FVK häufiger der Fall ist - sich mit anderen, besser bekannten Werkstoffen, die erforderliche technische Lösung nicht bewerkstelligen läßt.

Beurteilt man die Anwendungsmöglichkeit von FVK ausschließlich aus technischer Sicht, so ist eine Überschätzung des Werkstoffs und seiner Anwendung die Folge. Nicht zuletzt die spektakulären Einsatzfelder in den Bereichen Luft- und Raumfahrt, Automobilrennsport und Leistungssport dürften zum positiven Image des Werkstoffs beigetragen haben. Dabei hat man verkannt, daß dort sehr spezielle Bedingungen existieren. Insgesamt handelt es sich bei den meisten dieser Anwendungsbereiche um Einsatzfelder, bei denen der Preis eine eher untergeordnete Rolle spielt, sei es weil die technische Lösung im Vordergrund steht oder weil Imageaspekte, die vom Markt honoriert werden, dominieren. Nur in seltenen Fällen handelt es sich - sieht man vom Automobilzulieferbereich einmal ab - um automatisierte Serienfertigungen.

In einer arbeitsteiligen Wirtschaft, dies haben viele Untersuchungen über Innovationen nachgewiesen, gelangen Erfindungen erst in die Breitenanwendung, wenn sie auch den systemischen Ansprüchen genügen. So kommen "Wiedererfindungen" vor, wobei die häufig deutlich spätere Zweiterfindung erst zum Markterfolgt führt. In die ähnliche Rich-

---

[56] Im Rahmen des Programms "Arbeit und Technik" fördert der BMFT ein betrieblich-klinisches Verbundvorhaben, um Arbeitssituationen bei der Produktion von FVK zu untersuchen und Konzeptionen zur Verbesserung zu erarbeiten.

tung zu interpretieren sind Ergebnisse von Befragungen, bei denen Techniker bezüglich der Markterwartung der zum Prototypen gereiften Entwicklung zu deutlich optimistischeren Einschätzungen kommen als die kaufmännische Leitung, die konkret über die Markteinführung entscheidet. In der Wirtschaft gelingt die Einführung neuer Technologien nur,

- wenn rentable Problemlösungen mit den bislang angewendeten Technologien nicht möglich sind. Bei FVK handelt es sich dabei u.a. um Anwendungsfälle, bei denen man mit anderen Materialien an physikalische Grenzen gestoßen ist, und/oder
- wenn die Vorteile sich auch im System darstellen. So wird die Automobilindustrie darauf achten müssen, daß über die Einführung von FVK nicht nur das Produkt Auto besser oder billiger wird, sondern daß sich der neue Werkstoff auch über den gesamten Produkteinsatz lohnt. Dazu gehören u.a. Schadenserkennung, Schulung von Personal, Betreuung des Autos in den Werkstätten, Recycling.

Insgesamt hat sich die Diffusion von Hochleistungs-Faserverbundkunststoffen bisher nicht im erwarteten Maße über die Anwendung in kleinen und mittleren Unternehmen beschleunigt. Eine Ursache dafür liegt nach Ansicht von im Bereich der Anwendung von FVK tätigen Ingenieuren in der seit Beginn der neunziger Jahre spürbaren Zurückhaltung des Straßenfahrzeugbaus im Hochtechnologiebereich der FVK. Dies wird u.a. mit dem bisher geringen Druck zur Entwicklung leichterer und somit kraftstoffsparender Straßenfahrzeuge in Verbindung gebracht. Hier gibt es zweifellos ein Spannungsfeld: Mit steigenden Energiepreisen gewinnt die Leichtbauweise und damit auch der Einsatz von FVK an Bedeutung, gleichzeitig stellt sich die Frage nach der Recyclingfähigkeit mit zunehmender Intensität. Insgesamt wird aber von technischen Experten im Fahrzeugbereich nach wie vor das zukünftige Hauptanwendungsfeld für FVK gesehen. Die Unsicherheiten hinsichtlich der künftigen Rahmenbedingungen sowie die zu beantwortende Frage nach der Weiterentwicklung von FVK lassen hier keine Bewertung zu, ob die Schwelle zur breiten Diffusion von Hochleistungs-FVK in absehbareren Zeit überschritten oder ob der Werkstoff weiterhin nur in Nischen angewendet wird.

7.3. Wirkungen der Einrichtung von Demonstrationszentren auf den Technologietransfer

In der Begleitforschung konnte eine wesentliche Annahme bei der Einrichtung der Demonstrationszentren nicht bestätigt werden: Der Reifegrad der FVK-Technologien reichte nicht aus, um dem Diffusionsprozeß die ursprünglich erwarteten Impulse zu geben. Somit hat sich auch der Ende der 80er Jahre festgestellte Beratungsbedarf der kleinen und mittleren Unternehmen bei der Anwendung von Hochleistungs-FVK nicht wesentlich vergrößert, und die Demonstrationszentren hatten entgegen den Erwartungen eine relativ stabile Klientel.

In Westdeutschland hatte sich 1991 unter den kleinen und mittleren Unternehmen der Hauptanwenderbranchen von FVK im verarbeitenden Gewerbe, die in den schriftlichen Befragungen des DIW erfaßt wurden (vgl. Kapitel 5), ein relativ fester Anwenderstamm von schätzungsweise 950 Unternehmen herausgebildet. Seither gibt es in jedem Jahr einige zusätzliche FVK-Neueinsteiger und Planer sowie wenige Abbrecher. Potentielle Neueinsteiger und Anwender, die ihr schon bestehendes FVK-Anwendungsspektrum verändern möchten, bilden die durch die Branchenauswahl etwas eingeschränkte Grundgesamtheit von insgesamt mindestens 1 100 kleinen und mittleren Unternehmen, aus der sich die Zielgruppe der Demonstrationszentren bildet. Nur ein Teil dieser Unternehmen gehört zur Klientel der Demonstrationszentren, denn nicht alle benötigen aus technologischer Sicht qualifizierte Beratung durch Forschungseinrichtungen und Demonstrationszentren. Und nicht alle verfügen über Voraussetzungen für eine qualifizierte FuE-Kooperation. Immerhin waren 1990 nur etwa 18 vH aller kleinen und mittleren Unternehmen, die FVK anwenden, von Forschungseinrichtungen beraten worden, während über die Hälfte Beratungen von Rohstoffherstellern und Kunststoffverarbeitern in Anspruch genommen hatte. Insbesondere die Fallstudien und Expertengespräche haben ergeben, daß die Unternehmen den Werkstoff häufig auch in weniger ambitionierten Feldern einsetzen und keinen Beratungsbedarf haben, der dem Angebotsspektrum der Demonstrationszentren entspricht.

7.3.1. Nutzung der Demonstrationszentren

Schätzungsweise 600 kleine und mittlere Unternehmen des produzierenden Gewerbes haben sich während der Laufzeit der Fördermaßnahme von 1989 bis 1993 einmal oder mehrmals von den Demonstrationszentren beraten lassen. Ausgehend von mindestens 1 100 kleinen und mittleren Unternehmen in den wichtigsten Anwenderbranchen in Westdeutschland, die FVK bereits einsetzen oder den Einsatz planen, liegt der Anteil der Unternehmen, die sich beraten ließen, etwa bei der Hälfte. Die Zahl der im gesamten Förderzeitraum zwischen 1989 und 1993 mit kleinen und mittleren Unternehmen des produzierenden Gewerbes begonnenen Projekte kann auf 120 geschätzt werden. Somit hätten in diesem Zeitraum etwa ein Zehntel der FVK-Anwender und -Planer unter den kleinen und mittleren Unternehmen des produzierenden Gewerbes mit den Demonstrationszentren Projekte durchgeführt. Die Demonstrationszentren haben also insgesamt einen beachtlichen Teil der Unternehmen erreicht, die sich mit FVK auseinandersetzen. Daraus kann aber nicht unbedingt gefolgert werden, daß dies auf die Förderung zurückzuführen ist. Unter den Nutzern der Demonstrationszentren dürften sich etliche Unternehmen befunden haben, die ohnehin Beratungs- und Forschungsleistungen von den Instituten in Anspruch genommen hätten. Allerdings hat die Förderung die Bereitschaft und die Fähigkeit der Institute zur Beratung von kleinen und mittleren Unternehmen wesentlich verbessert.

Die Nutzung der Demonstrationszentren durch KMU war in der bisherigen Laufzeit der Fördermaßnahme von vier Jahren insgesamt geringer als erwartet. Die Aktivitäten konzentrierten sich - nach den vorliegenden Berichten - auf fünf der sieben Demonstrationszentren. Zwei Demonstrationszentren weisen zusammen etwa die Hälfte der gesamten Projektkosten und Projekteinnahmen in den Jahren 1991 und 1992 nach. Im Zeitraum 1991 bis 1992 wurde bei der Inanspruchnahme der Demonstrationszentren durch FVK-Anwender und Neueinsteiger ein Zuwachs der Zahl der Beratungen und im geringerem Maße auch der Zahl der begonnenen Projekte bei einem deutlichen Zuwachs der Projektkosten registriert. Der Zuwachs der gesamten Projektkosten geht überwiegend auf wenige Großprojekte zurück, die die Demonstrationszentren im Durchschnitt zu etwa 50 vH aus der staatlichen Förderung finanzierten.

Ein Ergebnis in der Evaluation ist mithin, daß ein wesentliches Ziel der Einrichtung von Demonstrationszentren, die spürbare Erweiterung des Anwenderkreises von FVK bei den kleinen und mittleren Unternehmen, nicht erreicht werden konnte. Ein anderer Aspekt der Begleitforschung ist die Frage nach der Wirksamkeit und Gestaltung von Demonstrationszentren als Förderinstrument für den Technologietransfer von der Forschung in kleine und mittlere Unternehmen und die Bewertung des Technologietransfers.

Der Nutzungsgrad und die Wirkungen der Demonstrationszentren sind auch von Faktoren bei den Teilnehmern am Technologietransfer abhängig. In der Begleitforschung zur Fördermaßnahme wurde deshalb versucht, wichtige Einflußfaktoren auf die Nutzung der Demonstrationszentren bei den kleinen und mittleren Unternehmen (Technologienehmer), den Forschungsinstituten (Technologiegeber) und in den Transferzentren zu identifizieren.

7.3.2. Einflußfaktoren bei den Technologienehmern

Die Aufnahmefähigkeit der Unternehmen für technologische Beratung und die Fähigkeit zur FuE-Kooperation sind offensichtlich an bestimmte Voraussetzungen gebunden. Dazu gehören ein technologisches Problembewußtsein, eigene Forschungs- und Entwicklungsaktivitäten sowie die Fähigkeit zur Kommunikation mit Beratungseinrichtungen und zur Adaption von externem technologischen Wissen. Die Fallstudien von Nutzern und Nichtnutzern der Demonstrationszentren brachten deutliche Unterschiede im technologischen Niveau der Projekte und in der Kooperationsfähigkeit zugunsten der Nutzer von Demonstrationszentren zutage.

Die schriftliche Befragung der FVK-Anwender ergab wichtige Anhaltspunkte zu den Voraussetzungen bei den KMU für den Bedarf nach qualifizierter Beratung und für eine erfolgreiche FuE-Kooperation mit Forschungseinrichtungen. Wie schon aus anderen Untersuchungen zur FuE-Kooperation von KMU bekannt war, haben u.a. die Unternehmensgröße, die FuE-Intensität, die Marktstrategie, bereits bestehende Kooperationskontakte und die persönliche Aufgeschlossenheit der Unternehmensleiter mittelbar Einfluß auf die Kooperationsneigung der FuE-treibenden Unternehmen. Für die FVK-Anwender konnte kein direkter Zusammenhang zwischen der Unternehmensgröße oder der FuE-Intensität einerseits und der Neigung zu qualifizierter Beratung oder FuE-Kooperation mit Forschungseinrichtungen festgestellt werden. Aussichtsreicher erwies sich der Versuch, die Unternehmen nach ihrer inneren Arbeitsteilung, ihrer Einbindung in Netzwerke von Unternehmen bzw. in Unternehmensverbünde zu klassifizieren und das Kooperationsverhalten der Unternehmensgruppen zu untersuchen. Die FVK-Anwenderunternehmen mit weniger als 1 000 Beschäftigten wurden unterschieden in:

- Unternehmen ohne Zweigwerk bzw. Zweigniederlassung (Einbetriebsunternehmen) und
- verbundene Unternehmen oder Mehrbetriebsunternehmen, darunter

- Hauptniederlassungen oder Stammwerke eines Unternehmens (Stammwerke),
- Zweigwerke, Zweigniederlassungen oder Tochtergesellschaften eines Unternehmens (Zweigwerke).

Von den auf die schriftliche Befragung antwortenden FVK-Anwendern waren 120 Einbetriebsunternehmen, 123 Stammwerke und 33 Zweigwerke. Durchschnittlich haben die Einbetriebsunternehmen 111 Beschäftigte, die Stammwerke 502 Beschäftigte und die Zweigwerke 318 Beschäftigte. Die durchschnittliche FuE-Personalintensität - gemessen mit dem Anteil der Mitarbeiter in Forschung, Entwicklung, Konstruktion an allen Beschäftigten nach Angaben der befragten Unternehmen und ohne Umrechnung in Vollzeitäquivalente - liegt in allen drei Unternehmenstypen zwischen 12 vH und 13 vH.

Dabei läßt sich zeigen, daß zwischen eigenständigen und verbundenen kleinen und mittleren Unternehmen statistisch signifikante Unterschiede in der Kooperationsbereitschaft und Fähigkeit zu qualifizierter FuE-Kooperation bestehen (vgl. Tabelle 7.3/1). Verbundene Unternehmen vergeben häufiger FuE-Aufträge an Externe, darunter auch an Forschungseinrichtungen. Sie werden häufiger durch Externe beraten als Einbetriebsunternehmen und würden sich bei Beratungsbedarf in Zukunft häufiger an externe Berater wenden. Dabei würden sie eher als eigenständige Unternehmen Institute in Anspruch nehmen. Bei der Zusammenarbeit mit anderen Unternehmen gibt es keine wesentlichen Unterschiede zwischen den Unternehmensgruppen. Ausnahme ist die Beratung durch Rohstoffhersteller, die 70 vH der verbundenen Unternehmen in Anspruch nahmen, wogegen sich nur 54 vH der Einbetriebsunternehmen von Rohstoffherstellern beraten ließen. Die Gruppe der Tochterunternehmen/Zweigwerke ist relativ klein, so daß sich die Signifikanz der höheren Kooperationsbereitschaft nur bei sehr großen Unterschieden zu den anderen Gruppen nachweisen läßt. Insofern ist es bemerkenswert, daß sich Tochterunternehmen/Zweigwerke signifikant häufiger von Hochschulen und gemeinnützigen Einrichtungen beraten lassen und sich bei künftigem Beratungsbedarf auch häufiger an Technologie- und Demonstrationszentren werden würden als Hauptniederlassungen/Stammwerke. Nur etwa 15 vH der Stammwerke werden von Hochschulen und gemeinnützigen Einrichtungen beraten, während es bei den Zweigwerken fast 40 vH sind. Bei Beratungsbedarf würden sich 21 vH der Zweigwerke von Technologie- und Demonstrationszentren beraten lassen, von den Stammwerken jedoch nur gut 6 vH. Zweigwerke und Tochterunternehmen sind häufig technologisch spezialisierte Unternehmen mit hohem Vernetzungsgrad zu anderen Unternehmen im Verbund und oft auch darüber hinaus. Sie haben damit offensichtlich einen höheren Bedarf an qualifizierter FuE-Kooperation und bilden auch die entsprechenden Fähigkeiten in stärkerem Maße aus als andere Unternehmen.

Bei den Fallstudien in den Unternehmen, die gemeinsam mit den Demonstrationszentren Projekte durchgeführt haben, hat sich gezeigt, daß in den ausgewählten Unternehmen von Anfang an keine Hemmschwelle in der Zusammenarbeit mit den Demonstrationszentren bestand. Andererseits hatten Unternehmen, die in den Nichtnutzer-Fallstudien untersucht wurden, überwiegend solche Berührungsängste zur Forschung. Es ist also auch aus der Sicht der Fallstudien schwierig, die Hemmschwelle der KMU zur Forschungskooperation

Tabelle 7.3/1

Beratung und FuE-Kooperation der FVK-Anwender mit Externen

	Anteil der Unternehmen der jeweiligen Unternehmensgruppe			davon:		
	Einbetriebs-unternehmen	Verbundene Unternehmen/ Mehrbetriebs-unternehmen	Signifikanter Unterschied (< 5%)	Hauptnieder-lassung/ Stammwerk	Tochter-unternehmen/ Zweigwerk	Signifikanter Unterschied (< 5%)
	- in vH -					
Vergabe von FuE-Aufträgen zu FVK an Externe	9,2	21,8	*	20,3	27,3	
darunter an:						
Forschungseinrichtungen	1,7	8,3	*	7,3	12,1	
Beratung zu FVK durch Externe	76,7	87,2	*	86,2	90,6	
darunter von:						
Rohstoffherstellern	54,2	69,2	*	69,9	66,7	
Ingenieurbüros/ gewerblichen Beratern	10,0	7,0		5,7	12,1	
sonstigen Unternehmen	25,0	23,0		22,0	27,3	
Hochschulen/gemein-nützigen Einrichtungen	15,8	19,9		14,6	39,4	*
An wen würden Sie sich bei Beratungsbedarf wenden ?						
An Externe insgesamt	72,5	82,0	*	82,1	81,8	
darunter an:						
Hersteller/Zulieferer	39,2	41,7		43,1	36,3	
Consultant	0,8	2,6		1,6	6,1	
Unternehmen	22,5	23,7		23,6	24,2	
Institute	20,8	33,3	*	30,9	42,4	
Technologie-/ Demonstrationszentren	8,3	9,6		6,5	21,2	*

Quelle: Umfrage zu faserverstärkten Kunststoffen in der mittelständischen Industrie, 1990; DIW.

durch die Einrichtung von Demonstrationszentren zu senken. So ist es schon ein Erfolg, wenn Unternehmen durch die Demonstrationszentren angeregt werden, sich intensiv mit den Möglichkeiten der neuen Technologien auseinanderzusetzen. In der Beratungstätigkeit konnten nach Auskunft der Demonstrationszentren viele kleine und mittlere Unternehmen erreicht werden, die sich ohne diesen Anlaufpunkt nicht an die Trägerinstitute gewandt hätten und dort auch aufgrund der anderen Zielorientierung der Forschung nicht beraten worden wären. Die Demonstrationszentren schätzen aber die Chancen, daß sich aus diesen Unternehmen zahlreich neue anspruchsvolle FVK-Anwender rekrutieren, eher skeptisch ein.

Ein weiteres Problem für den Technologietransfer ist die geringe Zahl von Demonstrationsobjekten zur Anwendung von FVK. Demonstrationsobjekte werden dabei als technische Lösungen verstanden, die sich bereits auf dem Markt bewährt haben und als attraktive Beispiele für die Anwendung von FVK in kleinen und mittleren Unternehmen dienen können. Gerade das ist aber eine wichtige Voraussetzung, um die Einsatzmöglichkeiten von FVK darzustellen und KMU an diese Technologie heranzuführen. Ein hiermit zusammenhängendes Problem ist die oft geringe Bereitschaft von KMU, technologische Produkt- und Verfahrensentwicklungen, auf denen ihre Wettbewerbsvorteile beruhen, öffentlich vorzustellen bzw. den Zentren für Demonstrationsvorhaben zu überlassen, wenn sie befürchten müssen, daß diese Innovationen von anderen Unternehmen nachgeahmt werden. Es konnte hier nicht festgestellt werden, ob die geringe Zahl von Demonstrationsobjekten auch auf diesen Umstand zurückzuführen ist. Vorwiegend wurden durch die Demonstrationszentren diejenigen Unternehmen erreicht, die bereits über Kooperationsfähigkeiten verfügen. Bei Unternehmen, deren Kooperationsbereitschaft wenig ausgeprägt ist, machte sich die geringe Zahl überzeugender Anwendungsbeispiele besonders negativ bemerkbar.

7.3.3. Einflußfaktoren bei den Technologiegebern

Der Erfolg des Technologietransfers in KMU wird auch durch die Motivation und das Potential der Trägereinrichtungen der Demonstrationszentren zur Beratung und Forschungskooperation mit diesen Unternehmen beeinflußt. Die Trägerinstitute konnten im Zuge des staatlich geförderten Aufbaus von Demonstrationszentren ihr Forschungspotential erheblich stärken. Diese Kapazitätserweiterung bot den Trägerinstituten ausreichende Möglichkeiten, die an sie herangetragenen Problemstellungen der KMU aufzunehmen und zu bearbeiten, wenngleich diese zusätzlichen Kapazitäten in einigen Demonstrationszentren nicht von Beginn der Förderung an und zum Teil sogar erst am Ende des Zeitraums zur Verfügung standen. Die volle Arbeitsfähigkeit einzelner Demonstrationszentren wurde so erst nach einer längeren Anlaufphase erreicht. Die für den neuen Aufgabenbereich nicht spezialisierten Forschungsinstitute waren gezwungen, ihr Leistungsspektrum zu erweitern, wenn sie den Anwendungsproblemen der KMU gerecht werden wollten. Davon hatte man sich auch positive Impulse für die Forschung versprochen, weil die Konfrontation mit der Praxis neue und andere Problemstrukturen erwarten ließ. Hemmend wirkten sich die wenig praxiserprobten Fertigungserfahrungen der Forschungseinrichtungen auf die Zusammenarbeit mit KMU aus.

Nach Auskunft der Trägerinstitute erhielten sie nur relativ wenig Anregung zu neuen Forschungsthemen aus der Zusammenarbeit mit den KMU, da auch von diesen überwiegend Beratungen zu Grundlagen des Einsatzes von FVK und ihrer Bearbeitung nachgefragt wurden. Trotz umfangreicher Marketing-Aktivitäten war es schwierig, unter den KMU neue Interessenten für den Werkstoff zu gewinnen. Unabhängig davon sind für die Forschungseinrichtungen vor allem solche Unternehmen attraktive Partner, die längerfristige, technisch anspruchsvolle Projekte der Nutzung von FVK verfolgen. Die im Rahmen dieser Studie analysierten Projekte stammten oft aus den schon eingeführten Anwendungsfeldern von FVK und wurden mit größeren forschungsintensiven Unternehmen durchgeführt. Somit erweist es sich aus der Sicht der Forschungseinrichtungen, die einem eigenen Zielsystem unterliegen, als schwierig, zur Lösung der vorwiegend praxisnahen Probleme der KMU bei der Anwendung dieser neuen Technologie beizutragen, weil die damit zusammenhängenden zielfremden Aufgaben und Leistungen zum Teil die eigenen Forschungsanstrengungen stören. Ein wichtiger Grund für das relativ geringe Interesse der KMU an weiterführender Beratung zu FVK hängt sicherlich auch mit den aus der unzureichenden Reife der Technologie resultierenden Diffusionsschwierigkeiten zusammen. Ohne den erhofften Anwendungsschub bei FVK mußten auch die Nachfrageimpulse nach Forschungsleistungen ausbleiben. In dieser Situation haben die Forschungseinrichtungen die in den Demonstrationszentren geschaffenen Kapazitäten auch eingesetzt, um mit ihren traditionellen Industriepartnern intensiver zusammenzuarbeiten.

Zwischen den Trägerinstituten und den Demonstrationszentren besteht ein enger fachlicher, verwaltungstechnischer, personeller und räumlicher Zusammenhang. Aus den Befragungen wurde deutlich, daß von den beratenen Unternehmen die Demonstrationszentren und die Trägerinstitute oft gleichgesetzt wurden. Da die erhoffte Nachfrage nach Dienstleistungen und gemeinsamen Projekten mit KMU ausblieb, stellte sich bei den Demonstrationszentren schon bald die Frage nach dem künftigen Aufgabenspektrum und dessen Finanzierung in der Zeit nach Auslaufen der Förderung. Die meisten Demonstrationszentren werden ohne Fördermittel nicht in der bisherigen Form weiter existieren können. Dadurch wurde bereits frühzeitig die angestrebte Unabhängigkeit der Demonstrationszentren von den Trägern beeinträchtigt. Es ist deshalb zu erwarten, daß die verbleibenden Demonstrationszentren nach dem Auslaufen der Förderung wieder enger in die Trägerinstitute integriert werden.

Das Personal der Demonstrationszentren wird nach Auslaufen der Förderung nur zum Teil und dann vor allem über Projekte und verkaufte Dienstleistungen weiter zu beschäftigen sein. Die Mitarbeiter der Demonstrationszentren rekrutieren sich vor allem aus jungen Hochschulabsolventen, darunter viele Doktoranden, die sich in dieser industrienahen Forschungsarbeit auf ihren Einsatz in Unternehmen vorbereiten wollten. Damit verbunden waren einerseits ein hohes Engagement der Mitarbeiter der Demonstrationszentren und Offenheit für die Probleme der KMU, aber andererseits eine relativ geringe Praxiserfahrung mit dem Werkstoff. Die ungünstige konjunkturelle Lage am Ende des Förderzeitraums dürfte die Rahmenbedingungen für die Anwendung von FVK in KMU zusätzlich eingeschränkt haben, da bei Unsicherheiten in der Nachfrageentwicklung die Unternehmen risikoreichere Projekte häufig zurückstellen. Dadurch und wegen der ungünstigen Arbeitsmarktsituation haben sich sowohl die Bedingungen für die Demonstrationszentren als auch die Beschäftigungsaussichten der dort arbeitenden jungen Ingenieure deutlich verschlechtert.

Insgesamt kann festgestellt werden, daß sich die Demonstrationszentren hinsichtlich ihrer Ziele und ihres Potentials nie von den Forschungseinrichtungen gelöst haben. Im Gegenteil: Es wurde sehr bald deutlich, daß das Aufgabenfeld Technologietransfer in KMU kaum für eine Eigenfinanzierung und eine fördergerechte Auslastung aller Demonstrationszentren ausreicht. Von daher mußten die Demonstrationszentren schon frühzeitig eine Strategie für die Zeit nach der Förderung entwickeln. Diese konnte nur darin bestehen, daß künftig nur die Leistungen angeboten werden, die mit den Aufgabenfeldern des jeweiligen Basisinstituts in Einklang zu bringen sind und einen größeren Beitrag zur Finanzierung erbringen. Bezogen auf die Unterstützung von KMU heißt dies, daß die Demonstrationszentren vorwiegend solche Zusammenarbeiten suchen werden, bei denen die Unternehmen eine anspruchsvolle Forschungskooperation anstreben.

7.3.4. Nebenwirkungen der Förderung des Technologietransfers in KMU

Nicht unmittelbar intendiert waren die positiven Wirkungen des Ausbaus der industrienahen Forschung auf größere forschungsintensive Unternehmen, die die von den KMU nicht ausgelasteten Kapazitäten der Demonstrationszentren auch nutzen konnten. Wirkungen auf die Angebotsseite des Marktes für FuE-Dienstleistungen und Beratungen im Feld der Anwendung von Hochleistungs-FVK sind begrenzt, weil neben den öffentlichen Forschungseinrichtungen vor allem einige große Chemieunternehmen in diesem Markt aktiv sind, um den Absatz ihrer Produkte zu fördern. Von diesen Industrieinstituten werden die Demonstrationszentren nicht vorwiegend als Konkurrenten, sondern als Kooperationspartner betrachtet. Kleine Ingenieurbüros und mittelständische Kunststoffverarbeiter, die KMU bei der Anwendung von FVK ebenfalls beraten, konnten zum Teil selbst die Angebote der Demonstrationszentren zur Qualifikation nutzen.

7.3.5. Instrumentelle Gestaltung und Administration

Unter der gegebenen Problemstellung, der Förderung der Anwendung von FVK in kleinen und mittleren Unternehmen, war die Einrichtung von Demonstrationszentren eine geeignete Maßnahme, um den breiten unspezifischen Beratungsbedarf dieser Unternehmen zu befriedigen.

Eine Vorbereitungsphase der Demonstrationszentren war nicht vorgesehen. Durch den allmählichen Aufbau hatten die Demonstrationszentren zu Beginn der Tätigkeit ein nur sehr unvollkommenes und nicht ausgereiftes Angebot an Dienstleistungen. Gleichzeitig wurde die Aufbauphase aber dazu genutzt, die Klientel zu finden und das dafür geeignete Maßnahmenspektrum zu entwickeln.

Die Förderung durch das BMFT hat auch einige Bundesländer zur zusätzlichen finanziellen Unterstützung der Demonstrationszentren angeregt. Die Zusammenarbeit mit dem

BMFT wird von den Demonstrationszentren positiv bewertet. Im Einsatz der Mittel hatten sie weitgehend freie Hand, teilweise notwendige Umwidmungen waren möglich. Die Demonstrationszentren haben sich in halbjährlichen Koordinierungstreffen über ihre Arbeit verständigt. Einige Leiter von Demonstrationszentren vermißten eine inhaltliche Steuerung der Arbeit und Hilfestellung bei der notwendigen Abstimmung untereinander. Mitarbeiter einzelner Demonstrationszentren äußerten auch die Annahme, daß aufgrund einer gewissen Konkurrenzsituation zwischen den Zentren Klienten mit speziellen Anliegen nicht an dafür besser geeignete andere Demonstrationszentren weitervermittelt wurden, sondern meistens versucht wurde, Beratungen und lukrative Projekte im eigenen Hause durchzuführen. Diese geringe Arbeitsteilung zwischen den Zentren entsprach aber durchaus dem Konzept, den KMU in deren räumlichen Nähe das gesamte Leistungsspektrum eines Demonstrationszentrums anzubieten. In Zukunft werden sich die Demonstrationszentren aufgrund der relativ geringen Nachfrage nach entgeltlichen Beratungsleistungen stärker den Industrieforschungsprojekten vorwiegend größerer Unternehmen zuwenden. Dazu werden sie sich wieder stärker spezialisieren müssen.

Durch die vom Land Rheinland-Pfalz geförderte Gründung des Instituts für Verbundwerkstoffe GmbH in Kaiserslautern ist das Angebot an Beratungs- und Forschungsleistungen für Unternehmen weiter gewachsen. Damit kann ein Teil des von der Industrie in dieser Region abgebauten Forschungspotentials durch den Einsatz öffentlicher Mittel erhalten werden. Allerdings hat der Wettbewerb in der öffentlich geförderten industrienahen Forschung und Entwicklung auf dem Gebiet der Anwendung von Hochleistungs-FVK erheblich zugenommen.

Die Förderung des Aufbaus und der Arbeit der Demonstrationszentren, die sich vorrangig auf KMU richtete, war unabhängig vom Materialforschungsprogramm und wurde auch nicht vom Projektträger für Material und Rohstofforschung (PLR) im Forschungszentrum Jülich GmbH betreut. Das Programm des BMFT zur Förderung der Materialforschung hat eines seiner Ziele, die stärkere Einbindung von KMU, eindeutig nicht erreicht.[57] Da beide Programme unterschiedliche Zielgruppen angesprochen haben, ist es aus heutiger Sicht nicht notwendig gewesen, eine engere Koordination der Forschungsmaßnahmen durchzuführen.

[57] Braun, M. et al., a.a.O..

8. Fazit

Die Begleitforschung der Fördermaßnahme "Demonstrationszentren für FVK" kommt in einer Hinsicht zu einem eindeutigen Ergebnis: FVK ist ein Werkstoff, der gegenwärtig nur von relativ wenigen und dafür spezialisierten KMU anspruchsvoll eingesetzt wird. Insbesondere Neueinsteiger, aber auch Unternehmen, die diesen Werkstoff bereits verarbeiten und anwenden, sind nicht zuletzt wegen der Komplexität des Werkstoffs meist auf den Zufluß externen Wissens angewiesen. Anders als bei den sonst üblichen Werkstoffen ist FVK selbst konstruktiver Bestandteil, d.h. die geforderten Eigenschaften des Werkstoffs liegen in der Regel nicht vor, sondern müssen erst entwickelt und hergestellt werden. Voraussetzungen für die anspruchsvolle Anwendung von FVK sind theoretische Kenntnisse und praktische Erfahrung. KMU verfügen in der Regel nicht über die Voraussetzungen, um das für den Einsatz von FVK notwendige Know-how komplett betriebsintern bereitstellen zu können. Von daher ist bei Technologien, von denen erwartet wird, daß sie an der Schwelle zu einer breiteren Anwendung stehen, die Bereitstellung von Beratungsmöglichkeiten, wie sie von den Demonstrationszentren angeboten werden, grundsätzlich zu begrüßen. Soweit dies zutrifft, werden dadurch KMU in die Lage versetzt, sich mit den für sie relevanten Technologien frühzeitig auseinanderzusetzen, wodurch der technologische Erneuerungsprozeß in den KMU forciert und die Wettbewerbsfähigkeit der deutschen Industrie insgesamt verbessert wird.

Demonstrationszentren sind für die Bereitstellung von technologiespezifischen Beratungen für KMU ein geeigneter Ansatz, wenn sie unter anderem über die folgenden Voraussetzungen verfügen:

- Theoretische und vor allem auch praktische Kompetenz in der Technologie;
- Fähigkeit, beispielhaft die Technologie auch in der praktischen Anwendung zu demonstrieren;
- Fähigkeit, beratend und gemeinsam mit KMU Lösungen zu entwickeln, die vor allem dem Zielspektrum der Unternehmen und weniger wissenschaftlichen Erkenntniszielen entsprechen.

Hinsichtlich der betrachteten Demonstrationszentren für FVK ist eindeutig festzustellen, daß in Anbetracht der insgesamt geringen Dynamik, die beim Einsatz von Verbundwerkstoffen zu beobachten ist, sieben Demonstrationszentren nicht benötigt wurden und soviele Zentren auch in Zukunft nicht erforderlich sein werden. Dies gilt auch unter Berücksichtigung der Tatsache, daß eine gewisse örtliche Nähe der Demonstrationszentren den interessierten Unternehmen die Kontaktaufnahme erleichtert. Wenn sich in der Werkstoffentwicklung, den Herstellungsverfahren oder den potentiellen Anwendungsfeldern und damit auch bei der zu erwartenden Diffusionsgeschwindigkeit von FVK nicht grundsätzliche Veränderungen ergeben, sollten künftig drei bis vier, dann aber kleinere Demonstrationszentren vollauf genügen, um ein ausreichend differenziertes Beratungsangebot für KMU bereitzustellen, das die Spezialisierungspalette im Bereich dieses Werkstoffs weitgehend abdeckt und den Beratungsbedarf der in Frage kommenden KMU unter Berücksichtigung eines auch räumlich verteilten Angebots befriedigt.

Selbst wenn die Demonstrationszentren schneller aufgebaut und das durch sie neu geschaffene Beratungsangebot deutlicher hervorgehoben worden wären, hätte wohl kaum eine höhere Wirkung hinsichtlich der Anwendungsbreite des Werkstoffs erreicht werden können. Dafür sprechen die im Rahmen der Untersuchung gemachten Erfahrungen. Nicht möglich ist es, die mit der Fördermaßnahme erreichten Wirkungen quantitativ eindeutig zu bestimmen. Dafür sind vor allem die folgenden Gründe maßgebend:

- die geringe Dynamik in der Diffusion des Werkstoffs in neue Anwendungsbereiche;
- der erst allmähliche Aufbau der Demonstrationszentren und die dadurch entstandene Schwierigkeit, Wirkungen klar zuordnen zu können;
- das im Rahmen dieser Untersuchung nicht zu lösende Problem, welcher betriebswirtschaftliche bzw. volkswirtschaftliche Nutzen dem über die Demonstrationszentren ermöglichten Technologietransfer konkret zugerechnet werden kann.
- Über die Einrichtung der Demonstrationszentren haben die relevanten Institute eine Kapazitätsaufstockung erfahren, die längerfristig auch ihre wissenschaftliche Leistungsfähigkeit steigern dürfte. Aber auch diese möglichen Effekte entziehen sich weitgehend einer quantifizierten Bewertung.

Insgesamt hat die Fördermaßnahme nicht den Erfolg gebracht, den man sich von ihr versprochen hatte, nämlich eine deutliche Beschleunigung der Diffusionsgeschwindigkeit in der Anwendung von Faserverbundkunststoffen in KMU. Dies liegt aber weniger an der Fördermaßnahme selbst, als vielmehr an der falschen Einschätzung des Reifegrades des Werkstoffs und seinen Anwendungsmöglichkeiten.

Gleichwohl gingen von der Maßnahme zahlreiche positive Wirkungen aus: Mit ihr ging eine, wenn auch nicht immer sehr tiefgehende Information der kleinen bis mittelgroßen Unternehmen über FVK und ihre Anwendungsmöglichkeiten einher, und das diesbezügliche Marktpotential sowie der Bedarf an Beratungsleistungen wurden ausgelotet. Nach erfolgter Anschubfinanzierung wird nach dem gegenwärtigen Informationsstand ein Beratungsangebot bestehen bleiben, das den Anforderungen weitgehend gerecht werden dürfte. Schon allein die verbreitete bessere Kenntnis des Werkstoffs und seiner Möglichkeiten für KMU haben einen nicht zu unterschätzenden Wert. Durch die Evaluation der vom Ziel her grundsätzlich richtigen Maßnahme wurde deutlich, daß die Erwartungen einer rasch zunehmenden Diffusion von FVK in die mittelständische Industrie zu hoch waren. Für künftige, ähnlich ausgerichtete Förderungsmaßnahmen sollte das Beratungsangebot stufenweise aufgebaut und seine Wirkungen beobachtet werden. Dadurch würde man die Effizienz der Förderung erhöhen, indem das Beratungsangebot im Umfang und Struktur dem Bedarf angepaßt wird.

Als weiterer positiver Effekt kommt hinzu, daß auf diesem Wege Wissenschaft und Praxis miteinander in Berührung gebracht werden und allgemein die Hoffnung besteht, daß darüber auch Wissenschaft und Ausbildung profitieren, sei es in ihrem Problembewußtsein, der Problemorientierung bei der Setzung von Forschungsschwerpunkten oder über eine Praxisorientierung der Ausbildung mit der sich dadurch verbessernden Möglichkeit des Technologietransfers über Personen von der Wissenschaft in die Unternehmen. Bei den Demonstrationszentren für FVK, die Hochschulen angegliedert sind, traten solche positiven Wirkungen auf die Ausbildung ein. Rückwirkungen der Praxiskontakte auf die Forschung der Trägerinstitute konnten in der Begleitforschung nur vereinzelt festgestellt werden und waren auch nicht eindeutig der Tätigkeit der Demonstrationszentren zuzuordnen.

Aus den Ergebnissen der Fallstudien läßt sich ableiten, daß Demonstrationszentren grundsätzlich ein richtiger Ansatz sind, wenn es gilt, mittelständische Unternehmen über Möglichkeiten und Chancen von neuen Technologien aufzuklären, um den Diffusionsprozeß einer breiteren Anwendung anzustoßen bzw. zu beschleunigen. Wenn diese Unternehmen die Zielgruppe darstellen, müssen allerdings die eingangs beschriebenen Voraussetzungen vorhanden sein, wenn solche Beratungseinrichtungen die von ihnen erwarteten Wirkungen erzielen sollen. Für die Demonstrationszentren für Faserverbundkunststoffe waren diese Voraussetzungen nur teilweise gegeben, weil es insbesondere an einer ausreichenden Zahl von überzeugenden Demonstrationsobjekten für KMU fehlte. Aus heutiger Sicht hätte dies bei der Konzeption der Fördermaßnahmen als Warnsignal verstanden werden können, da daraus Rückschlüsse auf den Reifegrad des Werkstoffs und die Wirkungsmöglichkeit dieses Förderansatzes abzuleiten gewesen wären. Nur die begründete Aussicht, daß sich in naher Zukunft Werkstoffeigenschaften, Herstellungsverfahren und Kosten entscheidend verbessern, hätte zur Erwartung einer breiten Wirkung des Förderansatzes bei den KMU führen können.

Auch in Zukunft sollte an die Einrichtung bzw. die Förderung von Demonstrationszentren gedacht werden, wenn begründete Annahmen bestehen, daß sich eine Technologie in einem Entwicklungsstadium befindet und über eine vorübergehende Intensivierung des Beratungsangebots ihre Tauglichkeit für den Einsatz in KMU überprüft werden soll. Über diesen, gemessen an der Wirkung relativ kostengünstigen Förderansatz werden die Informationen gewonnen, um zu entscheiden, ob eine Intensivierung der Förderung sinnvoll erscheint und welche Instrumente dafür gegebenenfalls einzusetzen wären. Bevor ein solches Beratungsangebot installiert wird, ist zu prüfen, ob die Grundvoraussetzungen in der betreffenden Technologie erfüllt sind und KMU-spezifische Informations- und Beratungsleistungen auf diesem Wege sinnvoll angeboten werden können. Es kann durchaus ratsam sein, auch für Faserverbundkunststoffe ein solches Beratungsangebot nach einer gewissen Zeitspanne abermals zu intensivieren, und zwar dann, wenn die Vermutung nahe liegt, daß sich hinsichtlich des Werkstoffs und seiner Einsatzmöglichkeiten neue Chancen für eine verbreitete Anwendung in KMU eröffnet haben. In diesem Zusammenhang anzumerken ist auch, daß solche Fördermaßnahmen grundsätzlich zeitlich befristet sind und das Risiko der Fehllenkung der Mittel geringer ist als bei der indirekt-spezifischen Förderung. Sie setzt voraus, daß die Technologie ein Entwicklungsstadium erreicht hat, in dem ihr Einsatz für eine größere Zahl von KMU hilfreich ist, wenn diese ihre Wettbewerbsfähigkeit erhalten wollen. Diese Förderung drängt die Unternehmen weit stärker als das

Beratungsangebot der Demonstrationszentren zur Anwendung der Technologie und verlangt deshalb eine sehr genaue Prüfung, ob die Diffusionsvoraussetzungen gegeben sind.

Verschiedentlich wird erwartet, daß mit der anspringenden Konjunktur auch das Interesse an FVK in KMU zunimmt. Dafür haben die Untersuchungen jedoch keine Anhaltspunkte ergeben. Der Interessentenkreis ist über den gesamten Untersuchungszeitraum, der bis in das Jahr 1992 hinein eine Phase des starken Aufschwungs enthielt, relativ stabil geblieben. Die erst im Jahr 1993 begonnene engere Zusammenarbeit der Arbeitsgemeinschaft verstärkte Kunststoffe e.V. mit den Demonstrationszentren kann ein Zeichen für den wachsenden Bedarf der kunststoffverarbeitenden Industrie für Innovationsimpulse aus dem Bereich der Hochleistungs-FVK sein. Aus der Sicht der mit der Industrie geführten Gespräche ist skeptisch zu beurteilen, ob von höheren Energiepreisen und dadurch steigenden Anforderungen an die Gewichtsreduzierung, beispielsweise von Automobilen, in naher Zukunft Impulse auf die verstärkte Anwendung von Hochleistungs-FVK im Fahrzeugbau, einem seiner Hauptanwendungsgebiete, ausgehen. Eher hemmend dürften sich die im Zusammenhang mit dem Umweltschutz stehenden Probleme bei Produktion, Entsorgung und Recycling von FVK auswirken.

Für den Förderansatz der Einrichtung von Demonstrationszentren zur Unterstützung des Technologietransfers in KMU bleibt als Schlußfolgerung:

Demonstrationszentren sind generell ein richtiger Ansatz, um insbesondere kleine und mittelgroße Unternehmen über Anwendungsmöglichkeiten von neuen Technologien zu informieren und um auf diesem Wege den Diffusionsprozeß anzustoßen. Den evaluierten Demonstrationszentren für Faserverbundkunststoffe ist dies allerdings kaum gelungen: Es fehlen marktbewährte Demonstrationsobjekte; Werkstoffeigenschaften und Produktionsverfahren sind (noch) nicht geeignet, um bei einer größeren Zahl von mittelständischen Unternehmen das Interesse an FVK zu wecken und deren Einsatz anzuregen.

Unklar ist, inwieweit Beratungen/Seminare nach Ende des Beobachtungszeitraums noch Effekte haben werden. Mit der Anschubfinanzierung wurde erreicht, daß mindestens ein Teil des induzierten Beratungsangebotes nach Auslaufen der Förderung erhalten bleibt. Positiv anzumerken sind auch die Rückwirkungen auf die Ausbildung sowie eine stärkere Heranführung der Trägerinstitute an Probleme der Praxis. Mit der Errichtung der Demonstrationszentren erhielten die Trägerinstitute auch bessere Forschungsbedingungen, indem sie ihren Anlagenbestand komplettieren konnten. Dadurch ist die Nachhaltigkeit der zeitlich begrenzten Fördermaßnahme gewährleistet.

Insgesamt läßt sich aus den Erfahrungen mit den Demonstrationszentren für Faserverbundkunststoffe ein Konzept des stufenweisen Ausbaus der Förderung für kleine und mittlere Unternehmen ableiten, das auch für andere Technologien übertragbar ist:

- Im Rahmen der direkten Projektförderung sollten die technologische Entwicklung und die Anwendungsentwicklung in den Unternehmen beobachtet werden. Wenn sich Anhaltspunkte für den Einsatz der Technologie in kleinen und mittleren Unternehmen abzeichnen und Beispiele ihrer erfolgreichen Anwendung vorhanden sind, kann mit dem stufenweisen Aufbau von Demonstrationszentren begonnen werden, der durch eine Evaluation begleitet werden sollte.

- In einer Potentialanalyse unter Berücksichtigung der Erfahrungen der Demonstrationszentren ist dann zu prüfen, ob der Zeitpunkt erreicht ist, um mit einer indirekt-spezifischen Förderung die Anwendung der Technologie in kleinen und mittleren Unternehmen zu forcieren.

9. Anhang

9.1. Tabellen

Tabelle A 5.2/1

Einsatz von FVK nach Branchen

	Anwender 1)			Planer 4)	Abbrecher 5)	Insgesamt
	Stabile Anwender 2)	neue Anwender 3)	zusammen			
Zahl der Unternehmen	232	56	288	50	73	411
	- Spaltenstruktur in vH -					
Stahl- und Leichtmetallbau, Schienenfahrzeugbau	0,9	1,8	1,0	0,0	0,0	0,7
Maschinenbau	27,2	46,4	30,9	56,0	47,9	37,0
Straßenfahrzeugbau	10,8	7,1	10,1	12,0	6,8	9,7
Schiffbau	3,0	0,0	2,4	2,0	0,0	1,9
Luft- und Raumfahrzeugbau	2,6	0,0	2,1	0,0	2,7	1,9
Elektrotechnik	22,8	19,6	22,2	10,0	11,0	18,7
Feinmechanik, Optik, H. v. Uhren	4,7	12,5	6,3	6,0	1,4	5,4
H. v. EBM-Waren	2,6	1,8	2,4	2,0	8,2	3,4
H. v. Musikinstrumenten, Spielwaren usw.	0,4	0,0	0,3	2,0	2,7	1,0
Chemische Industrie	1,7	0,0	1,4	2,0	1,4	1,5
H. v. Büromaschinen, ADV-Geräten u. -Einrichtungen	0,9	1,8	1,0	2,0	0,0	1,0
H. v. Kunststoffwaren	20,7	8,9	18,4	4,0	17,8	16,5
Gummiverarbeitung	1,7	0,0	1,4	2,0	0,0	1,2

1) Unternehmen, die FVK verarbeiteten und/oder Bauteile aus FVK bezogen.- 2) Unternehmen, die 1988 und 1990 FVK einsetzten.- 3) Anwender, die 1988 noch kein FVK einsetzten.- 4) Unternehmen, die den Einsatz von FVK in ihren Produkten planten.- 5) Unternehmen, die den Einsatz von FVK oder entsprechende Planungen abgebrochen haben.

Quelle: Umfrage zu faserverstärkten Kunststoffen in der mittelständischen Industrie, 1990; DIW.

Tabelle A 5.2/2

Stabilität der FVK-Anwendung und Realisierung von FVK-Planungen nach Branchen

	Wirtschaftszweig[1] 32	33	36	58	übrige	Insgesamt
Zahl der Unternehmen	152	40	77	68	74	411
	- Spaltenstruktur in vH -					
Stabile Anwender[2]	41,4	62,5	68,8	70,6	58,1	56,4
Neue Anwender[3]	17,1	10,0	14,3	7,4	13,5	13,6
Anwender insgesamt[4]	58,6	72,5	83,1	77,9	71,6	70,1
Planer[5]	18,4	15,0	6,5	2,9	12,2	12,2
Abbrecher[6]	23,0	12,5	10,4	19,1	16,2	17,8

1) 32: Maschinenbau, 33: Straßenfahrzeugbau, 36: Elektrotechnik, 58: H. v. Kunststoffwaren.- 2) Unternehmen, die 1988 und 1990 FVK einsetzten.- 3) Anwender, die 1988 noch kein FVK einsetzten.- 4) Unternehmen, die FVK verarbeiteten und/oder Bauteile aus FVK bezogen.- 5) Unternehmen, die den Einsatz von FVK in ihren Produkten planten.- 6) Unternehmen, die den Einsatz von FVK oder entsprechende Planungen abgebrochen haben.

Quelle: Umfrage zu faserverstärkten Kunststoffen in der mittelständischen Industrie, 1990; DIW.

Tabelle A 5.2/3

Anwendung von FVK nach Unternehmensgröße

	Zahl der Mitarbeiter 1989 0-49	50-99	100-199	200-499	500 u.m.	missing	Insgesamt
Zahl der Unternehmen	104	62	66	82	62	35	411
	- Anteil in vH aller Unternehmen der jeweiligen Größe -						
Stabile Anwender 2)	55,8	58,1	39,4	67,1	50,0	74,3	56,4
Neue Anwender 3)	13,5	8,1	16,7	14,6	21,0	2,9	13,6
Anwender insgesamt 4)	69,2	66,1	56,1	81,7	71,0	77,1	70,1
Planer 5)	12,5	8,1	18,2	7,3	12,9	17,1	12,2
Abbrecher 6)	18,3	25,8	25,8	11,0	16,1	5,7	17,8
	- Zeilenstruktur in vH -						- absolut -
Insgesamt	25,3	15,1	16,1	20,0	15,1	8,5	411
Stabile Anwender 2)	25,0	15,5	11,2	23,7	13,4	11,2	232
Neue Anwender 3)	25,0	8,9	19,6	21,4	23,2	1,8	56
Anwender insgesamt 4)	25,0	14,2	12,8	23,3	15,3	9,4	288
Planer 5)	26,0	10,0	24,0	12,0	16,0	12,0	50
Abbrecher 6)	26,0	21,9	23,3	12,3	13,7	2,7	73

1) Unternehmen, die 1988 und 1990 FVK einsetzten.- 2) Anwender, die 1988 noch kein FVK einsetzten.- 3) Unternehmen, die FVK verarbeiteten und/oder Bauteile aus FVK bezogen.- 4) Unternehmen, die den Einsatz von FVK in ihren Produkten planten.- 5) Unternehmen, die den Einsatz von FVK oder entsprechende Planungen abgebrochen haben.

Quelle: Umfrage zu faserverstärkten Kunststoffen in der mittelständischen Industrie, 1990; DIW.

Tabelle A 5.2/4

FVK-Anwendung und Merkmale der Unternehmen

	Anwender[1)]	Planer[2)]	Abbrecher[3)]	Insgesamt
Zahl der Unternehmen	288	50	73	411
Beschäftigte (1989)	310	414	233	308
Umsatz (Mill. DM)	52	76	39	53
Exportquote (in vH)	31	34	32	31
FuE-Personal (in vH)	13	13	11	13
Umsatzanteil (in vH)	28	0	0	19

1) Unternehmen, die FVK verarbeiteten und/oder Bauteile aus FVK bezogen.- 2) Unternehmen, die den Einsatz von FVK in ihren Produkten planten.- 3) Unternehmen, die den Einsatz von FVK oder entsprechende Planungen abgebrochen haben.

Quelle: Umfrage zu faserverstärkten Kunststoffen in der mittelständischen Industrie, 1990; DIW.

Tabelle A 5.3/1

Personal für die Verarbeitung von FVK

	nur Verarbeitung	Verarbeitung und Bezug	nur Bezug	Insgesamt
Zahl der Unternehmen	106	28	154	288
FuE-Personal				
Kein FuE-Personal	1,9	3,6	1,9	2,1
Durchnittl. Anteil 1)	9	12	15	13
FVK-Personal				
Kein FVK-Personal	1,9	0,0	30,5	17,0
FVK-Personal für ...				
FuE nicht vorhanden	16,0	3,6	42,2	28,8
Durchnittl. Anteil 2)	3	2	2	2
Produktion nicht vorhanden	4,7	14,3	61,0	35,8
Durchnittl. Anteil 2)	20	20	6	16
Qualitätssicherung nicht vorhanden	8,5	21,4	61,0	37,9
Durchnittl. Anteil 2)	2	2	2	2

1) Soweit FuE-Personal vorhanden ist.- 2) Soweit in diesem Tätigkeitsbereich Personal mit FVK befaßt ist.

Quelle: Umfrage zu faserverstärkten Kunststoffen in der mittelständischen Industrie, 1990; DIW.

Tabelle A 5.3/2

Erwerb FVK-spezifischen Wissens nach Tätigkeitsbereichen

Frage: Wie haben sich diese Personen das FVK-spezifische Wissen angeeignet?
Mehrfachnennungen möglich.

	Tätigkeitsbereiche Forschung und Entwicklung	Produktion	Qualitäts-sicherung	alle Bereiche
Zahl der FVK-Anwender mit entsprechendem Personal	205	185	179	288
	- Anteil in vH der FVK-Anwender mit entsprechendem Personal -			
durch Anlernen	40,0	69,7	53,1	65,3
durch spezielle Facharbeiterausbildung	6,3	28,6	14,0	21,5
durch spezielle (Fach-) Hochschulausbildung	30,2	4,9	10,6	24,7
durch Weiterbildungskurse/Seminare	32,7	18,9	25,1	31,9
durch Tagungen/Informationsveranstaltungen	30,7	12,4	12,8	26,4
auf sonstige Weise	12,7	5,9	6,1	14,2

Quelle: Umfrage zu faserverstärkten Kunststoffen in der mittelständischen Industrie, 1990; DIW.

Tabelle 5.3/3

Erwerb FVK-spezifischen Wissens bei Verarbeitern und Beziehern von FVK

Frage: Wie haben sich diese Personen das FVK-spezifische Wissen angeeignet?
Mehrfachnennungen möglich.

	nur Verarbeitung	Verarbeitung und Bezug	nur Bezug	Insgesamt
Zahl der Unternehmen	106	28	154	288
	- Spaltenstruktur in vH -			
durch Anlernen	83,0	89,3	48,7	65,3
durch spezielle Facharbeiterausbildung	44,3	28,6	4,5	21,5
durch spezielle (Fach-) Hochschulausbildung	36,8	42,9	13,0	24,7
durch Weiterbildungskurse/Seminare	41,5	64,3	19,5	31,9
durch Tagungen/Informationsveranstaltungen	36,8	35,7	17,5	26,4
auf sonstige Weise	13,2	21,4	13,6	14,2
kein FVK-Personal	1,9	0,0	30,5	17,0

Quelle: Umfrage zu faserverstärkten Kunststoffen in der mittelständischen Industrie, 1990; DIW.

Tabelle 5.3/4

Qualifikationsbedarf bei FVK-Vorhaben

Frage: Gab es in Ihrem Unternehmen in den letzten 3 Jahren ein Vorhaben, für das FVK bedeutsam war? Haben Sie dafür zusätzliches FVK-spezifisches Wissen benötigt?
Mehrfachnennungen möglich.

	nur Verarbeitung	Verarbeitung und Bezug	nur Bezug	Insgesamt
Zahl der Unternehmen	106	28	154	288
		- Spaltenstruktur in vH -		
Neue FVK-Projekte in den letzten 3 Jahren				
missing	9,4	0,0	5,2	6,3
nein	30,2	28,6	51,9	41,7
ja	60,4	71,4	42,9	52,1
Unternehmen mit FVK-Projekten in den letzten 3 Jahren	64	20	66	150
		- Spaltenstruktur in vH -		
Qualifikationsbedarf				
vorhandenes Wissen reichte aus	39,1	25,0	54,5	44,0
Weiterqualifizierung vorhandenen Personals	45,3	55,0	34,8	42,0
Personal gesucht und gefunden, kein weiterer Personalbedarf	17,2	20,0	3,0	11,3
noch auf Personalsuche	12,5	15,0	1,5	8,0
missing	4,7	10,0	10,6	8,0

Quelle: Umfrage zu faserverstärkten Kunststoffen in der mittelständischen Industrie 1990; DIW.

Tabelle 5.4/1

Gründe für den Einsatz von FVK nach Branchen

Welche Gründe sind ausschlaggebend bei der Anwendung von FVK in Ihrem Unternehmen?
Mehrfachnennungen möglich.
Welches sind die wichtigsten Gründe oder Vorteile?
Bitte höchstens 3 Nennungen, die wichtigste zuerst.

	Wirtschaftszweig[1]					
	32	33	36	58	übrige	Insgesamt
Zahl der Unternehmen	89	29	64	53	53	288
	- Spaltenstruktur in vH -					
Gründe für die FVK-Anwendung						
Gewichtsersparnis	53,9	69,0	25,0	41,5	39,6	44,1
Präzision bei Produktion und/oder Anwendung	11,2	10,3	17,2	17,0	18,9	14,9
Beständigkeit gegen Umwelteinflüsse/Korrosion	53,9	58,6	51,6	49,1	49,1	52,1
einfachere Herstellung komplexer Geometrien	42,7	65,5	37,5	28,3	41,5	41,0
Festigkeit/Steifigkeit	43,8	48,3	60,9	66,0	56,6	54,5
Erschließung neuer Märkte	19,1	17,2	17,2	41,5	20,8	22,9
Erhaltung der Konkurrenzfähigkeit	30,3	31,0	26,6	18,9	45,3	30,2
Kundenwünsche	14,6	13,8	21,9	58,5	32,1	27,4
Qualitätssteigerung	23,6	17,2	32,8	20,8	30,2	25,7
Sonstige	14,6	3,4	15,6	1,9	9,4	10,4
davon:						
Materialeigenschaften	12,4	3,4	15,6	0,0	5,7	8,7
Produktdiversifikation	0,0	0,0	0,0	1,9	0,0	0,3
Design	2,2	0,0	0,0	0,0	0,0	0,7
Sonstige	0,0	0,0	0,0	0,0	3,8	0,7
missing	3,4	3,4	3,1	1,9	5,7	3,5
Besonders wichtige Gründe						
Gewichtsersparnis	28,1	44,8	9,4	20,8	24,5	23,6
Präzision bei Produktion und/oder Anwendung	9,0	0,0	9,4	15,1	7,5	9,0
Beständigkeit gegen Umwelteinflüsse/Korrosion	27,0	24,1	20,3	13,2	26,4	22,6
einfachere Herstellung komplexer Geometrien	19,1	44,8	17,2	17,0	26,4	22,2
Festigkeit/Steifigkeit	23,6	27,6	34,4	37,7	32,1	30,6
Erschließung neuer Märkte	9,0	6,9	9,4	11,3	13,2	10,1
Erhaltung der Konkurrenzfähigkeit	6,7	10,3	7,8	1,9	11,3	7,3
Kundenwünsche	2,2	0,0	4,7	20,8	7,5	6,9
Qualitätssteigerung	6,7	0,0	12,5	5,7	11,3	8,0
Sonstige, und zwar						
Materialeigenschaften	33,7	13,8	29,7	15,1	9,4	22,9
Produktdiversifikation	0,0	0,0	0,0	3,8	1,9	1,0
Design	3,4	0,0	1,6	0,0	7,5	2,8
Sonstige	4,5	0,0	4,7	1,9	5,7	3,8

1) 32: Maschinenbau, 33: Straßenfahrzeugbau, 36: Elektrotechnik, 58: H. v. Kunststoffwaren.

Quelle: Umfrage zu faserverstärkten Kunststoffen in der mittelständischen Industrie, 1990; DIW.

Tabelle 5.4/2

Gründe für den Einsatz von FVK bei Verarbeitern und Beziehern

Welche Gründe sind ausschlaggebend bei der Anwendung von FVK in Ihrem Unternehmen?
Mehrfachnennungen möglich.
Welches sind die wichtigsten Gründe oder Vorteile?
Bitte höchstens 3 Nennungen, die wichtigste zuerst.

	nur Verarbeitung	Verarbeitung und Bezug	nur Bezug	Insgesamt
Zahl der Unternehmen	106	28	154	288
	- Spaltenstruktur in vH -			
Gründe für die FVK-Anwendung				
Gewichtsersparnis	45,3	53,6	41,6	44,1
Präzision bei Produktion und/oder Anwendung	24,5	14,3	8,4	14,9
Beständigkeit gegen Umwelteinflüsse/Korrosion	52,8	60,7	50,0	52,1
einfachere Herstellung komplexer Geometrien	41,5	50,0	39,0	41,0
Festigkeit/Steifigkeit	63,2	78,6	44,2	54,5
Erschließung neuer Märkte	32,1	28,6	15,6	22,9
Erhaltung der Konkurrenzfähigkeit	28,3	28,6	31,8	30,2
Kundenwünsche	46,2	21,4	15,6	27,4
Qualitätssteigerung	27,4	42,9	21,4	25,7
Sonstige	7,5	14,3	11,7	10,4
davon:				
Materialeigenschaften	5,7	14,3	9,7	8,7
Produktdiversifikation	0,9	0,0	0,0	0,3
Design	0,0	0,0	1,3	0,7
Sonstige	0,9	0,0	0,6	0,7
missing	1,9	0,0	5,2	3,5
Besonders wichtige Gründe				
Gewichtsersparnis	21,7	17,9	26,0	23,6
Präzision bei Produktion und/oder Anwendung	17,0	3,6	4,5	9,0
Beständigkeit gegen Umwelteinflüsse/Korrosion	21,7	21,4	23,4	22,6
einfachere Herstellung komplexer Geometrien	26,4	21,4	19,5	22,2
Festigkeit/Steifigkeit	36,8	46,4	23,4	30,6
Erschließung neuer Märkte	12,3	10,7	8,4	10,1
Erhaltung der Konkurrenzfähigkeit	4,7	3,6	9,7	7,3
Kundenwünsche	11,3	10,7	3,2	6,9
Qualitätssteigerung	4,7	17,9	8,4	8,0
Sonstige, und zwar				
Materialeigenschaften	16,0	28,6	26,6	22,9
Produktdiversifikation	1,9	0,0	0,6	1,0
Design	2,8	0,0	3,2	2,8
Sonstige	2,8	3,6	4,5	3,8

Quelle: Umfrage zu faserverstärkten Kunststoffen in der mittelständischen Industrie, 1990; DIW.

Tabelle 5.4/3

Einsatzbereiche von FVK nach Branchen

Frage: In welchen Produkten setzen Sie FVK ein, bzw. welche Produkte stellen Sie aus FVK her?
Nennen Sie bitte nur die 3 wichtigsten.

	Wirtschaftszweig[1]					
	32	33	36	58	übrige	Insgesamt
Zahl der FVK-Anwender	89	29	64	53	53	288
	- Spaltenstruktur in vH -					
Sicherheitsrelevante Bauteile	5,6	6,9	4,7	7,5	17,0	8,0
Funktionsbestimmende oder tragende Bauteile/Baugruppen	65,2	17,2	21,9	22,6	32,1	36,8
Nichttragende, nicht funktionsbestimmende, nicht sicherheitsrelevante Bauteile/Baugruppen	36,0	82,8	51,6	56,6	34,0	47,6
Nicht zuzuordnen	22,5	37,9	45,3	47,2	34,0	35,8
missing	4,5	10,3	3,1	5,7	3,8	4,9

32: Maschinenbau, 33: Straßenfahrzeugbau, 36: Elektrotechnik, 58: H. v. Kunststoffwaren.

Quelle: Umfrage zu faserverstärkten Kunststoffen in der mittelständischen Industrie, 1990; DIW.

Tabelle A 5.4/4

Einsatzbereiche von FVK bei Verarbeitern und Beziehern von FVK

Frage: In welchen Produkten setzen Sie FVK ein, bzw. welche Produkte stellen Sie aus FVK her?
Nennen Sie bitte nur die 3 wichtigsten.

	nur Verarbeitung	Verarbeitung und Bezug	nur Bezug	Insgesamt
Zahl der FVK-Anwender	106	28	154	288
	- Spaltenstruktur in vH -			
Sicherheitsrelevante Bauteile	14,2	7,1	3,9	8,0
Funktionsbestimmende oder tragende Bauteile/Baugruppen	26,4	32,1	44,8	36,8
Nichttragende, nichtfunktionsbestimmende, nicht sicherheitsrelevante Bauteile/Baugruppen	57,5	67,9	37,0	47,6
Nicht zuzuordnen	42,5	46,4	29,2	35,8
missing	2,8	0,0	7,1	4,9

Quelle: Umfrage zu faserverstärkten Kunststoffen in der mittelständischen Industrie, 1990; DIW.

Tabelle A 5.4/5

Bedeutung von FVK für die Produkte bei Verarbeitern und Beziehern von FVK

Frage: Ist bei der Mehrzahl dieser Produkte FVK stärker kosten- oder stärker leistungsbestimmend?

	nur Verarbeitung	Verarbeitung und Bezug	nur Bezug	Insgesamt
Zahl der FVK-Anwender	106	28	154	288
	- Spaltenstruktur in vH -			
- stärker kostenbestimmend	7,5	14,3	17,5	13,5
- stärker leistungsbestimmend	34,0	39,3	28,6	31,6
- beides in etwa gleichem Maße	38,7	42,9	25,3	31,9
- von untergeordneter Bedeutung	3,8	0,0	13,0	8,3
missing	16,0	3,6	15,6	14,6

Quelle: Umfrage zu faserverstärkten Kunststoffen in der mittelständischen Industrie, 1990; DIW.

Tabelle A 5.4/6

Gründe für den Einsatz von FVK nach Einsatzbereichen

Welche Gründe sind ausschlaggebend bei der Anwendung von FVK in Ihrem Unternehmen?
Mehrfachnennungen möglich.
Welches sind die wichtigsten Gründe oder Vorteile?
Bitte höchstens 3 Nennungen, die wichtigste zuerst.

	Bauteile/Baugruppen			
	sicherheitsrelevant 1)	nicht sicherheitsrelevant 2)	unbestimmt 3)	Insgesamt
Zahl der Unternehmen	115	102	71	288
	- Spaltenstruktur in vH -			
Gründe für die FVK-Anwendung				
Gewichtsersparnis	51,3	39,2	39,4	44,1
Präzision bei Produktion und/oder Anwendung	19,1	14,7	8,5	14,9
Beständigkeit gegen Umwelteinflüsse/Korrosion	51,3	59,8	42,3	52,1
einfachere Herstellung komplexer Geometrien	42,6	39,2	40,8	41,0
Festigkeit/Steifigkeit	53,0	60,8	47,9	54,5
Erschließung neuer Märkte	29,6	18,6	18,3	22,9
Erhaltung der Konkurrenzfähigkeit	36,5	21,6	32,4	30,2
Kundenwünsche	25,2	32,4	23,9	27,4
Qualitätssteigerung	27,8	28,4	18,3	25,7
Sonstige	13,9	6,9	9,9	10,4
davon:				
Materialeigenschaften	12,2	4,9	8,5	8,7
Produktdiversifikation	0,0	0,0	1,4	0,3
Design	0,0	2,0	0,0	0,7
Sonstige	1,7	0,0	0,0	0,7
missing	0,9	1,0	11,3	3,5
Besonders wichtige Gründe				
Gewichtsersparnis	26,1	22,5	21,1	23,6
Präzision bei Produktion und/oder Anwendung	9,6	8,8	8,5	9,0
Beständigkeit gegen Umwelteinflüsse/Korrosion	23,5	21,6	22,5	22,6
einfachere Herstellung komplexer Geometrien	18,3	27,5	21,1	22,2
Festigkeit/Steifigkeit	27,8	36,3	26,8	30,6
Erschließung neuer Märkte	13,9	8,8	5,6	10,1
Erhaltung der Konkurrenzfähigkeit	11,3	3,9	5,6	7,3
Kundenwünsche	6,1	5,9	9,9	6,9
Qualitätssteigerung	11,3	6,9	4,2	8,0
Sonstige, und zwar				
Materialeigenschaften	22,6	22,5	23,9	22,9
Produktdiversifikation	0,0	2,0	1,4	1,0
Design	4,3	2,0	1,4	2,1
Sonstige	2,6	4,9	4,2	3,8

1) Sicherheitsrelevante, funktionsbestimmende oder tragende Bauteile/Baugruppen.- 2) Ausschließlich nichttragende, nicht funktionsbestimmende, nicht sicherheitsrelevante Bauteile/Baugruppen.- 3) Einsatzbereich unbestimmt.

Quelle: Umfrage zu faserverstärkten Kunststoffen in der mittelständischen Industrie, 1990; DIW.

Tabelle A 5.5/1

Entwicklung von FVK-Bauteilen nach Branchen

Frage: Bei der Konstruktion und Gestaltung von Produkten aus FVK gibt es drei Entwicklungsmethoden. Wie geht Ihr Unternehmen zur Zeit überwiegend vor?
Wird Ihr Unternehmen eine Schwerpunktverlagerung in den angewandten Entwicklungsmethoden in den nächsten 3 Jahren vornehmen?
Mehrfachnennungen möglich.

	Wirtschaftszweig[1]					
	32	33	36	58	übrige	Insgesamt
Zahl der Unternehmen	89	29	64	53	53	288
	- Spaltenstruktur in vH -					
Materialsubstitution	24,7	24,1	29,7	22,6	15,1	23,6
Bauteil-Neugestaltung	44,9	41,4	34,4	43,4	35,8	40,3
Neugestaltung des Gesamtsystems	34,8	41,4	35,9	32,1	39,6	36,1
keine Entwicklungsmethode trifft zu	3,4	6,9	9,4	15,1	13,2	9,0
missing	9,0	3,4	7,8	7,5	11,3	8,3
Änderung der Entwicklungsmethode						
ja	12,4	3,4	12,5	5,7	13,2	10,4
nein	71,9	86,2	73,4	75,5	67,9	73,6
missing	15,7	10,3	14,1	18,9	18,9	16,0

1) 32: Maschinenbau, 33: Straßenfahrzeugbau, 36: Elektrotechnik, 58: H. v. Kunststoffwaren.

Quelle: Umfrage zu faserverstärkten Kunststoffen in der mittelständischen Industrie, 1990; DIW.

Tabelle A 5.5/2

Entwicklung von FVK-Bauteilen nach Einsatzbereichen

Frage: Bei der Konstruktion und Gestaltung von Produkten aus FVK gibt es drei Entwicklungsmethoden. Wie geht Ihr Unternehmen zur Zeit überwiegend vor?
Wird Ihr Unternehmen eine Schwerpunktverlagerung in den angewandten Entwicklungsmethoden in den nächsten 3 Jahren vornehmen?
Mehrfachnennungen möglich.

	Bauteile/Baugruppen			
	sicherheitsrelevant 1)	nicht sicherheitsrelevant 2)	unbestimmt 3)	Insgesamt
Zahl der Unternehmen	115	102	71	288
	- Spaltenstruktur in vH -			
Materialsubstitution	22,6	25,5	22,5	23,6
Bauteil-Neugestaltung	44,3	38,2	36,6	40,3
Neugestaltung des Gesamtsystems	33,9	38,2	36,6	36,1
keine Entwicklungsmethode trifft zu	9,6	5,9	12,7	9,0
missing	6,1	9,8	9,9	8,3
Änderung der Entwicklungsmethode				
ja	17,4	4,9	7,0	10,4
nein	72,2	79,4	67,6	73,6
missing	10,4	15,7	25,4	16,0

1) Sicherheitsrelevante, funktionsbestimmende oder tragende Bauteile/Baugruppen.- 2) Ausschließlich nichttragende, nicht funktionsbestimmende, nicht sicherheitsrelevante Bauteile/Baugruppen.- 3) Einsatzbereich unbestimmt.

Quelle: Umfrage zu faserverstärkten Kunststoffen in der mittelständischen Industrie, 1990; DIW.

Tabelle A 5.5/3

Auslegung und Konstruktion von FVK-Produkten nach Branchen

Frage: Wie erfolgt die Auslegung und Konstruktion Ihrer FVK-Produkte?
Mehrfachnennungen möglich.

	Wirtschaftszweig 1)					
	32	33	36	58	übrige	Insgesamt
Zahl der Unternehmen	89	29	64	53	53	288
	- Spaltenstruktur in vH -					
praktische Erfahrung	78,7	79,3	76,6	84,9	90,6	81,6
versuchsreihengestützt	52,8	55,2	62,5	67,9	58,5	59,0
überschlägige Berechnung	34,8	44,8	40,6	41,5	37,7	38,9
lagenbezogene Auslegung	10,1	13,8	7,8	15,1	15,1	11,8
Netztheorie	3,4	0,0	4,7	1,9	0,0	2,4
Kontinuumstheorie	3,4	0,0	3,1	3,8	3,8	3,1
Finite Elemente Methode	10,1	0,0	7,8	9,4	9,4	8,3
nicht bekannt	13,5	3,4	12,5	3,8	3,8	8,7
nur praktische Erfahrung	15,7	10,3	9,4	13,2	17,0	13,5
nur extern	14,6	3,4	10,9	1,9	5,7	8,7

1) 32: Maschinenbau, 33: Straßenfahrzeugbau, 36: Elektrotechnik, 58: H. v. Kunststoffwaren.

Quelle: Umfrage zu faserverstärkten Kunststoffen in der mittelständischen Industrie, 1990; DIW.

Tabelle A 5.5/4

Auslegung und Konstruktion von FVK-Produkten nach Einsatzbereichen

Frage: Wie erfolgt die Auslegung und Konstruktion Ihrer FVK-Produkte?
Mehrfachnennungen möglich.

	Bauteile/Baugruppen			
	sicherheits-relevant 1)	nicht sicher-heitsrelevant 2)	unbestimmt 3)	Insgesamt
Zahl der Unternehmen	115	102	71	288
	- Spaltenstruktur in vH -			
praktische Erfahrung	80,9	85,3	77,5	81,6
versuchsreihengestützt	63,5	58,8	52,1	59,0
überschlägige Berechnung	40,0	41,2	33,8	38,9
lagenbezogene Auslegung	13,9	9,8	11,3	11,8
Netztheorie	1,7	3,9	1,4	2,4
Kontinuumstheorie	3,5	3,9	1,4	3,1
Finite Elemente Methode	10,4	8,8	4,2	8,3
nicht bekannt	8,7	8,8	8,5	8,7
nur praktische Erfahrung	9,6	16,7	15,5	13,5
nur extern	11,3	5,9	8,5	8,7

1) Sicherheitsrelevante, funktionsbestimmende oder tragende Bauteile/Baugruppen.-
2) Ausschließlich nichttragende, nicht funktionsbestimmende, nicht sicherheitsrelevante Bauteile/Baugruppen.- 3) Einsatzbereich unbestimmt.

Quelle: Umfrage zu faserverstärkten Kunststoffen in der mittelständischen Industrie, 1990; DIW.

Tabelle A 5.5/5

Auslegung und Konstruktion von FVK-Produkten nach Entwicklungsmethoden

Frage: Wie erfolgt die Auslegung und Konstruktion Ihrer FVK-Produkte?
Mehrfachnennungen möglich.

	Entwicklungsmethode [1]					
	A	B	C	andere	missing	Insgesamt
Zahl der Unternehmen	68	116	104	26	24	288
	- Spaltenstruktur in vH -					
praktische Erfahrung	86,8	90,5	89,4	61,5	37,5	81,6
versuchsreihengestützt	75,0	69,8	64,4	30,8	25,0	59,0
überschlägige Berechnung	36,8	48,3	51,9	11,5	8,3	38,9
lagenbezogene Auslegung	14,7	15,5	13,5	11,5	8,3	11,8
Netztheorie	5,9	2,6	1,0	3,8	4,2	2,4
Kontinuumstheorie	4,4	2,6	2,9	0,0	4,2	3,1
Finite Elemente Methode	7,4	6,9	11,5	0,0	4,2	8,3
nicht bekannt	4,4	5,2	5,8	23,1	29,2	8,7
nur praktische Erfahrung	7,4	12,1	8,7	30,8	12,5	13,5
nur extern	5,9	5,2	6,7	15,4	29,2	8,7

1) A: Materialsubstitution, B: Bauteil-Neugestaltung, C: Neugestaltung des Gesamtsystems.

Quelle: Umfrage zu faserverstärkten Kunststoffen in der mittelständischen Industrie, 1990; DIW.

Tabelle A 5.5/6

FuE-Aufträge nach Entwicklungsmethoden

Frage: Hat Ihr Unternehmen seit 1987 Forschungs- und Entwicklungsaufträge zur Lösung von Problemen, die mit dem Einsatz von FVK zusammenhängen, an Dritte vergeben?

	Entwicklungsmethoden [1]					
	A	B	C	andere	missing	Insgesamt
Zahl der Unternehmen	68	116	104	26	24	288
	- Spaltenstruktur in vH -					
Forschungs- und Entwicklungsaufträge vergeben						
ja, an						
Unternehmen/Ingenieurbüro	10,3	11,2	11,5	0,0	4,2	9,4
Forschungseinrichtung	2,9	4,3	6,7	11,5	0,0	5,2
sonstiges	1,5	0,9	1,0	0,0	4,2	1,4
zusammen	14,7	16,4	21,2	11,5	8,3	16,0
nein	82,4	81,9	77,9	80,8	62,5	79,2
missing	2,9	1,7	1,0	7,7	29,2	4,9
	Durchschnittlicher Betrag in DM					
Aufwendungen für externe Forschung und Entwicklung [2]	130 000	805 625	177 053	47 333	35 000	387 775

1) A: Materialsubstitution, B: Bauteil-Neugestaltung, C: Neugestaltung des Gesamtsystems.- 2) Sofern Aufträge vergeben wurden.

Quelle: Umfrage zu faserverstärkten Kunststoffen in der mittelständischen Industrie, 1990; DIW.

Tabelle A 5.5/7

FuE-Aufträge nach Einsatzbereichen

Frage: Hat Ihr Unternehmen seit 1987 Forschungs- und Entwicklungsaufträge zur Lösung von Problemen, die mit dem Einsatz von FVK zusammenhängen, an Dritte vergeben?

	Bauteile/Baugruppen			
	sicherheits-relevant 1)	nicht sicher-heitsrelevant 2)	unbestimmt 3)	Insgesamt
Zahl der Unternehmen	115	102	71	288
	- Spaltenstruktur in vH -			
Forschungs- und Entwicklungs-aufträge vergeben				
ja, an				
Unternehmen/Ingenieurbüro	11,3	8,8	7,0	9,4
Forschungseinrichtung	7,8	2,0	5,6	5,2
sonstiges	3,5	0,0	0,0	1,4
zusammen	24,3	10,8	9,9	16,0
nein	72,2	86,3	80,3	79,2
missing	3,5	2,9	9,9	4,9
	Durchschnittlicher Betrag in DM			
Aufwendungen für externe Forschung und Entwicklung 4)	140 153	174 667	2 059 000	387 775

1) Sicherheitsrelevante, funktionsbestimmende oder tragende Bauteile/Baugruppen.- 2) Ausschließlich nichttragende, nicht funktionsbestimmende, nicht sicherheitsrelevante Bauteile/Baugruppen.- 3) Einsatzbereich unbestimmt.- 4) Sofern Aufträge vergeben wurden.

Quelle: Umfrage zu faserverstärkten Kunststoffen in der mittelständischen Industrie, 1990; DIW.

Tabelle A 5.6/1

Einsatz von Fasern und Matrixwerkstoffen nach Branchen

Frage: Welche Fasern, Matrixwerkstoffe und Formmassen werden bei Ihnen zu FVK verarbeitet?
Bitte kreuzen Sie alles an, was für Ihr Unternehmen zutrifft.

	Wirtschaftszweig[1]					
	32	33	36	58	übrige	Insgesamt
FVK-verarbeitende Unternehmen	20	14	22	48	30	134
	- Spaltenstruktur in vH -					
Eingesetzte Fasern						
Glasfasern	95,0	100,0	100,0	100,0	96,7	98,5
Kohlenstoffasern	20,0	35,7	9,1	18,8	40,0	23,9
Aramidfasern	10,0	21,4	13,6	18,8	26,7	18,7
Naturfasern	0,0	0,0	4,5	0,0	3,3	1,5
Polymerfasern	0,0	0,0	4,5	0,0	3,3	1,5
Natur-/Polymerfasern	0,0	0,0	0,0	2,1	0,0	0,7
nur Glasfasern	75,0	64,3	72,7	77,1	56,7	70,1
Eingesetzte Matrixwerkstoffe						
Duroplaste	35,0	64,3	36,4	47,9	56,7	47,8
Thermoplaste	40,0	21,4	31,8	37,5	26,7	32,8
beides	20,0	7,1	31,8	12,5	16,7	17,2
missing	5,0	7,1	0,0	2,1	0,0	2,2

1) 32: Maschinenbau, 33: Straßenfahrzeugbau, 36: Elektrotechnik, 58: H. v. Kunststoffwaren.

Quelle: Umfrage zu faserverstärkten Kunststoffen in der mittelständischen Industrie, 1990; DIW.

Tabelle A 5.6/2

Einsatz von Fasern und Matrixwerkstoffen

Frage: Welche Fasern, Matrixwerkstoffe und Formmassen werden bei Ihnen zu FVK verarbeitet?
Bitte kreuzen Sie alles an, was für Ihr Unternehmen zutrifft.

	Verarbeiter von Glasfasern	Verarbeiter von Kohlenstoffasern	Verarbeiter von Aramidfasern
FVK-verarbeitende Unternehmen	132	32	25
	- Spaltenstruktur in vH -		
<u>Angaben zu den Fasern</u>			
Rovings zur Endlosverarbeitung	22,0	28,1	8,0
Rovings, geschnitten weiterverarbeitet	18,2	15,6	12,0
Gewebe, Gelege u.ä.	39,4	59,4	48,0
Schnittfasermatten	22,0	0,0	4,0
Endlosfasermatten	21,2	9,4	0,0
Kurzfasern (< 10 mm)	51,5	18,8	32,0
GMT	6,1	-	-
BMC	4,5	0,0	-
SMC	13,6	3,1	-
Prepregs (Gewebe, Gelege)	15,2	34,4	20,0
missing	6,1	6,3	12,0
<u>Angaben zu den Matrixwerkstoffen</u>			
Duroplaste	59,1	75,0	68,0
Thermoplaste	48,5	18,8	28,0
missing	2,3	3,1	8,0

Quelle: Umfrage zu faserverstärkten Kunststoffen in der mittelständischen Industrie, 1990; DIW.

Tabelle A 5.6/3

Verarbeitungsverfahren

Frage: Welche Verfahren werden in Ihrem Unternehmen bei der Herstellung von Bauteilen aus FVK eingesetzt?

	bereits 1988 Verarbeiter	neuer Verarbeiter	missing	Insgesamt
FVK-verarbeitende Unternehmen	103	29	2	134
	- Spaltenstruktur in vH -			
Nur Verfahren, die Faserorientierung erlauben	33,0	13,8	0,0	28,4
Nur Verfahren, bei denen keine Faserorientierung möglich ist	37,9	72,4	50,0	45,5
Verfahren mit und ohne Faserorientierung	29,1	13,8	50,0	26,1

Quelle: Umfrage zu faserverstärkten Kunststoffen in der mittelständischen Industrie, 1990; DIW.

Tabelle A 5.6/4
Verarbeitungsverfahren und Gründe für den Einsatz von FVK

Welche Gründe sind ausschlaggebend bei der Anwendung von FVK in Ihrem Unternehmen?
Mehrfachnennungen möglich.
Welches sind die wichtigsten Gründe oder Vorteile?
Bitte höchstens 3 Nennungen, die wichtigste zuerst.

	Bezieher	Verfahren			Insgesamt
		Faserorientierung			
		möglich	nicht möglich	beides	
Zahl der Unternehmen	154	38	61	35	288
		- Spaltenstruktur in vH -			
Gründe für FVK-Anwendung					
Gewichtsersparnis	41,6	63,2	31,1	57,1	44,1
Präzision bei Produktion und/oder Anwendung	8,4	15,8	34,4	8,6	14,9
Beständigkeit gegen Umwelteinflüsse/Korrosion	50,0	65,8	34,4	77,1	52,1
einfachere Herstellung komplexer Geometrien	39,0	57,9	36,1	40,0	41,0
Festigkeit/Steifigkeit	44,2	60,5	67,2	71,4	54,5
Erschließung neuer Märkte	15,6	26,3	26,2	45,7	22,9
Erhaltung der Konkurrenzfähigkeit	31,8	36,8	23,0	28,6	30,2
Kundenwünsche	15,6	39,5	36,1	51,4	27,4
Qualitätssteigerung	21,4	26,3	34,4	28,6	25,7
Sonstige	11,7	5,3	9,8	11,4	10,4
davon:					
Materialeigenschaften	9,7	2,6	8,2	11,4	8,7
Produktdiversifikation	0,0	0,0	1,6	0,0	0,3
Design	1,3	0,0	0,0	0,0	0,7
Sonstige	0,6	2,6	0,0	0,0	0,7
missing	5,2	0,0	1,6	2,9	3,5
Besonders wichtige Gründe					
Gewichtsersparnis	26,0	34,2	9,8	25,7	23,6
Präzision bei Produktion und/oder Anwendung	4,5	10,5	23,0	2,9	9,0
Beständigkeit gegen Umwelteinflüsse/Korrosion	23,4	15,8	19,7	31,4	22,6
einfachere Herstellung komplexer Geometrien	19,5	36,8	16,4	28,6	22,2
Festigkeit/Steifigkeit	23,4	26,3	44,3	42,9	30,6
Erschließung neuer Märkte	8,4	5,3	9,8	22,9	10,1
Erhaltung der Konkurrenzfähigkeit	9,7	7,9	1,6	5,7	7,3
Kundenwünsche	3,2	5,3	16,4	8,6	6,9
Qualitätssteigerung	8,4	5,3	8,2	8,6	8,0
Sonstige, und zwar					
Materialeigenschaften	26,6	10,5	21,3	22,9	22,9
Produktdiversifikation	0,6	2,6	1,6	0,0	1,0
Design	3,2	2,6	0,0	5,7	2,8
Sonstige	4,5	2,6	3,3	2,9	3,8

Quelle: Umfrage zu faserverstärkten Kunststoffen in der mittelständischen Industrie, 1990; DIW.

Tabelle A 5.6/5

Ausstattung mit Maschinen nach Branchen

Frage: Welche Maschinen werden zur Herstellung von Produkten aus FVK eingesetzt?

	Wirtschaftszweig[1]					
	32	33	36	58	übrige	Insgesamt
FVK-verarbeitende Unternehmen	20	14	22	48	30	134
	- Spaltenstruktur in vH -					
Art der Maschinensteuerung						
mechanisch	50,0	7,1	36,4	33,3	50,0	37,3
NC/CNC	25,0	28,6	31,8	25,0	13,3	23,9
beides	10,0	7,1	27,3	25,0	10,0	17,9
keine Maschinen	0,0	28,6	0,0	2,1	0,0	3,7
missing	15,0	28,6	4,5	14,6	26,7	17,2

1) 32: Maschinenbau, 33: Straßenfahrzeugbau, 36: Elektrotechnik, 58: H. v. Kunststoffwaren.

Quelle: Umfrage zu faserverstärkten Kunststoffen in der mittelständischen Industrie 1990; DIW.

Tabelle 5.6/6

Modernisierung der Maschinen

Frage: Ist geplant, bis 1992 zusätzliche Maschinen einzusetzen bzw. Ihren Maschinenpark zu modernisieren?
Mehrfachnennungen möglich.

	Art der Maschinensteuerung			keine		
	mechanisch	NC/CNC	beides	Maschinen	missing	Insgesamt
FVK-verarbeitende Unternehmen	50	32	24	5	23	134
	- Spaltenstruktur in vH -					
nein	42,0	21,9	16,7	80,0	26,1	31,3
ja, modernisieren	20,0	18,8	25,0	0,0	13,0	18,7
ja, zusätzliche Maschinen	20,0	37,5	4,2	0,0	13,0	19,4
ja, beides	10,0	15,6	45,8	0,0	0,0	15,7
missing	8,0	6,3	8,3	20,0	47,8	14,9

Quelle: Umfrage zu faserverstärkten Kunststoffen in der mittelständischen Industrie, 1990; DIW.

Tabelle 5.6/7

Auftragsfertigung von FVK-Bauteilen nach Branchen

Frage: Für wen fertigen Sie überwiegend FVK-Bauteile?

	Wirtschaftszweig[1]					
	32	33	36	58	übrige	Insgesamt
FVK-verarbeitende Unternehmen	20	14	22	48	30	134
	- Spaltenstruktur in vH -					
hauptsächlich für Kunden	20,0	42,9	27,3	87,5	36,7	51,5
Einbau in eigene Produkte	70,0	42,9	63,6	6,3	50,0	38,8
beides etwa gleich	5,0	7,1	9,1	4,2	6,7	6,0
missing	5,0	7,1	0,0	2,1	6,7	3,7

1) 32: Maschinenbau, 33: Straßenfahrzeugbau, 36: Elektrotechnik, 58: H. v. Kunststoffwaren.

Quelle: Umfrage zu faserverstärkten Kunststoffen in der mittelständischen Industrie, 1990; DIW.

Tabelle 5.7/1

Verarbeiter und Bezieher von FVK nach Branchen

	Wirtschaftszweig[1]					
	32	33	36	58	übrige	Insgesamt
Zahl der Unternehmen	89	29	64	53	53	288
	- Spaltenstruktur in vH -					
nur Verarbeitung	16,9	27,6	23,4	77,4	50,9	36,8
Verarbeitung und Bezug	5,6	20,7	10,9	13,2	5,7	9,7
nur Bezug	77,5	51,7	65,6	9,4	43,4	53,5

1) 32: Maschinenbau, 33: Straßenfahrzeugbau, 36: Elektrotechnik, 58: H. v. Kunststoffwaren.

Quelle: Umfrage zu faserverstärkten Kunststoffen in der mittelständischen Industrie, 1990; DIW.

Tabelle 5.7/2

Einsatzbereiche von FVK bei Verarbeitern und Beziehern

	nur Verarbeitung	Verarbeitung und Bezug	nur Bezug	Insgesamt
Zahl der Unternehmen	106	28	154	288
		- Spaltenstruktur in vH -		
Sicherheitsrelevante, funktionsbestimmende oder tragende Bauteile/Baugruppen	35,8	35,7	43,5	39,9
Ausschließlich nichttragende, nicht funktionsbestimmende, nicht sicherheitsrelevante Bauteile/Baugruppen	42,5	50,0	27,9	35,4
Einsatzbereich unbestimmt	21,7	14,3	28,6	24,7

Quelle: Umfrage zu faserverstärkten Kunststoffen in der mittelständischen Industrie, 1990; DIW.

Tabelle 5.7/3

Zufriedenheit mit dem Angebot an FVK-Produkten nach Branchen

Frage: Wie beurteilen Sie das Angebot an FVK-Produkten für Ihre betrieblichen Belange?

	Wirtschaftszweig[1)]					
	32	33	36	58	übrige	Insgesamt
Zahl der FVK-Bezieher	74	21	49	12	26	182
			- Spaltenstruktur in vH -			
Angebot an Halbzeugen						
zufriedenstellend	35,1	23,8	57,1	66,7	46,2	43,4
nicht zufriedenstellend	10,8	0,0	0,0	8,3	7,7	6,0
missing/keine	54,1	76,2	42,9	25,0	46,2	50,5
Angebot an Bauteilen						
zufriedenstellend	54,1	76,2	53,1	33,3	46,2	53,8
nicht zufriedenstellend	10,8	0,0	2,0	0,0	3,8	5,5
missing/keine	35,1	23,8	44,9	66,7	50,0	40,7

1) 32: Maschinenbau, 33: Straßenfahrzeugbau, 36: Elektrotechnik, 58: H. v. Kunststoffwaren.

Quelle: Umfrage zu faserverstärkten Kunststoffen in der mittelständischen Industrie, 1990; DIW.

Tabelle 5.7/4

Zufriedenheit mit dem Angebot an FVK-Produkten nach Dauer der FVK-Anwendung

Frage: Wie beurteilen Sie das Angebot an FVK-Produkten für Ihre betrieblichen Belange?

	Jahr der Einführung						
	nach 1988	1986-87	1983-85	1973-82	vor 1972	missing	Insgesamt
Zahl der FVK-Bezieher	17	19	33	56	37	20	182
	- Spaltenstruktur in vH -						
Angebot an Halbzeugen							
zufriedenstellend	47,1	52,6	42,4	44,6	43,2	30,0	43,4
nicht zufriedenstellend	11,8	10,5	6,1	7,1	2,7	0,0	6,0
missing/keine	41,2	36,8	51,5	48,2	54,1	70,0	50,5
Angebot an Bauteilen							
zufriedenstellend	47,1	57,9	57,6	57,1	64,9	20,0	53,8
nicht zufriedenstellend	5,9	5,3	3,0	7,1	2,7	10,0	5,5
missing/keine	47,1	36,8	39,4	35,7	32,4	70,0	40,7

Quelle: Umfrage zu faserverstärkten Kunststoffen in der mittelständischen Industrie, 1990; DIW.

Tabelle 5.8/1

Schwierigkeiten in Zusammenhang mit dem Einsatz von FVK bei Verarbeitern und Beziehern

Frage: Welche Schwierigkeiten sind in Ihrem Unternehmen derzeit in Zusammenhang mit dem Einsatz von FVK zu bewältigen, bzw. sind bei der künftigen Einführung zu erwarten?
Bitte machen Sie Angaben für die verschiedenen Bereiche.

	nur Verarbeitung	Verarbeitung und Bezug	nur Bezug	Insgesamt
Zahl der Unternehmen	106	28	154	288
	- Spaltenstruktur in vH -			
Technische Schwierigkeiten				
Konstruktion/Bauteilauslegung	24,5	39,3	30,5	29,2
Fertigung/Montage	24,5	42,9	23,4	25,7
Qualitätssicherung	15,1	25,0	16,9	17,0
Schwierigkeiten mit der Qualifikation der Mitarbeiter				
Konstruktion/Bauteilauslegung	14,2	17,9	9,7	12,2
Fertigung/Montage	28,3	39,3	13,0	21,2
Qualitätssicherung	12,3	14,3	5,2	8,7
Probleme der Kooperation mit anderen Unternehmen/Institutionen				
Konstruktion/Bauteilauslegung	4,7	3,6	11,0	8,0
Fertigung/Montage	3,8	10,7	5,2	5,2
Qualitätssicherung	1,9	17,9	9,7	7,6
Weitere Schwierigkeiten				
Preis-/Leistungsverhältnis bei Produktion/Fertigung	18,9	21,4	20,8	20,1
Preis-/Leistungsverhältnis bei Rohstoffen	21,7	28,6	9,7	16,0
Investitionsvolumen	11,3	17,9	12,3	12,5
Service, Wartung, Vertrieb	1,9	0,0	0,6	1,0
Umweltschutzauflagen für Fertigung	39,6	50,0	15,6	27,8
Arbeitsschutzvorschriften	21,7	28,6	11,0	16,7
Entsorgung von Produktionsabfällen	41,5	46,4	20,1	30,6
Entsorgung von Endprodukten nach Gebrauch	16,0	7,1	11,7	12,8
Ungewißheit der weiteren Entwicklung der Verarbeitungsverfahren	2,8	7,1	5,2	4,5
Verfahren zur Serienfertigung	7,5	14,3	12,3	10,8
Maschinen/Anlagen zur Serienfertigung	14,2	17,9	8,4	11,5
Zulassungsvorschriften, gesetzliche Regelungen, Normen	10,4	14,3	5,2	8,0
Ungewißheit der Durchsetzung am Markt	2,8	3,6	7,8	5,6
Produkthaftung	15,1	14,3	13,6	14,2
Schadenserkennung	10,4	17,9	12,3	12,2
Sonstiges	4,7	3,6	3,2	3,8
Keine Schwierigkeiten	14,2	10,7	24,7	19,4
missing	2,8	0,0	3,2	2,8

Quelle: Umfrage zu faserverstärkten Kunststoffen in der mittelständischen Industrie, 1990; DIW.

Tabelle 5.8/2

Schwierigkeiten in Zusammenhang mit dem Einsatz von FVK nach Branchen

Frage: Welche Schwierigkeiten sind in Ihrem Unternehmen derzeit in Zusammenhang mit dem Einsatz von FVK zu bewältigen, bzw. sind bei der künftigen Einführung zu erwarten?
Bitte machen Sie Angaben für die verschiedenen Bereiche.

	Wirtschaftszweig[1]					
	32	33	36	58	übrige	Insgesamt
Zahl der Unternehmen	89	29	64	53	53	288
	- Spaltenstruktur in vH -					
Technische Schwierigkeiten						
Konstruktion/Bauteilauslegung	33,7	37,9	26,6	30,2	18,9	29,2
Fertigung/Montage	21,3	24,1	26,6	34,0	24,5	25,7
Qualitätssicherung	15,7	17,2	15,6	18,9	18,9	17,0
Schwierigkeiten mit der Qualifikation der Mitarbeiter						
Konstruktion/Bauteilauslegung	10,1	6,9	9,4	15,1	18,9	12,2
Fertigung/Montage	15,7	24,1	14,1	32,1	26,4	21,2
Qualitätssicherung	3,4	13,8	6,3	13,2	13,2	8,7
Probleme der Kooperation mit anderen Unternehmen/Institutionen						
Konstruktion/Bauteilauslegung	9,0	6,9	6,3	9,4	7,5	8,0
Fertigung/Montage	3,4	6,9	3,1	5,7	9,4	5,2
Qualitätssicherung	10,1	10,3	6,3	5,7	5,7	7,6
Weitere Schwierigkeiten						
Preis-/Leistungsverhältnis bei Produktion/Fertigung	21,3	20,7	17,2	24,5	17,0	20,1
Preis-/Leistungsverhältnis bei Rohstoffen	12,4	6,9	20,3	17,0	20,8	16,0
Investitionsvolumen	10,1	0,0	12,5	17,0	18,9	12,5
Service, Wartung, Vertrieb	0,0	3,4	0,0	1,9	1,9	1,0
Umweltschutzauflagen für die Fertigung	20,2	34,5	17,2	49,1	28,3	27,8
Arbeitsschutzvorschriften	16,9	20,7	7,8	26,4	15,1	16,7
Entsorgung von Produktionsabfällen	24,7	31,0	21,9	50,9	30,2	30,6
Entsorgung von Endprodukten nach Gebrauch	14,6	13,8	6,3	15,1	15,1	12,8
Ungewißheit der weiteren Entwicklung der Verarbeitungsverfahren	6,7	6,9	4,7	1,9	1,9	4,5
Verfahren zur Serienfertigung	10,1	13,8	6,3	9,4	17,0	10,8
Maschinen/Anlagen zur Serienfertigung	6,7	17,2	6,3	11,3	22,6	11,5
Zulassungsvorschriften, gesetzliche Regelungen, Normen	7,9	10,3	4,7	7,5	11,3	8,0
Ungewißheit der Durchsetzung am Markt	9,0	3,4	4,7	3,8	3,8	5,6
Produkthaftung	13,5	6,9	14,1	11,3	22,6	14,2
Schadenserkennung	14,6	6,9	10,9	11,3	13,2	12,2
Sonstiges	4,5	6,9	0,0	5,7	3,8	3,8
Keine Schwierigkeiten	20,2	17,2	31,3	9,4	15,1	19,4
missing	2,2	3,4	1,6	5,7	1,9	2,8

1) 32: Maschinenbau, 33: Straßenfahrzeugbau, 36: Elektrotechnik, 58: H. v. Kunststoffwaren.

Quelle: Umfrage zu faserverstärkten Kunststoffen in der mittelständischen Industrie, 1990; DIW.

Tabelle 5.8/3

Schwierigkeiten in Zusammenhang mit dem Einsatz von FVK nach Einsatzbereichen

Frage: Welche Schwierigkeiten sind in Ihrem Unternehmen derzeit in Zusammenhang mit dem Einsatz von FVK zu bewältigen, bzw. sind bei der künftigen Einführung zu erwarten?
Bitte machen Sie Angaben für die verschiedenen Bereiche.

	Bauteile/Baugruppen			
	sicherheitsrelevant 1)	nicht sicherheitsrelevant 2)	unbestimmt 3)	Insgesamt
Zahl der Unternehmen	115	102	71	288
	- Spaltenstruktur in vH -			
Technische Schwierigkeiten				
Konstruktion/Bauteilauslegung	36,5	27,5	19,7	29,2
Fertigung/Montage	29,6	24,5	21,1	25,7
Qualitätssicherung	20,0	13,7	16,9	17,0
Schwierigkeiten mit der Qualifikation der Mitarbeiter				
Konstruktion/Bauteilauslegung	14,8	9,8	11,3	12,2
Fertigung/Montage	20,9	23,5	18,3	21,2
Qualitätssicherung	4,3	11,8	11,3	8,7
Probleme der Kooperation mit anderen Unternehmen/Institutionen				
Konstruktion/Bauteilauslegung	9,6	4,9	9,9	8,0
Fertigung/Montage	1,7	6,9	8,5	5,2
Qualitätssicherung	8,7	3,9	11,3	7,6
Weitere Schwierigkeiten				
Preis-/Leistungsverhältnis bei Produktion/Fertigung	17,4	17,6	28,2	20,1
Preis-/Leistungsverhältnis bei Rohstoffen	13,9	18,6	15,5	16,0
Investitionsvolumen	20,0	7,8	7,0	12,5
Service, Wartung, Vertrieb	0,9	1,0	1,4	1,0
Umweltschutzauflagen für die Fertigung	28,7	30,4	22,5	27,8
Arbeitsschutzvorschriften	18,3	19,6	9,9	16,7
Entsorgung von Produktionsabfällen	33,0	30,4	26,8	30,6
Entsorgung von Endprodukten nach Gebrauch	14,8	12,7	9,9	12,8
Ungewißheit der weiteren Entwicklung der Verarbeitungsverfahren	5,2	3,9	4,2	4,5
Verfahren zur Serienfertigung	12,2	12,7	5,6	10,8
Maschinen/Anlagen zur Serienfertigung	13,0	9,8	11,3	11,5
Zulassungsvorschriften, gesetzliche Regelungen, Normen	9,6	6,9	7,0	8,0
Ungewißheit der Durchsetzung am Markt	7,8	2,9	5,6	5,6
Produkthaftung	19,1	9,8	12,7	14,2
Schadenserkennung	14,8	9,8	11,3	12,2
Sonstiges	3,5	3,9	4,2	3,8
Keine Schwierigkeiten	11,3	23,5	26,8	19,4
missing	1,7	2,9	4,2	2,8

1) Sicherheitsrelevante, funktionsbestimmende oder tragende Bauteile/Baugruppen.- 2) Ausschließlich nichttragende, nicht funktionsbestimmende, nicht sicherheitsrelevante Bauteile/Baugruppen.- 3) Einsatzbereich unbestimmt.

Quelle: Umfrage zu faserverstärkten Kunststoffen in der mittelständischen Industrie, 1990; DIW.

Tabelle 5.8/4

Bedeutsame Schwierigkeiten bei Verarbeitern und Beziehern von FVK

Frage: Welche der genannten Schwierigkeiten sind in Ihrem Unternehmen derzeit besonders bedeutsam?
Bitte höchstens 3 Nennungen.

	nur Verarbeitung	Verarbeitung und Bezug	nur Bezug	Insgesamt
Zahl der Unternehmen	106	28	154	288
	- Spaltenstruktur in vH -			
Technische Schwierigkeiten				
Konstruktion/Bauteilauslegung	3,8	0,0	4,5	3,8
Fertigung/Montage	0,9	0,0	5,8	3,5
Qualitätssicherung	0,9	0,0	2,6	1,7
Schwierigkeiten mit der Qualifikation der Mitarbeiter				
Konstruktion/Bauteilauslegung	0,9	0,0	0,0	0,3
Fertigung/Montage	3,8	3,6	1,9	2,8
Qualitätssicherung	0,0	0,0	0,0	0,0
Probleme der Kooperation mit anderen Unternehmen/Institutionen				
Konstruktion/Bauteilauslegung	0,0	0,0	0,0	0,0
Fertigung/Montage	0,0	0,0	0,0	0,0
Qualitätssicherung	0,0	7,1	0,6	1,0
Weitere Schwierigkeiten				
Preis-/Leistungsverhältnis bei Produktion/Fertigung	9,4	10,7	11,0	10,4
Preis-/Leistungsverhältnis bei Rohstoffen	9,4	21,4	3,2	7,3
Investitionsvolumen	2,8	14,3	5,8	5,6
Service, Wartung, Vertrieb	0,0	0,0	0,0	0,0
Umweltschutzauflagen für die Fertigung	23,6	21,4	3,2	12,5
Arbeitsschutzvorschriften	12,3	7,1	3,9	7,3
Entsorgung von Produktionsabfällen	15,1	17,9	3,9	9,4
Entsorgung von Endprodukten nach Gebrauch	10,4	0,0	5,2	6,6
Ungewißheit der weiteren Entwicklung der Verarbeitungsverfahren	0,0	0,0	0,0	0,0
Verfahren zur Serienfertigung	2,8	3,6	2,6	2,8
Maschinen/Anlagen zur Serienfertigung	1,9	10,7	3,2	3,5
Zulassungsvorschriften, gesetzliche Regelungen, Normen	2,8	3,6	3,9	3,5
Ungewißheit der Durchsetzung am Markt	0,0	3,6	3,9	2,4
Produkthaftung	4,7	3,6	4,5	4,5
Schadenserkennung	2,8	7,1	3,9	3,8
Sonstiges, und zwar technische Schwierigkeiten	1,9	3,6	1,3	1,7
Qualifikation der Mitarbeiter	0,0	0,0	0,6	0,3
Maschinenverschleiß	1,9	3,6	0,0	1,0
Preise	0,0	0,0	1,3	0,7
Entsorgung	0,0	0,0	0,6	0,3
Keine Schwierigkeiten	38,7	21,4	48,7	42,4
missing	8,5	7,1	9,1	8,7

Quelle: Umfrage zu faserverstärkten Kunststoffen in der mittelständischen Industrie, 1990; DIW.

Tabelle 5.8/5

Bedeutsame Schwierigkeiten nach Branchen

Frage: Welche der genannten Schwierigkeiten sind in Ihrem Unternehmen derzeit besonders bedeutsam?
Bitte höchstens 3 Nennungen.

	Wirtschaftszweig[1]					
	32	33	36	58	übrige	Insgesamt
Zahl der Unternehmen	89	29	64	53	53	288
	- Spaltenstruktur in vH -					
Technische Schwierigkeiten						
Konstruktion/Bauteilauslegung	5,6	3,4	1,6	1,9	5,7	3,8
Fertigung/Montage	5,6	0,0	4,7	1,9	1,9	3,5
Qualitätssicherung	1,1	0,0	1,6	1,9	3,8	1,7
Schwierigkeiten mit der Qualifikation der Mitarbeiter						
Konstruktion/Bauteilauslegung	0,0	0,0	0,0	0,0	1,9	0,3
Fertigung/Montage	1,1	3,4	1,6	7,5	1,9	2,8
Qualitätssicherung	0,0	0,0	0,0	0,0	0,0	0,0
Probleme der Kooperation mit anderen Unternehmen/Institutionen						
Konstruktion/Bauteilauslegung	0,0	0,0	0,0	0,0	0,0	0,0
Fertigung/Montage	0,0	0,0	0,0	0,0	0,0	0,0
Qualitätssicherung	1,1	3,4	1,6	0,0	0,0	1,0
Weitere Schwierigkeiten						
Preis-/Leistungsverhältnis bei Produktion/Fertigung	11,2	17,2	4,7	15,1	7,5	10,4
Preis-/Leistungsverhältnis bei Rohstoffen	6,7	0,0	9,4	9,4	7,5	7,3
Investitionsvolumen	5,6	0,0	3,1	9,4	7,5	5,6
Service, Wartung, Vertrieb	0,0	0,0	0,0	0,0	0,0	0,0
Umweltschutzauflagen für die Fertigung	6,7	10,3	6,3	26,4	17,0	12,5
Arbeitsschutzvorschriften	7,9	6,9	3,1	13,2	5,7	7,3
Entsorgung von Produktionsabfällen	4,5	10,3	7,8	15,1	13,2	9,4
Entsorgung von Endprodukten nach Gebrauch	5,6	6,9	3,1	11,3	7,5	6,6
Ungewißheit der weiteren Entwicklung der Verarbeitungsverfahren	0,0	0,0	0,0	0,0	0,0	0,0
Verfahren zur Serienfertigung	2,2	0,0	1,6	1,9	7,5	2,8
Maschinen/Anlagen zur Serienfertigung	3,4	3,4	3,1	1,9	5,7	3,5
Zulassungsvorschriften, gesetzliche Regelungen, Normen	4,5	3,4	1,6	1,9	5,7	3,5
Ungewißheit der Durchsetzung am Markt	5,6	0,0	1,6	1,9	0,0	2,4
Produkthaftung	3,4	0,0	3,1	3,8	11,3	4,5
Schadenserkennung	4,5	3,4	3,1	5,7	1,9	3,8
Sonstiges, und zwar						
technische Schwierigkeiten	2,2	3,4	0,0	1,9	1,9	1,7
Qualifikation der Mitarbeiter	0,0	0,0	0,0	0,0	1,9	0,3
Maschinenverschleiß	0,0	3,4	0,0	3,8	0,0	1,0
Preise	1,1	0,0	0,0	0,0	1,9	0,7
Entsorgung	1,1	0,0	0,0	0,0	0,0	0,3
Keine Schwierigkeiten	40,4	41,4	64,1	26,4	35,8	42,4
missing	9,0	10,3	4,7	11,3	9,4	8,7

1) 32: Maschinenbau, 33: Straßenfahrzeugbau, 36: Elektrotechnik, 58: H. v. Kunststoffwaren.

Quelle: Umfrage zu faserverstärkten Kunststoffen in der mittelständischen Industrie, 1990; DIW.

Tabelle 5.8/6

Bedeutsame Schwierigkeiten nach Einsatzbereichen

Frage: Welche der genannten Schwierigkeiten sind in Ihrem Unternehmen derzeit besonders bedeutsam?
Bitte höchstens 3 Nennungen.

	Bauteile/Baugruppen			
	sicherheits-relevant 1)	nicht sicher-heitsrelevant 2)	unbestimmt 3)	Insgesamt
Zahl der Unternehmen	115	102	71	288
		- Spaltenstruktur in vH -		
Technische Schwierigkeiten				
Konstruktion/Bauteilauslegung	7,0	2,0	1,4	3,8
Fertigung/Montage	7,8	0,0	1,4	3,5
Qualitätssicherung	2,6	1,0	1,4	1,7
Schwierigkeiten mit der Qualifikation der Mitarbeiter				
Konstruktion/Bauteilauslegung	0,9	0,0	0,0	0,3
Fertigung/Montage	2,6	2,9	2,8	2,8
Qualitätssicherung	0,0	0,0	0,0	0,0
Probleme der Kooperation mit anderen Unternehmen/Institutionen				
Konstruktion/Bauteilauslegung	0,0	0,0	0,0	0,0
Fertigung/Montage	0,0	0,0	0,0	0,0
Qualitätssicherung	0,0	1,0	2,8	1,0
Weitere Schwierigkeiten				
Preis-/Leistungsverhältnis bei Produktion/Fertigung	7,8	8,8	16,9	10,4
Preis-/Leistungsverhältnis bei Rohstoffen	8,7	5,9	7,0	7,3
Investitionsvolumen	9,6	2,9	2,8	5,6
Service, Wartung, Vertrieb	0,0	0,0	0,0	0,0
Umweltschutzauflagen für die Fertigung	12,2	17,6	5,6	12,5
Arbeitsschutzvorschriften	8,7	9,8	1,4	7,3
Entsorgung von Produktionsabfällen	9,6	10,8	7,0	9,4
Entsorgung von Endprodukten nach Gebrauch	5,2	8,8	5,6	6,6
Ungewißheit der weiteren Entwicklung der Verarbeitungsverfahren	0,0	0,0	0,0	0,0
Verfahren zur Serienfertigung	2,6	2,9	2,8	2,8
Maschinen/Anlagen zur Serienfertigung	4,3	2,9	2,8	3,5
Zulassungsvorschriften, gesetzliche Regelungen, Normen	5,2	2,9	1,4	3,5
Ungewißheit der Durchsetzung am Markt	3,5	2,0	1,4	2,4
Produkthaftung	7,8	2,0	2,8	4,5
Schadenserkennung	4,3	2,9	4,2	3,8
Sonstiges, und zwar				
technische Schwierigkeiten	2,6	1,0	1,4	1,7
Qualifikation der Mitarbeiter	0,9	0,0	0,0	0,3
Maschinenverschleiß	0,9	1,0	1,4	1,0
Preise	0,0	1,0	1,4	0,7
Entsorgung	0,0	0,0	1,4	0,3
Keine Schwierigkeiten	36,5	41,2	53,5	42,4
missing	5,2	11,8	9,9	8,7

1) Sicherheitsrelevante, funktionsbestimmende oder tragende Bauteile/Baugruppen.- 2) Ausschließlich nichttragende, nicht funktionsbestimmende, nicht sicherheitsrelevante Bauteile/Baugruppen.- 3) Einsatzbereich unbestimmt.
Quelle: Umfrage zu faserverstärkten Kunststoffen in der mittelständischen Industrie, 1990; DIW.

Tabelle 5.9/1

Einrichtungen, an die sich Unternehmen zur FVK-Beratung wenden würden, nach Anwendern, Planern, Abbrechern

Frage: Wenn Sie Informations-/bzw. Beratungsbedarf im Zusammenhang mit der Anwendung von FVK haben, an welche Einrichtung würden Sie sich wenden? Globale Angaben wie Unternehmen, Institut, Consultant genügen.
Bitte höchstens 3 Nennungen.

	Anwender[1]				Planer[2]	Abbrecher[3]	Insgesamt
	nur Verarbeitung	Verarbeitung und Bezug	nur Bezug	zusammen			
Zahl der Unternehmen	106	28	154	288	50	73	411
	- Spaltenstruktur in vH -						
1. Nennung							
Zulieferer	34,0	42,9	37,0	36,5	18,0	6,8	29,0
Institute	16,0	10,7	11,7	13,2	16,0	12,3	13,4
andere Unternehmen	11,3	32,1	22,1	19,1	22,0	11,0	18,0
Demonstrationszentren	5,7	0,0	4,5	4,5	4,0	1,4	3,9
Verbände	4,7	0,0	0,0	1,7	0,0	1,4	1,5
Consultants	0,0	0,0	0,0	0,0	2,0	0,0	0,2
Technologiezentren	0,9	0,0	0,6	0,7	0,0	0,0	0,5
Sonstige	2,8	0,0	0,6	1,4	0,0	2,7	1,5
keine Bedarf	4,7	0,0	3,9	3,8	2,0	5,5	3,9
2. Nennung							
Zulieferer	4,7	3,6	1,9	3,1	4,0	4,1	3,4
Institute	9,4	17,9	16,2	13,9	16,0	5,5	12,7
andere Unternehmen	2,8	10,7	3,9	4,2	0,0	2,7	3,4
Demonstrationszentren	6,6	0,0	0,6	2,8	0,0	0,0	1,9
Verbände	0,0	3,6	0,6	0,7	0,0	0,0	0,5
Consultants	0,9	0,0	1,3	1,0	2,0	1,4	1,2
Technologiezentren	0,0	0,0	0,6	0,3	4,0	0,0	0,7
Sonstige	2,8	0,0	2,6	2,4	0,0	1,4	1,9
keine Bedarf	52,8	50,0	52,6	52,4	38,0	26,0	46,0
3. Nennung							
Zulieferer	0,9	0,0	0,0	0,3	0,0	1,4	0,5
Institute	0,0	3,6	0,6	0,7	0,0	0,0	0,5
andere Unternehmen	0,0	0,0	0,0	0,0	0,0	0,0	0,0
Demonstrationszentren	0,0	3,6	0,0	0,3	0,0	0,0	0,2
Verbände	1,9	0,0	0,6	1,0	0,0	0,0	0,7
Consultants	0,9	3,6	0,0	0,7	0,0	0,0	0,5
Technologiezentren	0,0	0,0	0,6	0,3	0,0	1,4	0,5
Sonstige	0,0	0,0	0,0	0,0	0,0	2,7	0,5
keine Bedarf	76,4	75,0	78,6	77,4	64,0	35,6	68,4
Alle Nennungen							
Zulieferer	39,6	46,4	39,0	39,9	22,0	12,3	32,8
Institute	25,5	32,1	28,6	27,8	32,0	17,8	26,5
andere Unternehmen	14,2	42,9	26,0	23,3	22,0	13,7	21,4
Demonstrationszentren	12,3	3,6	5,2	7,6	4,0	1,4	6,1
Verbände	6,6	3,6	1,3	3,5	0,0	1,4	2,7
Consultants	1,9	3,6	1,3	1,7	4,0	1,4	1,9
Technologiezentren	0,9	0,0	1,9	1,4	4,0	1,4	1,7
Sonstige	5,7	0,0	3,2	3,8	0,0	6,8	3,9
keine Bedarf	4,7	0,0	3,9	3,8	2,0	5,5	3,9
missing	19,8	14,3	19,5	19,1	36,0	58,9	28,2

1) Unternehmen, die FVK verarbeiten und/oder Bauteile aus FVK beziehen.- 2) Unternehmen, die den Einsatz von FVK in ihren Produkten planten.- 3) Unternehmen, die den Einsatz von FVK oder entsprechende Planungen abgebrochen haben.
Quelle: Umfrage zu faserverstärkten Kunststoffen in der mittelständischen Industrie, 1990; DIW.

Tabelle 5.9/2

Einrichtungen, an die sich Unternehmen zur FVK-Beratung wenden würden, nach Branchen

Frage: Wenn Sie Informations-/bzw. Beratungsbedarf im Zusammenhang mit der Anwendung von FVK haben, an welche Einrichtung würden Sie sich wenden? Globale Angaben wie Unternehmen, Institut, Consultant genügen.
Bitte höchstens 3 Nennungen.

	Wirtschaftszweig[1]					
	32	33	36	58	übrige	Insgesamt
Zahl der Unternehmen	152	40	77	68	74	411
	- Spaltenstruktur in vH -					
Zulieferer	36,2	30,0	35,1	36,8	21,6	32,8
Institute	27,6	17,5	29,9	20,6	31,1	26,5
andere Unternehmen	21,7	12,5	27,3	16,2	24,3	21,4
Demonstrationszentren	3,3	2,5	7,8	5,9	12,2	6,1
Verbände	2,6	0,0	2,6	7,4	0,0	2,7
Consultants	1,3	0,0	2,6	4,4	1,4	1,9
Technologiezentren	2,0	0,0	1,3	0,0	4,1	1,7
Sonstige	3,9	2,5	2,6	7,4	2,7	3,9
keine Bedarf	3,9	2,5	3,9	2,9	5,4	3,9
missing	26,3	45,0	19,5	30,9	29,7	28,2

1) 32: Maschinenbau, 33: Straßenfahrzeugbau, 36: Elektrotechnik, 58: H. v. Kunststoffwaren.

Quelle: Umfrage zu faserverstärkten Kunststoffen in der mittelständischen Industrie, 1990; DIW.

Tabelle 5.9/3

Einrichtungen, an die sich Unternehmen zur FVK-Beratung wenden würden, nach Faserarten

Frage: Wenn Sie Informations-/bzw. Beratungsbedarf im Zusammenhang mit der Anwendung von FVK haben, an welche Einrichtung würden Sie sich wenden? Globale Angaben wie Unternehmen, Institut, Consultant genügen.
Bitte höchstens 3 Nennungen.

	Glasfasern	Verarbeiter von Kohlenstoffasern	Aramidfasern
FVK-verarbeitende Unternehmen	132	32	25
		- Spaltenstruktur in vH -	
Zulieferer	41,7	25,0	20,0
Institute	27,3	46,9	48,0
andere Unternehmen	20,5	18,8	24,0
Demonstrationszentren	9,8	15,6	12,0
Verbände	9,1	15,6	20,0
Consultants	2,3	3,1	0,0
Technologiezentren	0,8	3,1	0,0
Sonstige	3,8	6,3	12,0
keine Bedarf	3,8	3,1	4,0
missing	18,9	12,5	12,0

Quelle: Umfrage zu faserverstärkten Kunststoffen in der mittelständischen Industrie, 1990; DIW.

Tabelle 5.9/4
Beratungsbedarf nach Branchen

Frage: Welche der folgenden Leistungen würde Ihr Unternehmen gegebenenfalls in Anspruch nehmen?
Mehrfachnennungen möglich.

	Wirtschaftszweig[1]					
	32	33	36	58	übrige	Insgesamt
Zahl der Unternehmen	152	40	77	68	74	411
	- Spaltenstruktur in vH -					
Allgemeine Information	52,6	47,5	46,8	39,7	51,4	48,7
Seminar/Schulung	21,1	25,0	24,7	26,5	27,0	24,1
Beratung bezüglich Konstruktion/Auslegung	57,9	42,5	48,1	36,8	41,9	48,2
Beratung bezüglich Fertigung	31,6	37,5	33,8	35,3	36,5	34,1
Beratung bezüglich Materialauswahl	59,2	50,0	58,4	39,7	62,2	55,5
Beratung bezüglich Marktentwicklung	7,2	15,0	11,7	7,4	9,5	9,2
Entwicklung eines Prototypen	24,3	25,0	16,9	13,2	17,6	20,0
Bauteilberechnung	30,9	17,5	15,6	22,1	20,3	23,4
Nutzung der Anlagen	3,9	5,0	1,3	4,4	2,7	3,4
Bauteilprüfung	16,4	10,0	5,2	23,5	20,3	15,6
Sonstiges	1,3	0,0	1,3	2,9	1,4	1,5
keine	3,3	2,5	5,2	2,9	5,4	3,9
missing	16,4	22,5	7,8	20,6	10,8	15,1

1) 32: Maschinenbau, 33: Straßenfahrzeugbau, 36: Elektrotechnik, 58: H. v. Kunststoffwaren.

Quelle: Umfrage zu faserverstärkten Kunststoffen in der mittelständischen Industrie, 1990; DIW.

Tabelle 5.9/5
Beratungsbedarf nach Unternehmensgröße

Frage: Welche der folgenden Leistungen würde Ihr Unternehmen gegebenenfalls in Anspruch nehmen?
Mehrfachnennungen möglich.

	Zahl der Mitarbeiter 1989						
	0-49	50-99	100-199	200-499	500 u.m.	missing	Insgesamt
Zahl der Unternehmen	104	62	66	82	62	35	411
	- Spaltenstruktur in vH -						
Allgemeine Information	52,9	43,5	47,0	56,1	40,3	45,7	48,7
Seminar/Schulung	15,4	19,4	21,2	35,4	29,0	28,6	24,1
Beratung bezüglich Konstruktion/Auslegung	42,3	33,9	51,5	62,2	50,0	48,6	48,2
Beratung bezüglich Fertigung	32,7	32,3	31,8	40,2	29,0	40,0	34,1
Beratung bezüglich Materialauswahl	51,9	62,9	51,5	59,8	58,1	45,7	55,5
Beratung bezüglich Marktentwicklung	9,6	6,5	6,1	8,5	12,9	14,3	9,2
Entwicklung eines Prototypen	10,6	14,5	30,3	24,4	24,2	20,0	20,0
Bauteilberechnung	19,2	16,1	28,8	29,3	22,6	25,7	23,4
Nutzung der Anlagen	0,0	1,6	7,6	4,9	1,6	8,6	3,4
Bauteilprüfung	18,3	4,8	13,6	20,7	17,7	14,3	15,6
Sonstiges	1,0	3,2	0,0	3,7	0,0	0,0	1,5
keine	3,8	3,2	3,0	4,9	4,8	2,9	3,9
missing	16,3	16,1	19,7	6,1	12,9	25,7	15,1

Quelle: Umfrage zu faserverstärkten Kunststoffen in der mittelständischen Industrie, 1990; DIW.

Tabelle 5.9/6

Beratungsbedarf nach Bedeutsamkeit von FVK in Vorhaben der letzten Jahre

Frage: Welche der folgenden Leistungen würde Ihr Unternehmen gegebenenfalls in Anspruch nehmen?
Mehrfachnennungen möglich.

	kein bedeutsames Vorhaben	bedeutsames Vorhaben	Vorhaben (noch) nicht begonnen	missing	Insgesamt
Zahl der Unternehmen	223	152	10	26	411
			- Spaltenstruktur in vH -		
Allgemeine Information	50,2	48,7	70,0	26,9	48,7
Seminar/Schulung	16,1	34,2	60,0	19,2	24,1
Beratung bezüglich Konstruktion/Auslegung	46,2	53,3	70,0	26,9	48,2
Beratung bezüglich Fertigung	30,5	42,8	20,0	19,2	34,1
Beratung bezüglich Materialauswahl	49,3	68,4	60,0	30,8	55,5
Beratung bezüglich Marktentwicklung	6,7	14,5	0,0	3,8	9,2
Entwicklung eines Prototypen	18,8	20,4	50,0	15,4	20,0
Bauteilberechnung	19,3	28,9	50,0	15,4	23,4
Nutzung der Anlagen	2,2	5,9	0,0	0,0	3,4
Bauteilprüfung	11,7	21,7	20,0	11,5	15,6
Sonstiges	1,3	2,0	0,0	0,0	1,5
keine	5,4	1,3	0,0	7,7	3,9
missing	20,2	3,9	0,0	42,3	15,1

Quelle: Umfrage zu faserverstärkten Kunststoffen in der mittelständischen Industrie, 1990; DIW.

Tabelle 5.10/1

Wichtige FVK-Leistungen für Unternehmen nach Branchen

Frage: Von wem ist Ihr Unternehmen bezüglich FVK bereits beraten worden?
Mehrfachnennungen möglich.

	Wirtschaftszweig[1)]					
	32	33	36	58	übrige	Insgesamt
Zahl der Unternehmen	152	40	77	68	74	411
	- Spaltenstruktur in vH -					
Rohstoffhersteller	36,8	32,5	54,5	61,8	50,0	46,2
Consultants, Ingenieurbüros, gewerblichen Beratern	8,6	5,0	5,2	10,3	5,4	7,3
sonstige Unternehmen	21,1	12,5	28,6	4,4	16,2	18,0
Hochschulen, anderen gemeinnützigen Einrichtungen	7,2	17,5	13,0	22,1	23,0	14,6
sonstigen	0,7	0,0	2,6	1,5	0,0	1,0
keine Beratung	34,9	30,0	19,5	23,5	28,4	28,5
missing	12,5	20,0	6,5	10,3	10,8	11,4

1) 32: Maschinenbau, 33: Straßenfahrzeugbau, 36: Elektrotechnik, 58: H. v. Kunststoffwaren.

Quelle: Umfrage zu faserverstärkten Kunststoffen in der mittelständischen Industrie, 1990; DIW.

Tabelle 5.10/2

Erfolgte Beratung im Rahmen normaler Geschäftsbeziehungen

	Anwender 1)				Planer 2)	Abbrecher 3)	Insgesamt
	nur Verarbeitung	Verarbeitung und Bezug	nur Bezug	zusammen			
Zahl der Unternehmen	106	28	154	288	50	73	411
				- Spaltenstruktur in vH -			
ja	78,3	78,6	69,5	73,6	26,0	4,1	55,5
nein	3,8	3,6	5,2	4,5	4,0	1,4	3,9
keine Beratung	10,4	14,3	16,9	14,2	62,0	61,6	28,5
missing	7,5	3,6	8,4	7,6	8,0	32,9	12,2

1) Unternehmen, die FVK verarbeiten und/oder Bauteile aus FVK beziehen.- 2) Unternehmen, die den Einsatz von FVK in ihren Produkten planten.- 3) Unternehmen, die den Einsatz von FVK oder entsprechende Planungen abgebrochen haben.

Quelle: Umfrage zu faserverstärkten Kunststoffen in der mittelständischen Industrie, 1990; DIW.

Tabelle 5.10/3

Erfolgte Beratung für ein konkretes Projekt

	Anwender 1)				Planer 2)	Abbrecher 3)	Insgesamt
	nur Verarbeitung	Verarbeitung und Bezug	nur Bezug	zusammen			
Zahl der Unternehmen	106	28	154	288	50	73	411
				- Spaltenstruktur in vH -			
ja	51,9	57,1	60,4	56,9	8,0	5,5	41,8
nein	22,6	25,0	11,7	17,0	20,0	1,4	14,6
keine Beratung	10,4	14,3	16,9	14,2	62,0	61,6	28,5
missing	15,1	3,6	11,0	11,8	10,0	31,5	15,1

1) Unternehmen, die FVK verarbeiten und/oder Bauteile aus FVK beziehen.- 2) Unternehmen, die den Einsatz von FVK in ihren Produkten planten.- 3) Unternehmen, die den Einsatz von FVK oder entsprechende Planungen abgebrochen haben.

Quelle: Umfrage zu faserverstärkten Kunststoffen in der mittelständischen Industrie, 1990; DIW.

Tabelle 5.11/1

Bekanntheit der Demonstrationszentren für FVK im Herbst 1990

	Anwender[1)]				Planer[2)]	Abbrecher[3)]	Insgesamt
	nur Verarbeitung	Verarbeitung und Bezug	nur Bezug	zusammen			
Zahl der Unternehmen	106	28	154	288	50	73	411
				- Spaltenstruktur in vH -			
bekannt	31,1	17,9	18,8	23,3	16,0	6,8	19,5
unbekannt	60,4	75,0	77,3	70,8	76,0	61,6	69,8
missing	8,5	7,1	3,9	5,9	8,0	31,5	10,7

1) Unternehmen, die FVK verarbeiten und/oder Bauteile aus FVK beziehen.- 2) Unternehmen, die den Einsatz von FVK in ihren Produkten planten.- 3) Unternehmen, die den Einsatz von FVK oder entsprechende Planungen abgebrochen haben.

Quelle: Umfrage zu faserverstärkten Kunststoffen in der mittelständischen Industrie, 1990; DIW.

Tabelle 5.12/1

Mit einem FVK-Projekt befaßte Unternehmen im Herbst 1990

Frage: Ist Ihr Unternehmen gegenwärtig mit einem FVK-Projekt befaßt?
Falls Sie mehrere Projekte durchführen, bitte nur Angaben für Ihr wichtigstes.

	Anwender[1)]				Planer[2)]	Abbrecher[3)]	Insgesamt
	nur Verarbeitung	Verarbeitung und Bezug	nur Bezug	zusammen			
Zahl der Unternehmen	106	28	154	288	50	73	411
				- Spaltenstruktur in vH -			
mit FVK-Projekt befaßt	51,9	53,6	35,7	43,4	14,0	0,0	32,1
nicht mit FVK-Projekt befaßt	40,6	39,3	57,8	49,7	78,0	80,8	58,6
missing	7,5	7,1	6,5	6,9	8,0	19,2	9,2

1) Unternehmen, die FVK verarbeiten und/oder Bauteile aus FVK beziehen.- 2) Unternehmen, die den Einsatz von FVK in ihren Produkten planten.- 3) Unternehmen, die den Einsatz von FVK oder entsprechende Planungen abgebrochen haben.

Quelle: Umfrage zu faserverstärkten Kunststoffen in der mittelständischen Industrie, 1990; DIW.

Tabelle 5.12/2

Voraussichtliche Aufnahme der Fertigung des FVK-Projekts der FVK-Anwender im Herbst 1990

Frage: Ist Ihr Unternehmen gegenwärtig mit einem FVK-Projekt befaßt?
Falls Sie mehrere Projekte durchführen, bitte nur Angaben für Ihr wichtigstes.

	nur Verarbeitung	Verarbeitung und Bezug	nur Bezug	Insgesamt
Zahl der Unternehmen	63	17	65	145
	- Spaltenstruktur in vH -			
Aufnahme der Fertigung voraussichtlich				
1990	9,5	11,8	7,7	9,0
1991	39,7	52,9	44,6	43,4
1992	14,3	11,8	16,9	15,2
1993 und später	3,2	0,0	6,2	4,1
missing	33,3	23,5	24,6	28,3

Quelle: Umfrage zu faserverstärkten Kunststoffen in der mittelständischen Industrie, 1990; DIW.

Tabelle 5.12/3

Zeitspanne für die Entwicklung der im Herbst 1990 in Arbeit befindlichen FVK-Projekte

Frage: Ist Ihr Unternehmen gegenwärtig mit einem FVK-Projekt befaßt?
Falls Sie mehrere Projekte durchführen, bitte nur Angaben für Ihr wichtigstes.

	Anwender[1]				Planer[2]	Insgesamt
	nur Verarbeitung	Verarbeitung und Bezug	nur Bezug	zusammen		
Zahl der Unternehmen	63	17	65	145	11	156
			- Spaltenstruktur in vH -			
1 - 5 Monate	6,3	11,8	12,3	9,7	0,0	9,0
6 Monate	7,9	23,5	21,5	15,9	18,2	16,0
7 - 11 Monate	11,1	0,0	1,5	5,5	9,1	5,8
12 Monate	12,7	5,9	13,8	12,4	0,0	11,5
13 - 23 Monate	9,5	5,9	4,6	6,9	9,1	7,1
24 Monate	7,9	11,8	7,7	8,3	18,2	9,0
25 - 60 Monate	7,9	5,9	7,7	7,6	0,0	7,1
missing	36,5	35,3	30,8	33,8	45,5	34,6

1) Unternehmen, die FVK verarbeiten und/oder Bauteile aus FVK beziehen.- 2) Unternehmen, den den Einsatz von FVK in ihren Produkten planten.

Quelle: Umfrage zu faserverstärkten Kunststoffen in der mittelständischen Industrie, 1990; DIW.

Tabelle 5.12/4

Künftige Nutzung von Demonstrationszentren durch Unternehmen, denen die Demonstrationszentren im Herbst 1990 bekannt waren

Frage: Haben Sie die künftige Nutzung eines Demonstrationszentrums ins Auge gefaßt?

	Anwender[1]				Planer[2]	Abbrecher[3]	Insgesamt
	nur Verarbeitung	Verarbeitung und Bezug	nur Bezug	zusammen			
Zahl der Unternehmen	42	7	35	84	12	28	124
	- Spaltenstruktur in vH -						
ja	16,7	0,0	25,7	19,0	25,0	0,0	15,3
weiß nicht	35,7	42,9	34,3	35,7	25,0	3,6	27,4
nein	31,0	28,6	20,0	26,2	16,7	32,1	26,6
missing	16,7	28,6	20,0	19,0	33,3	64,3	30,6

1) Unternehmen, die FVK verarbeiten und/oder Bauteile aus FVK beziehen.- 2) Unternehmen, die den Einsatz von FVK in ihren Produkten planten.- 3) Unternehmen, die den Einsatz von FVK oder entsprechende Planungen abgebrochen haben.

Quelle: Umfrage zu faserverstärkten Kunststoffen in der mittelständischen Industrie, 1990; DIW.

Tabelle 5.12/5

Zusammenarbeit mit Demonstrationszentren von Unternehmen mit einem FVK-Projekt im Herbst 1990

Frage: Ist Ihr Unternehmen gegenwärtig mit einem FVK-Projekt befaßt?
Falls Sie mehrere Projekte durchführen, bitte nur Angaben für Ihr wichtigstes.

	Anwender[1]				Planer[2]	Insgesamt
	nur Verarbeitung	Verarbeitung und Bezug	nur Bezug	zusammen		
Zahl der Unternehmen	63	17	65	145	11	156
	- Spaltenstruktur in vH -					
ja, wir arbeiten bereits mit einem Demonstrationszentrum zzusammen	0,0	0,0	4,6	2,1	0,0	1,9
ja, die Zusammenarbeit ist vorgesehen	4,8	5,9	3,1	4,1	9,1	4,5
eventuell	3,2	0,0	13,8	7,6	0,0	7,1
wir haben daran noch nicht gedacht	27,0	23,5	13,8	20,7	36,4	21,8
nein	49,2	58,8	47,7	49,7	18,2	47,4
missing	15,9	11,8	16,9	15,9	36,4	17,3

1) Unternehmen, die FVK verarbeiten und/oder Bauteile aus FVK beziehen.- 2) Unternehmen, den den Einsatz von FVK in ihren Produkten planten.

Quelle: Umfrage zu faserverstärkten Kunststoffen in der mittelständischen Industrie, 1990; DIW.

9.2. Fragebogen

Deutsches Institut
für Wirtschaftsforschung

Abteilung
Industrie und Technologie

DIW

Faserverstärkte Kunststoffe in der mittelständischen Industrie

Umfrage im Auftrage des Bundesministers für Forschung und Technologie

Sehr geehrte Damen und Herren,

Sie erinnern sich bestimmt: Im Sommer 1988 haben Sie an unserer Umfrage teilgenommen, die dem Bundesministerium für Forschung und Technologie zur Vorbereitung eines Förderprogramms zum Einsatz neuer Werkstoffe diente. Das Ministerium hat uns mit einer Fortführung der Untersuchung beauftragt, um die Wirksamkeit der laufenden Fördermaßnahmen überprüfen zu können.

Wir bitten Sie daher, sich weiterhin an unserer Untersuchung zu beteiligen, die in der Zeit bis 1992 zwei weitere Befragungen von Unternehmen vorsieht. Dabei geht es hauptsächlich um den geplanten und realisierten Einsatz faserverstärkter Kunststoffe, die dabei auftretenden Probleme und Strategien zu ihrer Lösung. Durch die Entwicklung geeigneter Vorschläge für die Technologiepolitik soll die Position der deutschen Unternehmen im internationalen Wettbewerb gestärkt werden. Wir wollen dabei auch Ihre Angaben aus unserer früheren Befragung einbeziehen. Ihre Teilnahme an der Umfrage ist selbstverständlich **freiwillig**. Aber nur wenn alle Unternehmen sich weiterhin beteiligen, können wir ein vollständiges Bild erhalten.

Unsere Bitte: Beteiligen Sie sich an der Untersuchung. Ihre Angaben werden selbstverständlich **strikt vertraulich** behandelt, **anonym** und **nur unter wissenschaftlichen Gesichtspunkten** ausgewertet und **nicht an Dritte** weitergegeben.

Der Fragebogen wurde in Zusammenarbeit mit dem Institut für Kunststoffverarbeitung (IKV) an der RWTH Aachen entwickelt. Wir haben uns um möglichst klare und eindeutige Formulierungen bemüht und dies in Befragungen bei mehreren Unternehmen getestet.
Für eventuelle Rückfragen stehen wir gerne zu Ihrer Verfügung.

Wir danken Ihnen herzlich für Ihre Mühe.

Deutsches Institut für Wirtschaftsforschung
Abteilung Industrie und Technologie
Königin-Luise-Str. 5
1000 Berlin 33

Wer sind wir?

Das Deutsche Institut für Wirtschaftsforschung (DIW) ist das älteste der fünf großen, unabhängigen wirtschaftswissenschaftlichen Forschungsinstitute in der Bundesrepublik Deutschland. Im Rahmen der Grundlagen- und Auftragsforschung führt es u.a. Analysen zu gesamtwirtschaftlichen Entwicklungen und dem Strukturwandel durch. Rund 200 Mitarbeiter sind in dem in Berlin ansässigen Institut tätig. Die Abteilung Industrie und Technologie, die für diese Umfrage verantwortlich ist, beschäftigt sich insbesondere mit der Frage der Einführung von neuen Techniken und den damit verbundenen Chancen und Risiken für die deutsche Wirtschaft. Daneben befaßt sie sich mit der Konzeption und der Analyse staatlicher Programme zur Förderung von Forschung, Entwicklung und Innovation, insbesondere in kleinen und mittleren Unternehmen.

Was machen wir mit Ihren Angaben?

Ihre Angaben werden selbstverständlich strikt vertraulich behandelt, anonym und nur unter wissenschaftlichen Gesichtspunkten im DIW ausgewertet. Die Daten aus der Befragung werden nur in zusammengefaßter Form veröffentlicht und nicht an Dritte weitergegeben. Nach Abschluß des Forschungsprojekts werden Ihre Daten gelöscht. Der gesetzliche Datenschutz wird vom DIW voll und ganz gewährleistet.

Was bieten wir Ihnen an?

Die Ergebnisse dieser Umfrage werden zusammenfassend dargestellt und stehen jedem interessierten Unternehmen, das sich an der Umfrage beteiligt hat, kostenlos zur Verfügung.

Das Projektteam:

Friederike Behringer	Tel.: 030/82991-301
Dr. Kurt Hornschild	Tel.: 030/82991-674
Hella Steinke	Tel.: 030/82991-323
Dr. Hans Wessels	Tel.: 030/82991-307
Projektsekretariat	Tel.: 030/82991-326

1. **Zu welcher Branche gehört Ihr Unternehmen?**

2. **Handelt es sich bei dem Unternehmen dieser Adresse um**

☐ ein Unternehmen ohne Zweigwerk bzw. Zweigniederlassung?
☐ die Hauptniederlassung/ das Stammwerk eines Unternehmens?
☐ ein Zweigwerk bzw. eine Zweigniederlassung/Tochtergesellschaft eines Unternehmens?

3. **Wie haben sich in Ihrem Unternehmen Umsatz, Export und Beschäftigung entwickelt?**
Ungefähre Angaben sind ausreichend.

	1987		1989	
Umsatz (o. Mwst.)		Mio. DM		Mio. DM
Exportanteil am Umsatz		%		%
Beschäftigte		Personen		Personen

4. **Wie hoch ist der Anteil der Beschäftigten, die in Ihrem Unternehmen <u>hauptsächlich</u> folgende Funktionen wahrnehmen?**
Schätzungen sind ausreichend.

Funktionsbereiche	Anteil der Mitarbeiter	(%)
Forschung und Entwicklung Konstruktion/Berechnung		%
Produktion, Arbeitsvorbereitung, Qualitätssicherung		%
Sonstiges (z.B. Vertrieb, Einkauf, Kundendienst, Verwaltung)		%
Zusammen	100	%

Die folgenden Fragen beziehen sich auf den geplanten oder tatsächlichen Einsatz von faserverstärkten Kunststoffen (FVK). Die bekanntesten sind glasfaserverstärkte Kunststoffe (GFK), kohlenstoffaserverstärkte Kunststoffe (CFK), aramidfaserverstärkte Kunststoffe (AFK).

5. **Stellt Ihr Unternehmen FVK-Produkte her oder beziehen Sie FVK-Bauteile?**

☐ ja, wir stellen selbst her, seit 19 ☐ (Jahr)

☐ ja, wir beziehen, seit 19 ☐ (Jahr)

☐ nein,

- ☐ weil wir den Einsatz abgebrochen haben,
  - ☐ in der Entwicklungsphase
  - ☐ nach Erstellen eines Prototyps
  - ☐ nach der Markteinführung

  Gründe ______

- ☐ weil FVK für unsere Produkte gegenwärtig nicht in Betracht kommen

  Gründe ______

- ☐ sonstiges ______

6. **Wie hoch schätzen Sie die zukünftige Bedeutung von FVK für Ihr Unternehmen ein?**

☐ ohne Bedeutung ☐ gering ☐ bedeutsam ☐ unverzichtbar

7. **Wieviel Personen befassen sich in Ihrem Unternehmen <u>überwiegend</u> mit Entwicklung, Produktion und Qualitätssicherung von FVK-Produkten?**

☐ Personen insgesamt, davon in

Forschung und Entwicklung	☐	Personen	☐ keiner
Produktion	☐	Personen	☐ keiner
Qualitätssicherung	☐	Personen	☐ keiner

8. Wie haben sich diese Personen das FVK-spezifische Wissen angeeignet?

	Forschung und Entwicklung	Produktion	Qualitätssicherung
☐ durch Anlernen	☐	☐	☐
☐ durch spezielle Facharbeiterausbildung	☐	☐	☐
☐ durch spezielle (Fach-) Hochschulausbildung	☐	☐	☐
☐ durch Weiterbildungskurse/Seminare	☐	☐	☐
☐ durch Tagungen/Informationsveranstaltungen	☐	☐	☐
☐ auf sonstige Weise,	☐	☐	☐

und zwar ______

9. Gab es in Ihrem Unternehmen in den letzten 3 Jahren ein Vorhaben, für das FVK bedeutsam war?

☐ nein ▶ *bitte weiter mit Frage 10*

☐ ja, wurde begonnen

☐ ja, konnte (noch) nicht begonnen werden

Haben Sie dafür zusätzliches FVK-spezifisches Wissen benötigt?

☐ nein, vorhandenes Wissen reichte aus

☐ ja, vorhandenes Personal wurde dafür weiterqualifiziert

☐ ja, wir haben zusätzliches Personal gesucht

Wieviele Personen haben Sie dafür eingestellt? ______ Personen

☐ ja, wir suchen noch Personal

Gab es Schwierigkeiten bei der Beschaffung oder Weiterqualifizierung dieses Personals?

☐ ja, und zwar

☐ nein, es gab keine Schwierigkeiten

Wenn ja, welche Konsequenzen hatte dies für das Projekt?

10. Wieviele Auszubildende gibt es in Ihrem Unternehmen?

[ ] Auszubildende insgesamt, davon [ ] im gewerblich-technischen Bereich

Bilden Sie auch Kunststoffschlosser oder Kunststoff-Formgeber aus?

☐ ja

☐ nein, weil [ ]

11. Planen Sie in den nächsten 3 Jahren (weitere) Bauteile in Ihren Produkten durch FVK-Lösungen zu ersetzen bzw. Ihre FVK-Produktpalette zu erweitern?

☐ nein

☐ vielleicht

☐ ja, und zwar

☐ weniger als 5 Bauteile ☐ 5 Bauteile und mehr

An welchen Zeitraum denken Sie dabei?

☐ bis Ende 1991 ☐ bis Ende 1992 ☐ ab 1993

Welche Gründe sind hierfür maßgebend?

☐ Kostensenkung

☐ bessere Funktionserfüllung

☐ Markterschließung/Erweiterung

☐ andere, und zwar [ ]

12. Woher kamen die Anstöße für die Entwicklung von FVK-Bauteilen?
Mehrfachnennungen möglich.

☐ Fachliteratur

☐ Messen, Kongresse, Ausstellungen

☐ Kunden

☐ andere Unternehmen

☐ Forschungsinstitute, (Fach-) Hochschulen

☐ Informationsvermittlungsdienste

☐ Technologiezentren/-beratungsstellen

☐ private Berater

☐ Marktbeobachtung

☐ sonstige, und zwar [ ]

13. Bei der Konstruktion und Gestaltung von Produkten aus FVK gibt es drei Entwicklungsmethoden:

A Materialsubstitution
Das Bauteil wird weitgehend baugleich aus FVK gefertigt.

B Bauteil-Neugestaltung
Ersatz eines einzelnen Bauteils durch ein werkstoffgerecht überarbeitetes FVK-Bauteil, wobei die Bauteilumgebung (Anschlußmaße etc.) nicht grundlegend verändert wird.

C Neugestaltung des Gesamtsystems
Werkstoffgerechte Optimierung der gesamten Baugruppe oder der kompletten Maschine.

Wie geht Ihr Unternehmen zur Zeit überwiegend vor?

wie unter

☐ A beschrieben ☐ B beschrieben ☐ C beschrieben

☐ keine der Entwicklungsmethoden trifft zu, weil ______

______

Wird Ihr Unternehmen eine Schwerpunktverlagerung in den angewandten Entwicklungsmethoden in den nächsten 3 Jahren vornehmen?

☐ ja, wir werden statt der bisherigen künftig vorwiegend die Entwicklungsmethode anwenden

wie unter

☐ A beschrieben, weil ______

☐ B beschrieben, weil ______

☐ C beschrieben, weil ______

☐ nein, weil ______

14. In welchen Produkten setzen Sie FVK ein, bzw. welche Produkte stellen Sie aus FVK her?
Nennen Sie bitte nur die 3 wichtigsten.

☐ Wir setzen FVK derzeit nicht ein ▶ *bitte weiter mit Frage 30*

☐ Wir setzen FVK in folgenden Produkten/Produktgruppen ein — mit FVK-Einsatz seit

1. ______ 19 ____
2. ______ 19 ____
3. ______ 19 ____

Wurden diese Produkte/Produktgruppen vorher ohne FVK hergestellt?

☐ ja, Produkt 1 ☐ ja, Produkt 2 ☐ ja, Produkt 3 ☐ nein, keines davon

15. Welche Gründe sind ausschlaggebend bei der Anwendung von FVK in Ihrem Unternehmen?
Mehrfachnennungen möglich.

- ☐ Gewichtsersparnis
- ☐ Präzision bei Produktion und/oder Anwendung
- ☐ Beständigkeit gegen Umwelteinflüsse/Korrosion
- ☐ einfachere Herstellung komplexer Geometrien
- ☐ Festigkeit/Steifigkeit
- ☐ Erschließung neuer Märkte
- ☐ Erhaltung der Konkurrenzfähigkeit
- ☐ Kundenwünsche
- ☐ Qualitätssteigerung
- ☐ Sonstige: ________

Welches sind die wichtigsten Gründe oder Vorteile?
Bitte höchstens 3 Nennungen, die wichtigste zuerst.

1. ________
2. ________
3. ________

16. Welcher Anteil am Umsatz (1989) entfällt auf die Produkte insgesamt, in die FVK eingehen?
Schätzung genügt.

________ % des Umsatzes (1989)

Wie hoch ist etwa der kalkulatorische Wert aller FVK-Erzeugnisse, die 1989 in Ihre Produkte eingingen bzw. in Ihrem Unternehmen hergestellt wurden? *Schätzung genügt.*

________ DM

Ist bei der Mehrzahl dieser Produkte FVK stärker kosten- oder stärker leistungsbestimmend?

- ☐ kostenbestimmend
- ☐ leistungsbestimmend
- ☐ beides in etwa gleichem Maße
- ☐ FVK ist von untergeordneter Bedeutung

17. Hat Ihr Unternehmen seit 1987 Forschungs- und Entwicklungsaufträge zur Lösung von Problemen, die mit dem Einsatz von FVK zusammenhängen, an Dritte vergeben?

- ☐ nein
- ☐ ja
  - ☐ Unternehmen/Ingenieurbüro
  - ☐ Forschungseinrichtung
  - ☐ sonstiges, und zwar ________

Wie hoch waren im Zeitraum 1987 bis 1989 Ihre Aufwendungen hierfür insgesamt?
Schätzung genügt.

________ DM

18. Wie erfolgt die Auslegung und Konstruktion Ihrer FVK-Produkte?
Mehrfachnennungen möglich.

	im Unternehmen	extern
praktische Erfahrung	☐	☐
versuchsreihengestützt	☐	☐
überschlägige Berechnung	☐	☐
lagenbezogene Auslegung	☐	☐
Netztheorie	☐	☐
Kontinuumstheorie	☐	☐
Finite Elemente Methode	☐	☐
nicht bekannt	-	☐

19. Wie entstehen Ihre Produkte aus FVK?
Bitte kreuzen Sie alles an, was für Ihr Unternehmen zutrifft.

A durch Verarbeitung von Rohstoffen (Fasern/Harze) zum

☐ halbfertigen Produkt aus FVK

☐ Endprodukt

B durch Verwendung von Halbzeugen oder Teilen aus FVK und deren Weiterverarbeitung

☐ durch spanabhebende Bearbeitung

☐ durch Fügen/Kleben

☐ durch Beschichten

☐ sonstiges ______________________

Wie wollen Sie in den nächsten 3 Jahren vorgehen?
wie unter

☐ A beschrieben

☐ B beschrieben

☐ Einstellung der FVK-Anwendung

Falls Sie derzeit ausschließlich fertige oder halbfertige FVK-Produkte beziehen und nachbearbeiten, gehen Sie bitte zu Frage 27.

20. Welche Fasern, Matrixwerkstoffe und Formmassen werden bei Ihnen zu FVK verarbeitet?
Bitte kreuzen Sie alles an, was für Ihr Unternehmen zutrifft.

Glasfasern

☐ nein

☐ ja, und zwar in

- ☐ Rovings zur Endlosverarbeitung
- ☐ Rovings, geschnitten weiterverarbeitet
- ☐ Gewebe, Gelege u.ä.
- ☐ Schnittfasermatten
- ☐ Endlosfasermatten
- ☐ Kurzfasern (< 10 mm)
- ☐ GMT
- ☐ BMC
- ☐ SMC
- ☐ Prepregs (Gewebe, Gelege)
- ☐ sonstiges, und zwar ____________

mit Matrixwerkstoffen

- ☐ Harze/Duroplaste
- ☐ Thermoplaste
- ☐ sonstige, und zwar ____________

Kohlenstoffasern

☐ nein

☐ ja, und zwar in

- ☐ Rovings zur Endlosverarbeitung
- ☐ Rovings, geschnitten weiterverarbeitet
- ☐ Gewebe, Gelege u.ä.
- ☐ Schnittfasermatten
- ☐ Endlosfasermatten
- ☐ Kurzfasern (< 10 mm)
- ☐ BMC
- ☐ SMC
- ☐ Prepregs (Gewebe, Gelege)
- ☐ sonstiges, und zwar ____________

mit Matrixwerkstoffen

- ☐ Harze/Duroplaste
- ☐ Thermoplaste
- ☐ sonstige, und zwar ____________

Aramidfasern

☐ nein

☐ ja, und zwar in

- ☐ Rovings zur Endlosverarbeitung
- ☐ Rovings, geschnitten weiterverarbeitet
- ☐ Gewebe, Gelege u.ä.
- ☐ Schnittfasermatten
- ☐ Endlosfasermatten
- ☐ Kurzfasern (< 10 mm)
- ☐ Prepregs (Gewebe, Gelege)
- ☐ sonstiges, und zwar ____________

mit Matrixwerkstoffen

- ☐ Harze/Duroplaste
- ☐ Thermoplaste
- ☐ sonstige, und zwar ____________

Sonstige Fasern ____________

21. Welche Mengen dieser Werkstoffe . . .

	haben Sie 1989 ungefähr verarbeitet bzw. bezogen?		werden Sie 1992 voraussichtlich verarbeiten?		
Fasern*	nichts		nichts		keine Schätzung möglich
Glasfasern	☐	☐ kg	☐	☐ kg	☐
Kohlenstoffasern	☐	☐ kg	☐	☐ kg	☐
Aramidfasern	☐	☐ kg	☐	☐ kg	☐
sonstige Fasern,	☐	☐ kg	☐	☐ kg	☐

und zwar ☐

Matrixwerkstoffe*	nichts		nichts		keine Schätzung möglich
Harze/Duroplaste	☐	☐ kg	☐	☐ kg	☐
Thermoplaste	☐	☐ kg	☐	☐ kg	☐
sonstige,	☐	☐ kg	☐	☐ kg	☐

und zwar ☐

Faser-/Matrix-Formmassen	nichts		nichts		keine Schätzung möglich
SMC	☐	☐ kg	☐	☐ kg	☐
BMC	☐	☐ kg	☐	☐ kg	☐
GMT	☐	☐ kg	☐	☐ kg	☐
Prepregs	☐	☐ kg	☐	☐ kg	☐
sonstige,	☐	☐ kg	☐	☐ kg	☐

und zwar ☐

* ohne Formmassen wie SMC oder Prepregs.

22. Für wen fertigen Sie überwiegend FVK-Bauteile?

☐ hauptsächlich für Kunden

☐ hauptsächlich für den Einbau in eigene Produkte

☐ beides etwa gleich

23. Welche Verfahren werden in Ihrem Unternehmen bei der Herstellung von Bauteilen aus FVK eingesetzt?

☐ A Handlaminieren	☐ H Naß-Pressen
☐ B Faserspritzen	☐ I SMC-/GMT-Pressen
☐ C BMC-Spritzgießen	☐ K Pressen von Prepregs
☐ D Spritzgießen von gefüllten Thermoplasten	☐ L Extrusion
☐ E Wickeln	☐ M Injektionsverfahren wie RTM
☐ F Pultrusion	☐ N Schleuderverfahren
☐ G Prepregverarbeitung im Autoklaven	☐ O Schneidende und spanende Bearbeitung

☐ P Sonstige, und zwar ______

24. Welches ist das derzeit wichtigste Verfahren? *Verwenden Sie den in Frage 23 aufgeführten Buchstaben.*

______

Welches Verfahren wird in Zukunft Ihr wichtigstes Verfahren sein?
Verwenden Sie den in Frage 23 aufgeführten Buchstaben.

Es soll hauptsächlich ______ eingesetzt werden, weil ______

25. Wie werden in Ihrem Unternehmen Bauteile mit duroplastischen Harzsystemen gehärtet?
Mehrfachnennungen möglich.

☐ bei Raumtemperatur ☐ durch UV-Strahler ☐ im Aushärteofen

☐ im temperierten Werkzeug ☐ im Autoklav

☐ sonstiges, und zwar ______

☐ wir setzen keine duroplastischen Harzsysteme ein

26. Welche Maschinen werden zur Herstellung von Produkten aus FVK eingesetzt?

Art der Maschinensteuerung

☐ mechanisch ______ (Anzahl) ☐ NC/CNC ______ (Anzahl)

Ist geplant, bis 1992 zusätzliche Maschinen einzusetzen bzw. Ihren Maschinenpark zu modernisieren? *Mehrfachnennungen möglich.*

☐ nein

☐ ja, wir modernisieren vorhandene Maschinen

☐ ja, wir setzen zusätzliche Maschinen ein

Falls Sie derzeit keine fertigen oder halbfertigen FVK-Produkte beziehen oder nachbearbeiten, gehen Sie bitte zu Frage 30.

27. Aus welchen Gründen bezieht Ihr Unternehmen Produkte aus FVK anstelle der eigenen Herstellung? *Bitte nennen Sie die wichtigsten Gründe stichwortartig.*

28. Wieviel haben Sie 1989 für den Kauf von FVK-Produkten insgesamt aufgewendet?
Schätzung genügt.

	Halbzeuge	Bauteile
weniger als 5 000 DM	☐	☐
5 000 bis unter 20 000 DM	☐	☐
20 000 bis unter 50 000 DM	☐	☐
50 000 bis unter 100 000 DM	☐	☐
mehr als 100 000 DM	☐	☐

29. Wie beurteilen Sie das Angebot an FVK-Produkten für Ihre betrieblichen Belange?

	Halbzeuge	Bauteile
zufriedenstellend	☐	☐
nicht zufriedenstellend,	☐	☐

weil

30. Welche Schwierigkeiten sind in Ihrem Unternehmen derzeit in Zusammenhang mit dem Einsatz von FVK zu bewältigen, bzw. sind bei der künftigen Einführung zu erwarten?
Bitte machen Sie Angaben für die verschiedenen Bereiche.

	Konstruktion/ Bauteilauslegung	Fertigung/ Montage	Qualitäts-sicherung
Technische Schwierigkeiten	1 ☐	4 ☐	7 ☐
Schwierigkeiten mit der Qualifikation der Mitarbeiter	2 ☐	5 ☐	8 ☐
Probleme der Kooperation mit anderen Unternehmen/Institutionen	3 ☐	6 ☐	9 ☐

Weitere derzeitige Schwierigkeiten:
Mehrfachnennungen möglich.

10 ☐ Preis-/Leistungsverhältnis bei Produktion/Fertigung

11 ☐ Preis-/Leistungsverhältnis bei Rohstoffen

12 ☐ Investitionsvolumen

13 ☐ Service, Wartung, Vertrieb

14 ☐ Umweltschutzauflagen für die Fertigung

15 ☐ Arbeitsschutzvorschriften

16 ☐ Entsorgung von Produktionsabfällen

17 ☐ Entsorgung von Endprodukten nach Gebrauch

18 ☐ Ungewißheit der weiteren Entwicklung der Verarbeitungsverfahren

19 ☐ Verfahren zur Serienfertigung

20 ☐ Maschinen/Anlagen zur Serienfertigung

21 ☐ Zulassungsvorschriften, gesetzliche Regelungen, Normen

22 ☐ Ungewißheit der Durchsetzung am Markt

23 ☐ Produkthaftung

24 ☐ Schadenserkennung

25 ☐ Sonstiges: ______________________

26 ☐ Keine Schwierigkeiten in Zusammenhang mit FVK

31. **Welche der genannten Schwierigkeiten sind in Ihrem Unternehmen derzeit besonders bedeutsam?** *Verwenden Sie die in Frage 30 aufgeführten Nummern. Bitte höchstens 3 Nennungen, die wichtigste Schwierigkeit zuerst; Erläutern Sie diese gegebenenfalls.*

1. ____________________

2. ____________________

3. ____________________

☐ Keine bedeutsamen Schwierigkeiten

Welche Schwierigkeiten werden für Ihr Unternehmen in Zukunft besonders relevant sein? *Verwenden Sie die in Frage 30 aufgeführten Nummern; bei sonstigen Schwierigkeiten genügen Stichworte.*

32. **Wenn Sie Informations-/ bzw. Beratungsbedarf im Zusammenhang mit der Anwendung von FVK haben, an welche Einrichtung würden Sie sich wenden? Globale Angaben wie Unternehmen, Institut, Consultant genügen.** *Bitte höchstens 3 Nennungen.*

33. **Welche der folgenden Leistungen würde Ihr Unternehmen gegebenenfalls in Anspruch nehmen?** *Mehrfachnennungen möglich.*

☐ Allgemeine Information
☐ Seminar/Schulung
☐ Beratung bezüglich Konstruktion/Auslegung
☐ Beratung bezüglich Fertigung
☐ Beratung bezüglich Materialauswahl
☐ Beratung bezüglich Marktentwicklung
☐ Entwicklung eines Prototypen
☐ Bauteilberechnung
☐ Nutzung der Anlagen
☐ Bauteilprüfung

☐ sonstiges, und zwar ____________________

☐ keine, weil ____________________

34. Von wem ist Ihr Unternehmen bezüglich FVK bereits beraten worden?
Mehrfachnennungen möglich.

☐ wir haben keine Beratung in Anspruch genommen

☐ ja, wir wurden beraten von

- ☐ Rohstoffherstellern
- ☐ Consultants/Ingenieurbüros/gewerblichen Beratern
- ☐ sonstigen Unternehmen
- ☐ Hochschulen/anderen gemeinnützigen Einrichtungen
- ☐ sonstigen, und zwar ____________

Erfolgte die Beratung im Rahmen der normalen Geschäftsbeziehungen?

☐ ja ☐ nein

Erfolgte die Beratung für ein konkretes Projekt?

☐ ja ☐ nein

Bitte nennen Sie die Postleitzahlenbereiche der Einrichtungen, von denen Sie Beratungen erhalten haben.

____

35. Der Bundesminister für Forschung und Technologie (BMFT) hat Demonstrationszentren zur Unterstützung der mittelständischen Industrie für den Einsatz von FVK eingerichtet. Sind Sie auf die Demonstrationszentren bereits aufmerksam geworden?
Mehrfachnennungen möglich.

☐ ja, durch

- ☐ persönliche Kontakte
- ☐ Fachzeitschriften
- ☐ Kongresse/Fachausstellungen/Messen
- ☐ Broschüren
- ☐ Institute, die mit den Zentren verbunden sind
- ☐ sonstiges, und zwar ____________

☐ nicht bekannt ▶ *bitte beantworten Sie noch die Fragen 36 und 40*

Welche Demonstrationszentren sind Ihnen bekannt?
Bitte nennen Sie die Einrichtungen oder Standorte.

____

36. Ist Ihr Unternehmen gegenwärtig mit einem FVK-Projekt befaßt?
Falls Sie mehrere Projekte durchführen, bitte nur Angaben für Ihr wichtigstes.

☐ nein

☐ ja

Wann wird die Fertigung voraussichtlich aufgenommen? ☐ Jahr

Welche Zeitspanne benötigt die Entwicklung insgesamt? ca. ☐ Monate

Wie hoch veranschlagen Sie die Entwicklungskosten? ca. ☐ Tsd. DM

Haben Sie im Rahmen dieses Projekts Leistungen von Demonstrationszentren in Anspruch genommen bzw. beabsichtigen Sie dies?

☐ ja, wir arbeiten bereits mit einem Demonstrationszentrum zusammen

☐ ja, die Zusammenarbeit ist vorgesehen

☐ eventuell

☐ wir haben daran noch nicht gedacht

☐ nein, weil

37. Welche Demonstrationszentren haben Sie bislang genutzt?

☐ Demonstrationszentrum in ☐ (Ort)

genutzt im ☐ (Monat/Jahr)

für folgende Leistungen

☐ Allgemeine Information

☐ Seminar/Schulung

☐ Beratung bezüglich Konstruktion/Auslegung

☐ Beratung bezüglich Fertigung

☐ Beratung bezüglich Materialauswahl

☐ Beratung bezüglich Marktentwicklung

☐ Entwicklung eines Prototypen

☐ Bauteilberechnung

☐ Nutzung der Anlagen

☐ Bauteilprüfung

☐ sonstiges, und zwar

☐ kein Demonstrationszentrum genutzt

38. Haben Sie die künftige Nutzung eines Demonstrationszentrums ins Auge gefaßt?

☐ ja, und zwar für folgende Leistungen

☐ weiß nicht

☐ nein

39. Unabhängig von dem tatsächlichen Leistungsspektrum der Demonstrationszentren, welche externen Leistungen wären für Ihr Unternehmen besonders wichtig?
Bitte machen Sie möglichst präzise Angaben.

40. Wünschen Sie die kostenlose Zusendung einer zusammenfassenden Darstellung der Ergebnisse dieser Umfrage?

☐ ja ☐ nein

Wir danken Ihnen sehr herzlich für Ihre Mitarbeit.

Bitte senden Sie den ausgefüllten Fragebogen baldmöglichst zurück, auch wenn Sie nicht alle Fragen vollständig beantworten konnten. Zu Ihrer Erleichterung ist ein adressierter Rückumschlag beigefügt.

Tragen Sie bitte hier noch Ihren Namen und die Anschrift Ihres Unternehmens ein. Diese Angaben benötigen wir

- für eventuelle Rückfragen
- für die Zusendung der Zusammenfassung der Ergebnisse
- für die geplante Befragung im Frühjahr 1992

Firmen-Adresse/ Firmenstempel	
Ansprechpartner/in: Herr/Frau	
Funktion im Unternehmen:	
Telefon (Durchwahl):	

9.3. Literaturverzeichnis

Becher, G., *Gielow*, G., *Hornschild*, K., *Kuntze*, U., *Meyer-Krahmer*, F.: Wirkungsanalyse der Forschungspersonalzuwachsförderung. Gutachten des Deutschen Instituts für Wirtschaftsforschung (DIW) und des Fraunhofer-Instituts für Systemtechnik und Innovationsforschung (ISI) im Auftrage des Bundesministers für Forschung und Technologie. Berlin, Karlsruhe, Juli 1989.

Behringer, F., *Hornschild*, K., *Meyer-Krahmer*, F. (DIW); *Goedel*, M., *Rosenbaum*, U. (IKV): Faserverbundwerkstoffe in der mittelständischen Industrie: Einsatzbereiche, Innovationshemmnisse und Schlußfolgerungen für die Technologiepolitik. Technological Economics, Bd. 39. E. Schmidt-Verlag Berlin-Bielefeld-München, 1990.

Braun, M., *Gerybadze*, A., *Rätz*, A., *Witzel*, M.: Studie zur Evaluierung des Programms Materialforschung. Bericht an den Bundesminister für Forschung und Technologie. Arthur D. Little International, Inc., Wiesbaden 1993.

Brühl, K., *Weibert*, W.: FuE-Kooperation von kleinen und mittleren Unternehmen. Evaluation der BMFT-Maßnahmen auf diesem Gebiet. Fraunhofer-Institut für Systemtechnik und Innovationsforschung (ISI) und Prognos AG, Basel, Karlsruhe, August 1991.

Bundesministerium für Forschung und Technologie: Faktenbericht 1990 zum Bundesbericht Forschung 1988. Bonn, April 1990, S. 137.

Bundesministerium für Forschung und Technologie: Starkes Interesse für europäische Kooperation im Bereich "Industrielle und Werkstofftechnologien" hält an. Forschungsergebnisse Nr. 64/93, Bonn, 20.08.1993.

Chiesi, F.: Integrated Production Flow for Car Components. In: Macplas International, Technical Magazine for the Plastics and Rubber Industry, (1993) 5, S. 81 - 84.

Haldenwanger, H.G.: Hochleistungsfaserverbundwerkstoffe im Automobilbau: Entwicklung, Berechnung, Prüfung, Einsatz von Bauteilen. VDI-Verlag, Düsseldorf, 1993.

Hoppenstedt: Handbuch der Großunternehmen 1989, Band 1 und 2, 36. Ausgabe, Verlag Hoppenstedt & Co., Darmstadt 1989.

Kayser, P.: Technologietransfer. In: DABEI-Handbuch für Erfinder und Unternehmer. VDI-Verlag Düsseldorf, 1987, S. 530f.

Kirberg, K.W.: Konzept zur Prozeß-Simulation der Faserwickeltechnologie. Dissertation an der RWTH Aachen, 1988.

Menges, G.: Einführung in die Kunststoffverarbeitung. Carl Hanser Verlag, München, Wien, 1979.

Michaeli, W.: CADMOULD, Rechnerprogramme zur Simulation des Spritzgießprozesses. IKV, RWTH Aachen.

Michaeli, W., *Wegener*, M.: Einführung in die Technologie der Faserverbundkunststoffe. Carl Hanser Verlag, München, Wien, 1990.

Michaeli, W., *Wegener*, M.: Denken in Anisotropien. Faserverbundkunststoffe, eine Herausforderung für den Konstrukteur. VDI-Bericht 852, Übertragbarkeit von Werkstoffkennwerten auf Bauteileigenschaften, VDI-Verlag, 1991.

Michaeli, W. et al.: Arbeits- und Umweltschutz bei der Ver- und Bearbeitung von Faserverbundkunststoffen. Hrsg. Aachener Demonstrationszentrum für Faserverbundkunststoffe, Aachen, 1992.

Pavitt, K.:
Sectoral Patterns of Technical Change: Towards a Taxonomy and a Theory. In: Research Policy No. 6, Vol. 13, 1984, S. 343 - 373.

Reichhardt, K., *Wimmers*, S. (unter Mitarbeit von *Kayser*, G.): Beteiligung an Forschungs- und Technologieprogrammen der EG. Chancen und Hemmnisse für kleine und mittlere Unternehmen. Schriften zur Mittelstandsforschung, Nr. 51 NF, Verlag Schäffer-Poeschel Stuttgart, 1992, S. 49.

Schroeder, K., *Fuhrmann*, F.U., *Heering*, W. (unter Mitarbeit von *Kirstein*, M., *Lüken-Klassen*, H., *Pfirrmaner*, O.): Wissens- und Technologietransfer: Bedeutung und Perspektiven einer regionalen technologiepolitischen Strategie am Beispiel Berlins. Verlag Duncker und Humblot Berlin, 1991, S. 32.

Stöger, M.: Dielektrische Vernetzungsüberwachung zur Kontrolle und Optimierung duromerverarbeitender Prozesse. Dissertation an der RWTH Aachen, 1993.

Wolff, H., *Becher*, G., *Delpho*, H., *Kuhlmann*, S., *Kuntze*, U., *Stock*, J. (unter Mitarbeit von *Brühl*, K., *Weibert*, W.): FuE-Kooperation von kleinen und mittleren Unternehmen. Evaluation der BMFT-Maßnahmen auf diesem Gebiet. Fraunhofer-Institut für Systemtechnik und Innovationsforschung (ISI) und Prognos AG, Basel, Karlsruhe, August 1991.

Wulfhorst, B.: Dreidimensionale Textilien rationalisieren die Herstellung von Faserverbundwerkstoffen. In: Kunststoffe, 81 (1991) 11, S. 1027 - 1031.

Sonderhefte · Neue Folge

Deutsches Institut für Wirtschaftsforschung

126 **Dreher, B.:** Zur Lage und Entwicklung der deutschen Filmwirtschaft. 44 Tab.; 93 S. 1978 ⟨3-428-04285-9⟩ DM 32,60 / öS 255,– / sFr 33,–

127 **Enderlein, H.:** Neuberechnung der Wegekosten im Verkehr für das Jahr 1975. 19 Übersichten; 48 S. 1978 ⟨3-428-04320-0⟩ DM 18,60 / öS 146,– / sFr 19,–

128 **Scherzinger, A. / H. Wilkens:** Regionalplanung und regionale Wirtschaftsstruktur in der Deutschen Demokratischen Republik. Zahlr. Tab.; 89 S. 1979 ⟨3-428-04364-2⟩ DM 33,60 / öS 263,– / sFr 34,–

129 **Otto-Arnold, C.:** Das Kaufkraftverhältnis zwischen D-Mark und Mark (DDR). Eine Neuberechnung. 24 Tab.; 75 S. 1979 ⟨3-428-04433-9⟩ DM 24,60 / öS 192,– / sFr 25,–

130 **Franzmeyer, F.:** Industrielle Strukturprobleme und sektorale Strukturpolitik in der Europäischen Gemeinschaft. 35 Tab., 8 Übersichten; 158 S. 1979 ⟨3-428-04456-8⟩ DM 59,60 / öS 465,– / sFr 60,–

131 **Birg, H.:** Zur Interdependenz der Bevölkerungs- und Arbeitsplatzentwicklung. Grundlagen eines simultanen interregionalen Modells für die Bundesrepublik Deutschland. Zahlr. Tab. und Übersichten, 14 Abb., 3 Karten; 290 S. 1979 ⟨3-428-04532-7⟩ DM 118,– / öS 921,– / sFr 118,–

132 **Dolinski, U. / K.-D. Labahn:** Zum Problem der Substitutionsmöglichkeit von Mineralölprodukten durch andere Energieträger, dargestellt am Beispiel eines Bundeslandes. 21 Tab., 4 Abb.; 106 S. 1980 ⟨3-428-04647-1⟩ DM 44,60 / öS 348,– / sFr 45,–

133 **Casser, E. / J. P. Weiß / H. J. Ziesing:** Möglichkeiten der künftigen Strombedarfsdeckung in der Bundesrepublik Deutschland. 40 Tab. im Text, 7 Tab. im Anhang; 131 S. 1980 ⟨3-428-04766-4⟩ DM 55,30 / öS 432,– / sFr 56,–

134 **Basler, H.-P.:** Lohnentwicklung und Lohnpolitik als Bestimmungsgründe konjunktureller Verläufe und struktureller Verschiebungen. Eine Untersuchung im Auftrage der Beteiligungsgesellschaft für Gemeinwirtschaft. 22 Tab., 20 Abb.; 102 S. 1981 ⟨3-428-04970-5⟩ DM 44,80 / öS 350,– / sFr 45,–

135 **Bartholmai, B.:** Elemente regionaler Wohnungsmarktmodelle und offene Fragen der Wohnungsmarktanalyse. 5 Tab., 3 Abb.; 43 S. 1982 ⟨3-428-05154-8⟩ DM 22,60 / öS 177,– / sFr 23,–

136 **Betkenhagen, J. / H. Machowski:** Entwicklung und Struktur des deutsch-sowjetischen Handels. Seine Bedeutung für die Volkswirtschaften der Bundesrepublik Deutschland und der Sowjetunion. 29 Tab.; 83 S. 1982 ⟨3-428-05255-2⟩ DM 44,– / öS 344,– / sFr 44,–

137 **Enderlein, H.:** Berechnung der Kosten für die Wege des Eisenbahn-, Straßen-, Binnenschiffs- und Luftverkehrs in der Bundesrepublik Deutschland für das Jahr 1981. 26 Übersichten; 59 S. 1983 ⟨3-428-05494-6⟩ DM 22,60 / öS 177,– / sFr 23,–